KB177437

MAD MAD SCIENCE BOOK

Das neue Buch der verrückten Experimente
Copyright © 2009 by Reto U. Schneider

Korean Translation Copyright © 2020 by PURIWA IPARI Publishing Co.
Korean edition is published by arrangement with PAUL & PETER FRITZ
through Duran Kim Agency, Seoul.

이 책의 한국어판 저작권은 듀란킴 에이전시를 통한
PAUL & PETER FRITZ와의 독점계약으로 뿌리와이파리에 있습니다.
저작권법에 의하여 한국 내에서 보호를 받는 저작물이므로 무단전재와 무단복제를 금합니다.

매드×매드 사이언스 북

더 엉뚱하고 더 기발한 과학실험 **91**

레토 슈나이더 지음
고은주 옮김

뿌리와
이파리

레굴라와 팀에게 바칩니다.

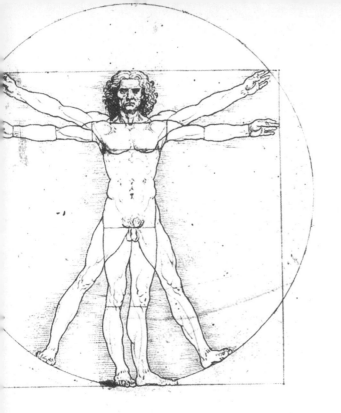

일러두기

1. 『매드 매드 사이언스 북』의 홈페이지는 http://www.verrueckte-experimente.de이다. 홈페이지에서 실험과 관련된 웹 링크(📠)와 동영상 클립(▶), 그 밖의 정보들을 더 얻을 수 있다.

2. 단행본, 정기간행물, 신문, 잡지 등에는 겹낫표(『 』), 편명, 논문 등에는 홑낫표(「 」), 영화, 드라마, 노래 등에는 홀화살괄호(〈 〉)를 사용했다.

3. 인명, 작품명, 지명 등은 국립국어원의 외래어표기법을 따랐지만, 관례로 굳어진 경우는 예외를 두었다.

차례

trash

| E | T | 4 | 7 |

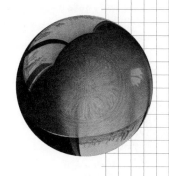

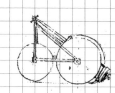

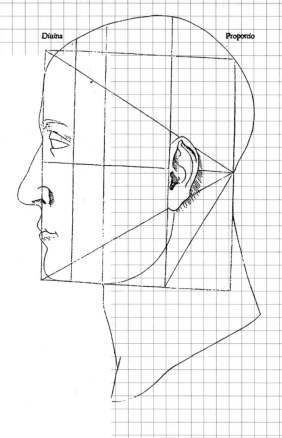

1960

1970

**GLAD THE GOVERNMENT
WILL TEST COCA-COLA**

**Will Fight Case in Courts and
Win, Says Judge
Candler.**

1980

1990

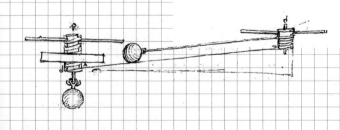

2000

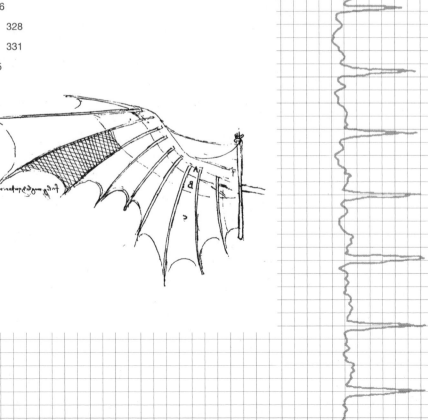

iNtro
머리말

베스트셀러의 속편을 출간하는 건 만만찮은 일이다. 그런 책은 경제적인 논리에 따라 가능한 빨리 시장에 등장한다. 첫번째 책에서 미처 담지 못했던 내용들을―종종 합당한 이유로―한꺼번에 묶어 대충 만들어내는 것이다. 그러다 보면 첫번째 책에서 전달하고자 했던 생각이 속편에서는 흐릿해져서 제대로 담기지 않는다.

『매드 사이언스 북: 엉뚱하고 기발한 과학실험 111Das Buch der verrückten Experimente』이 나오고 4년 반이 지났다.『매드 사이언스 북』이 놀랍게도 베스트셀러가 되었고, '올해의 과학서적'으로 선정되었으며, 지금까지 일곱 가지 언어로 번역되었다. 그 누구도 지금 이 속편이 대충 빨리 만들어졌다고는 절대 말할 수 없을 것이다.

첫번째 책을 만들고 있었을 때, 어느 시점에 와서는 책에 실험을 몇 개 실어야 할지를 결정해야 했다. 마감일 약 일주일 전이었던 어느 날 밤, 기다란 실험 리스트에서 책에 실을 것들을 체크했던 기억이 난다. 111개 실험으로 구성하기로 정하고 남은 자리가 네 자리뿐이었을 때, 리스트에는 절대로 빼고 싶지 않은 실험이 116개나 남아 있었다. 지금 이 속편에서도 사정이 다르지 않다. 내가 좋아하는 실험 중에서 많은 것들이 잘려 나가야 했고 세번째 책을 기대해야 할 처지에 놓였다. 한동안 책을 쓸 자료가 부족할 염려는 없을 듯하다.

첫번째 책에서보다 이번 책에서 더욱 과학자들과 대화하려는 노력을 기울였다. 그러는 가운데 정말 재미있는 소소한 이야기들은 기존의 과학 출판물에서 찾아볼 수 없다는 내 느낌이 맞았다는 걸 알게 되었다.

내가 해양학자 크레이그 스미스와 이야기를 나누지 않았더라면, '부패 과정을 연구하기 위해 죽은 고래를 가라앉히는 실험'이 고래 사체를 가라앉히지 못해 실패했기 때문에 출판되지 못했고 이 책을 통해 처음으로 세상에 알려진다는 사실을 몰랐을 것이다.

스미스가 잠수할 때마다 옷과 다이빙 장비를 쓰레기로 버려야 했다는 사실도 몰랐을 것이다. 옷과 장비에서 나는 불쾌한 악취는 그 어떤 세제로도 씻어낼 수 없었다고 한다.

누군가는 그런 것이 무슨 대수냐고 생각할지도 모른다. 결국 중요한 건 결과다. 하지만 나는 그런 사소한 이야기에서 과학의 정신을 발견한다. 막다른 길이나 우회로, 행운과 불운 따위는 세상에 알려져 있지 않다. 하지만 그런 것들이 노벨상 수상자들의 연설보다 과학의 본질을 더 많이 알려준다.

그래서 이 책에 소개된 몇몇 실험들에서는 연구 방법이 연구 목적보다 더 흥미롭다. 예수도마뱀이 물 위를 어떻게 걷는지를 제임스 글래신이 연구하려고 했을 때, 가장 큰 문제는 코스타리카에 서식하는 도마뱀을 실험실로 조달하는 것이었다. 그리고 스탠리 밀그램의 '새치기실험'에서 놀라웠던 점은 연구 결과가 아니라 실험 진행을 돕는 학생들이 느끼는 끔찍한 공포였다.

내가 과학실험을 조사하는 과정은 종종 보물찾기와 같다. 누렇게 된 책 안에서 짧은 메모를 발견하는 것부터 시작하여, 최초의 연구에 관한 다양한 데이터베이스와 도서 목록을 뒤지다가, 은퇴한 과학자에게 여러 차례 전화 통화를 한다. 그러면 그는 아직도 누군가가 자신의 연구에 관심을 갖고 있다는 사실에 놀라곤 한다.

내 욕심 같아서는 이렇게 즐거운 일을 오랫동안 계속하고 싶다.

2009년 3월, 취리히에서
레토 U. 슈나이더

덧붙임 이 책에 소개된 실험을 따라하지 마십시오!
옮긴이와 출판사는 그 실험으로 인해 발생하는 어떤 불상사도 책임지지 않습니다.

1654
맥주통 안을 진공으로 만들 수 있을까?

1991년 5월 마그데부르크에서 온 작고 이상한 차량과 행진 대열이 스위스 쪽으로 향했다. 작은 기중기, 무거운 쇠사슬, 진공 펌프, 특이한 반구 몇 개(제일 큰 것은 지름이 0.5미터, 무게가 290킬로그램이었다)를 실은 운송차량이었다. 수 톤이 나가는 물건들과 함께 행진하는 일행 중에는 배우도 네 명 있었다. 그들의 가방 안에는 프록코트, 무릎 밑에서 훌친 반바지, 버클 장식 구두, 가발, 펠트 모자, 가짜 콧수염이 들어 있었다.

운송의 총책임자 만프레트 트뢰거는 운송차량에 앉아 앞으로 며칠 동안 비가 내리지 않기를 간절히 바랐다. 비에 젖을까봐서가 아니라 기압이 떨어질까봐 노심초사했다. 기압이 낮아지면 실험에 성공할 확률 역시 낮아지기 때문이었다. 날씨가 좋다 해도 스위스의 지형 또한 문제였다. 지금 향하고 있는 곳은 해발 400미터에 위치한 취리히다. 그곳의 기압은 트뢰거 일행이 이제껏 다녀보았던 독일 대부분의 지역들보다 훨씬 낮았다.

만프레트 트뢰거는 마그데부르크에서 온 게리케 연구단체의 대표로서 스위스를 방문했다. 취리히에서 열린 연구 발표회 '유레카Heureka'에 초대받은 그는 마그데부르크 시장 오토 폰 게리케가 17세기 중반에 이미 귀족들에게 선보였던 실험을 시연해야 했다.

유명한 마그데부르크 실험의 동판화. 스무 마리의 말이 진공 상태의 두 반구를 서로 분리시키려 한다. 이 실험으로 새로운 발견을 해내진 못했지만, 실험을 구상한 사람은 유명해졌다.

오토 폰 게리케는 1646년에 마그데부르크 시장 네 명 중 하나가 되었다. 정치인이면서도 과학에 조예가 깊고 성채 건축기사로도 일했던 그는 같은 해에 『철학의 원리Principia philosophiae』라는 책을 알게 되었는데, 그 책에서 르네 데카르트가 진공은 존재할 수 없다고 주장했다. 프랑스 학자 데카르트는 공간과 물질이 동일하다고 보았기 때문에 공간이 있는 곳은 어디나 물질로 채워져 있다고 추론했다. 물질이 없는 공간, 즉 진공은 존재할 수 없다는 것이다. 이런 논제는 이미 아리스토텔레스도 제기한 바 있다. 그는 자연이 진공을 싫어한다는 의미의 '진공 공포horror vacui'를 주장했다.

게리케는 매우 깊이 생각하는 사람이었다. 진공이 존재하는지 알아보려면, 그냥 진공을 만들어보면 되지 않을까? 오늘날의 관점에서는 그런 생각이 당연히 들 것 같은데, 17세기에는 당연하지 않았다. 한편 가톨릭교에서는 진공이 존재한다는 생각을 이단적이라며 비난했다. 또 다른 한편으로 학계는 실험을 통해 지식을 얻을 수 있다는 사실을 알게 된 지 얼마 되지 않았다. 여전히 많은 학자가 고대 그리스인의 권위에 의지해서 자신의 주장을 뒷받침했고, 고대 그리스인들은 단호하게 실험을 거부했다. 그들은 관찰과 사색을 바탕으로 세상을 추측했다.

하지만 게리케는 책상물림 샌님이 아니었다. 그는 행동파였다. 맥주통이 새지 않도록 틈을 메운 다음에 물을 가득 채우고, 개조한 소방펌프로 펌프질을 해 통을 비웠다. 이 아이디어는 누구나 혹할 만큼 매우 간단했다. 물이 밖으로 나오면 "맥주통 안에는 공기가 없는 공간이 남게 될 것이다"라고 게리케는 자신의 책 『마그데부르크의 새로운 실험Neue Magdeburger Versuche』에 적었다. 하지만 실험이 계획대로 진행되지 않았다. 제일 먼저 나사와 나사 구멍이 부서졌다. 게리케는 더 단단한 통을 만들어야 했다. 그런 다음 힘이 센 남자 세 명에게 펌프질을 해 물을 빼내라고 지시했다. 그런데 '쉿'하

마그데부르크 반구 실험은 우표 그림에 여러 번 등장한 과학실험으로 손꼽힌다.

는 소리가 나면서 가느다란 금을 통해 곧바로 다시 공기가 맥주통 안으로 들어갔다. 그래서 게리케는 아예 그 맥주통을 완전히 물속에 집어넣어 실험을 재개했다. 맥주통 속의 물을 모두 뽑아냈다고 생각했을 때 통을 열어보았더니, 아! 그 안에 물과 공기가 있었다! 보아하니 맥주통 밖의 물이 안으로 스며들었고 그와 동시에 거품도 함께 들어가서 그 안에 가둬져 있던 것 같았다.

그래서 다음 실험부터 나무 소재 맥주통은 사용하지 않기로 했다. 게리케는 구리로 된 공을 만들었다. 하지만 맨 처음 공 안의 공기를 펌프로 빼내려고 했을 때 매우 큰 폭음이 났고, 너무나 놀랍게도 마치 침대 시트를 한 손으로 확 구긴 것처럼 공이 납작해졌다. 역시 데카르트가 옳았던 걸까? 정말로 자연은 진공을 싫어하는가? 게리케는 오히려 공을 만든 사람이 제대로 만들지 못한 것이 문제라고 생각했다. 결국 공을 두껍게 만들었더니 정말로 실험이 성공했다! 게리케는 "자연이 진공을 싫어하는 게 아니다. 이와 관련된 모든 현상은 주위 대기의 무게에 의해서 발생한다"고 적었다.

공기에 무게가 있다는 사실은 당시에 이미 잘 알려져 있었다. 하지만 지금까지도 대부분의 사람들은 그게 무슨 뜻인지 상상하기 쉽지 않다. 공기 1리터의 무게는 약 1그램이다. 그러면 거실의 공기는 대략 100킬로그램 정도 될 것이다. 머리 위 1제곱센티미터가 우주까지 이를 때 그 공기 기둥의 무게는 약 1킬로그램에 달한다. 즉, 머리 위 가로세로 10센티미터의 면적은, 눌리는 기분을 우리가 느끼지 못해도, 100킬로그램의 공기가 압박하고 있는 것이다.

우리는 공기로 구성된 바다의 바닥에서 살고 있다. 공기의 그 무시무시한 무게에 우리가 압사당하지 않는 이유, 즉 우리가 공기의 무게를 한 번도 느끼지 못하고 사는 이유는 두 가지다. 첫째, 공기는 액체처럼 움직이고 모든 방향으로 같은 압력을 가한다. 둘째, 사람의 몸은 공기를 담고 있는 몇몇 곳을 제외하고는 세포로 이루어져 있으며, 세포는 압축되지 않는다. 그리고 공기가 있는 곳(이를테면 고막)은 안팎으로 항상 같은 압력이 유지된다.

게리케는 펌프를 개선하면서 공기를 용기에서 바로 뽑아내는 방법을 발견했다. 1654년 그는 레겐스부르크 제국의회에서 자신의 실험 몇 가지를 시연했다. 거기에서 그쳤더라면 350년 후에 만프레트 트뢰거가 전국을 돌며 자신의 진공 쇼를 펼치는 일은 일어나지 않았을지도 모른다. 게리케가 새로운 과학 지식을 제공하진 않았다. 하지만 사람들이 한 번도 보지 못한 구경거리를 보여주는 어느 실험 하나로 상당히 유명해졌다.

그 실험은 아마도 1657년에 처음으로 수행되었던 것 같다. 실험 광경은 나중에 우표와 지폐에 인쇄되었고, 마그데부르크에 기념물로 세워졌으며, 2006년 미국 테네시 주 내슈빌에서도 트뢰거와 함께 등장했다. 청바지 제조업자 리바이 스트라우스의 리바이스 로고에도 그 역사적인 광경이 담겼다. 청바지 뒷주머니 탭의 그림을 보면, 세상을 놀라게 한 게리케의 실험을 본떠 말 두 마리가 질긴 리바이스 청바지를 양쪽에서 잡아당겨 찢으려고 애를 쓰고 있다. 게리케는 공기의 무게를 실물을 통해 극적으로 보여주겠다는 심산으로 지름 39센티미터짜리 구리 소재 반구를 두 개 주문했다. 그는 "내가 두 반구를 맞붙인 다음 그 안의 공기를 뽑아낸다면, 반구들은 외부 대기의 무게에 눌려 아주 단단하게 밀착될 것이다. 그렇다면 힘이 센 남자 여섯 명이 잡아당겨도 그 반구들을 떼어놓지 못할 것이다"라고 적었다. 다음 단계로 그는 반구에 말 4마리를 (각 반구에 2마리씩) 연결하고 말들이 잡아당기게 했다. 반구는 끄떡없었다. 다음에는 말 8마리가 잡아당기게 했다. 그렇게 하자 땜질된 부분들이 뜯어졌고 쇠고리가 부서졌다. 하지만 반구는 분리되지 않았다. 어림도 없었다.

게리케는 모든 것을 두 배로 강하게 제작했다. 그리고 말 12마

그 실험은 여러 기념주화에 새겨졌다.

2002년 마그데부르크에 새로운 게리케 실험 기념상이 세워졌다.

리가 당기게 하였다. 그 다음에는 16마리를 데려왔다. 그제서야 가끔 반구를 떼어낼 수 있었다. 게리케는 반구를 더 크게 제작했다. 지름이 55센티미터, 두께는 2센티미터였다. 말 24마리가 그 반구를 떼어놓으려고 했지만 소용없었다. 그런데 한 어린아이가 한쪽 반구의 마개를 열자 공기가 그 안으로 들어갔고, 아무 힘을 가하지 않아도 두 반구는 서로 분리되었다.

그 실험에서 이용된 마그데부르크 반구는 현재 뮌헨에 있는 국립 독일박물관에 전시되어 있다. 1936년 게리케 사후 250주년을 기념하여 크루프 공장에서 새 강철 반구 두 개를 주조해 그 실험을 재현했다. 20세기에 들어서는 처음 진행된 실험이었다.

리바이스 청바지의 로고는 역사적인 게리케 실험을 본떠 만들었다.

이 반구들은 만프레트 트뢰거가 취리히에 도착했을 때 운송차 안에 들어 있었다. 실험에 쓰일 말들은 휠리만 양조사가 지원했다. 배우들은 구식 예복을 입었고, 그중 한 사람은 콧수염을 붙였다. 게리케와 비슷하게 보이기 위해서였다. 가장자리에 고무 패킹이 있는 두 반구를 서로 맞대놓고 그 안의 공기를 펌프로 빼냈다. 전기 진공펌프 덕분에 공기를 다 빼는 데 30분밖에 걸리지 않았다. 게리케가 살던 시대에는 손으로 펌프질을 했기 때문에 8시간이나 걸렸다.

펌프질로 반구의 공기를 99퍼센트 빼낸 다음, 말들

이 양쪽에서 반구를 잡아당겼다. 처음에는 4마리, 다음에는 8마리, 12마리, 결국에는 16마리가 반구를 잡아당겼다. 마부들이 브라반트—힘센 벨기에 냉혈종—16마리를 몰아대자 드디어, 매우 커다란 폭음과 함께 반구들이 분리되었다. 원기 왕성한 말들뿐 아니라 취리히 고지대의 낮은 기압이 진공과의 싸움에서 한몫 단단히 했다. 트뢰거는 "게다가 마부들이 밤중에 비밀스럽게 열심히 훈련했다"고 말했다. 반구가 분리되었더라도 실험이 실패한 건 아니었다. 게리케 생전에도 종종 말들이 반구들을 떼어놓는 데 성공했다. 게리케의 실험 목적은 기압이 실제로 크긴 하지만 무한대로 크진 않다는 걸 보여주는 것이었다. 게리케의 쇼는 해마다 세 번에서 여섯 번씩 치러졌다. 현대에 들어서는 물 위에 반구를 놓고 모터보트로 잡아당긴다.

다른 연구자들이 추후 실험에서 증명한 바에 따르면, 공기를 뽑아낸 반구 속이 오랫동안 사람들이 믿어왔던 대로 진공은 아니었으며, 그럼에도 그 모든 실험 결과는 대기의 무게에 의해 나타난 것이었다.

예를 들어 누군가 물이 채워진 유리잔 안에 빨대를 꽂아놓고 빨아들인다면 물을 끌어올리는 것이 아니라 빨대 안의 기압을 떨어뜨리는 것이다. 공기는 무게가 있기 때문에 빨대 안으로 물을 밀어올린다. 진공청소기도 먼지를 빨아들이지 않는다. 진공청소기라는 이름이 말하듯 호스 끝에서 공기를 밖으로 뿜어내면 호스 안의 기압이 낮아진다. 그러면 호스 주변 공기의 무게가 먼지에 압력을 가해 먼지가 청소기 안으로 밀려 들어간다. 우리 눈에는 절대로 그렇게 보이지 않지만.

마그데부르크 하프 앤드 하프(Mag-deburger Halb & Halb)는 상표에 과학실험 그림이 있는 유일한 리큐어이다.

▶ verrueckte-experimente.de

★ von Guericke, O., 『진공에 관한 마그데부르크의 새로운 실험 Experimenta nova (ut vocantur) Magdeburgica de vacuo spatio』, Amsterdam, Janssonium à Waesberge, 1672.

1747
선상의 킬러

1747년 5월 20일, 솔즈베리 호의 선의船醫 제임스 린드가 실험을 위해 비슷한 남자 12명을 선발했다. '비슷하다'는 말은 '비슷한 병을 갖고 있다'는 뜻이었다. 12명 모두에게 잇몸 부종과 관절통, 자발적인 피하출혈이 있었다. 뿐만 아니라 몸이 허약하고 무기력했다. 전형적인 괴혈병 증상이었다. 그들은 의욕이 없는 탓에, 린드가 향후 14일 동안 특별한 치료를 제공한다고 해도 별로 감격스러워하지 않았을 것이다. 솔즈베리 호는 도버 해협에 배치된 다른 영국 함대의 배들과 비슷했다. 50개의 대포로 무장한 45미터 길이의 배 위에는 350명이 복무하고 있었다. 선상에서의 근무는 힘들고 위험한 데다가 위생 환경이 열악했다. 숙소는 춥고 습기가 찼으며 음식은 종종 상하거나 쥐똥이 들어 있었다. 솔즈베리 호에서 아침에는 보통 설탕을 넣은 묽은 오트밀을 먹었고, 점심으로는 주로 양고기 수프를 먹거나 소시지 혹은 캐서롤, 설탕을 뿌린 츠비바크(토스트를 두 번 구운 과자—옮긴이)를 먹었다. 저녁에는 건포도가 들어간 보리 수프, 요하니스베어(산딸기 일종—옮긴이)를 넣은 밥, 와인으로 조리한 사고(야자나무에서 채취한 전분—옮긴이) 요리를 먹었다. 이런 식사는 선내 요리사 한 명이 준비했는데, 요리사란 특별한 자격이 있는 사람

선의 제임스 린드는 여섯 가지 괴혈병 치료제를 연구했다. '솔즈베리 호'라는 습도 높은 병상에서 실시한 실험은 현대 약품연구의 표본이 되었다.

이 아니라 선내에서 잘하는 일이 없는 사람이었다.

솔즈베리 호는 몇 주 동안 한 번도 항구에 정박하지 못했다. 그런 경우에는 언제나 대부분의 선원들이 괴혈병에 시달리기 시작했다. 그중 80명은 병세가 매우 심각해서 도저히 근무를 할 수 없을 지경이었다.

린드는 솔즈베리 호의 선의가 되기 전에 7년간 어떤 선의의 조수로 일했다. 괴혈병으로 쇠약해진 신체는 흔히 봐서 이미 잘 알고 있었다. 긴 항해를 하는 동안 괴혈병의 불가사의한 고통은 열대성 질병, 사고, 해전을 모두 합쳐놓은 것보다 더 많은 사람을 사망에 이르게 했다.

린드는 소위 괴혈병 치료제라는 것들을 모두 알고 있었고, 그중 몇 가지는 체계적인 검증이 필요하다는 아이디어를 처음으로 제시했다. 린드는 실험 참가자들을 두 명씩 여섯 집단으로 나눴다. 각각의 방에 개인 그물침대를 설치하고 2주 동안 각 집단에 서로 다른 치료를 했다. 네 집단은 평상시대로 급식을 먹으며 각각 아펠바인 (사과주—옮긴이), 식초, 묽은 황산, 바닷물을 마셔야 했다. 다섯번째 집단은 마늘, 겨자, 페루 발삼, 발삼나무 진이 섞인 약을 복용했는데, 이는 당시에 흔히 쓰는 치료제였다. 여섯번째 집단은 매일 오렌지 두 개와 레몬 하나를 먹었다.

당시에 그 병의 원인이 무엇인지에 대하여 여러 가지 추측이 난무했다. 선상의 나쁜 공기, 쥐떼, 간염, 너무 짠 음식, 너무 덥거나 추운 날씨 등이 원인으로 꼽혔다. 그리고 그만큼 치료제의 종류도 많았다. 하지만 그 무엇도 실제로 효과가 검증된 적은 없었다.

린드의 실험 결과는 더할 나위 없이 명백했다. 6일 만에 이미 오렌지와 레몬이 다 떨어졌지만, 여섯번째 집단의 두 남자는 거의 완전히 건강을 회복했다. 다른 치료제 중에서는 아펠바인만이 약간의 효과를 나타냈다. 나머지 약들은 아무 소용이 없는 것 같았다.

린드가 『괴혈병에 관한 논문』으로 이런 결과를 발표하기까지 6년이 걸렸다. 괴혈병에 관한 당대의 지식을 광범위하게 조사했기 때문에 그의 의학논문은 400페이지에 달하는 두툼한 책이 되었다. 그 책에서 린드는 괴혈병에 대하여 동료들이 잘못 알고 있는 점들을 서슴지 않고 비판했다. 린드는 증명될 수 있는 이론만 받아들여져야 한다고 생각했다. 이런 주장이 오늘날의 시각에서는 당연해 보이지만, 당시에는 유명한 의학자의 입에서 나온 이론이라면 아주 기괴하더라도 실험 결과보다 더 중요하게 평가되었다. 린드조차도 『괴혈병에 관한 논문』에서 괴혈병의 원인 중 자신의 실험 결과와 모순되고 도무지 이해할 수 없는 이론 체계에 이의를 제기하지 못했다. 어쨌든 하나는 분명히 깨달았다. '오렌지와 레몬이 선원들의 병에 가장 효과 좋은 치료약'이라는 점이다.

캐나다 논픽션 작가 스티븐 바운이 쓴 『괴혈병의 시대The Age of Scurvy』에도 나와 있듯이, 린드의 명쾌한 설명에도 불구하고 영국 해군이 레몬주스를 괴혈병 예방약으로 이용하여 선상에서 괴혈병을 완전히 몰아내기까지 48년이나 걸렸다. 이렇게 늦어진 데에는 여러 이유가 있었다. 무엇보다도 괴혈병 치료제를 발견했다고 생각한 사람은 린드만이 아니었다. 해군본부는 다른 여러 해군 대령과 의사들로부터 많은 보고서를 받았는데, 예를 들어 어떤 이들은 맥아즙이나 괴혈병잔디(scurvy-grass: 잎에 비타민 C가 풍부하여 괴혈병 예방 차원에서 사용한 괴혈병 약초―옮긴이)가 치료제가 될 수 있다고 확신했다. 린드도 풀지 못한 문제가 있었다. 괴혈병에 오렌지와 레몬이 효과가 있다는 건 알게 되었지만, 왜 효과가 있는지는 잘 몰랐다. 괴혈병이 비타민결핍증이란 건 한 번도 생각해보지 못했던 것이다.

오늘날 우리는 비타민 C가 부족해지면 신체에서 중요한 기능을 하는 콜라겐이 생성되지 않는다는 사실을 알고 있다. 괴혈병 증세의 대부분은 몸속 세포가 서로 떨어지지 않게 접착제 역할을 하는 물질인 콜라겐이 부족했을 때 생긴다.

음식에서 한 가지 영양소만 부족해도 병이 날 수 있다는 건 당시에 상상조차 못했다. 20세기 초 처음으로 비타민이 발견되고 나서야 학자들은 결핍에 의한 발병을 연구하기 시작했다.

그러나 린드의 발견이 널리 활용되지 못했던 건 과학적인 이유만이 아니었다. 오랫동안 해군은 선원들의 건강을 개선하는 데에 전혀 관심이 없었다. 조사를 통하여 선원 7명 중 1명이 괴혈병으로 사망하고 그로 인해 해군의 작업 능력과 전투력이 급격히 저하된다는 사실이 명백히 밝혀지고 나서야 괴혈병 치료가 급선무가 되었다.

이외에도 전적으로 실용적인 문제가 하나 더 있었다. 레몬과 오렌지는 비쌌고 오랜 항해 동안 보존하기 어려웠다. 그래서 린드는 복용하기 쉽고 배에 싣고 가기도 좋은 농축액을 만들어보려고 했다. 그런데 린드는 농축액을 만들 때 발생하는 열이 비타민 C를 거의 파괴한다는 사실을 몰랐다. 그가 자신이 책에서 말한 "이론에만 근거해서 치료법을 제안해선 안 되며, 치료법은 실제로 검증될 수 있어야 한다"는 원칙을 고수했더라면, 그런 문제에 부딪치지 않았을 것이다. 하지만 알려진 바에 따르면 린드는 더이상 체계적인 연구를 이어가지 않았다.

오히려 자신의 실험 결과를 의심하기 시작했다. 『괴혈병에 관한 논문』 제3판에서는 괴혈병 치료제로서 효과를 검증해보지도 않고 구스베리 열매와 맥주를 가장 추천했다. 린드는 생의 마지막에 이르러서도 이전의 실험에서 한 발자국도 더 나아가지 못했다. 그는 1794년에 사망했는데, 바로 그 다음 해에 많은 사람의 빗발치는 요청에 의해 영국 해군에서 레몬을 괴혈병 치료제로 이용하기 시작했다.

1993년 트란스케이(현재 남아프리카에 위치)의 우표에 등장한 제임스 린드

하지만 세월이 흐른 후 그의 연구 방법은 의학연구의 본보기가 되었다. 연구 결과에 영향을 줄 수 있는 요소를 모두 제거하기 위하여 각 집단의 실험 참가자를 최대한 비슷하게 구성하고 각기 다른 치료를 하는 처치다. 오늘날에는 의약품을 검증할 때 이중맹검법을 시행한다. 의사와 환자 모두 실험이 끝나고 나서야 각각 어떤 약을 처방했고 어떤 약을 복용했는지 알게 된다. 환자가 어떤 특정한 약을 복용했는지 미리 알면 실험 결과에 영향을 미칠 수 있는데, 이중맹검법을 시행하면 그런 가능성이 방지된다.

19세기 초에는 레몬주스가 괴혈병 예방약으로 널리 쓰였다. 영국 해군은 해마다 레몬주스 20만 리터를 소비했다. 배에서는 올리브기름 통 아래에 레몬주스 통을 층층이 보관했으며 신선한 레몬은 소금에 절여 종이로 포장했다. 이후에 해군은 레몬을 라임으로 대체했다. 영국 식민지에 있는 라임 농장들을 마음대로 지배했기 때문이다. 그래서 영국 해군을 이르는 '라임쟁이Limey'라는 속어가 생겼고, 이는 나중에 영국인 전체를 이르는 말이 되었다.

괴혈병 치료의 해답은 20세기 초가 되어서야 발견되었다. 한 실험에서 건초만 먹인 기니피그에게 괴혈병과 비슷한 증상이 나타났는데, 과일이나 채소를 먹였더니 그 증상이 바로 사라졌다. 연구자들이 기니피그를 실험에 이용한 건 우연히 얻은 행운이었다. 기니피그는 박쥐, 몇몇 원숭이류, 인간과 더불어 비타민 C를 체내에서 스스로 합성하지 못하는 몇 안 되는 동물에 속한다.

1932년 헝가리 화학자 얼베르트 센트죄르지가 드디어 비타민 C를 추출해냈다. 비타민 C는 '아스코르빈산Askorbinsäure'으로도 불리는데, 아스코르빈Askorbin은 'anti-skorbutisch(괴혈병 방지)'에서 나온 말이다.

★ Lind, J., 『괴혈병에 관한 논문 A treatise of the scurvy』, London, Printed for S. Crowder, 1753.

이제껏 그 어떤 실험도 그를 이처럼 벼락스타로 만들어주지 못했다. 1752년 10월 19일 『펜실베이니아 가제트』지는 벤저민 프랭클린의 편지 하나를 공개했다. 이 편지에서 프랭클린은 뇌우가 칠 때 연을 날리는 방법을 설명했다.

얼마 지나지 않아 '인류 역사상 가장 대담한 실험'—당대의 사람들은 그렇게 평가했다—은 모든 사람의 입에 오르내렸다. 철학자 이마누엘 칸트는 프랭클린을 '현대의 프로메테우스'라고 칭했다. 오늘날 그 실험을 기리는 연례 기념일이 있고, 연을 날리는 프랭클린의 모습은 달력, 교과서, 우표에도 등장한다. 여기서 문제가 하나 있다. 추측건대 프랭클린은 그 실험을 한 번도 수행하지 않았던 것 같다.

프랭클린은 매우 뛰어난 학자였으며 전기는 그의 많은 관심사 중의 하나였다. 그는 전자의 성질에 대해서 전혀 모르면서도(전자는 상당히 나중에 발견되었다) 전기가 높은 곳에서 낮은 곳으로 흐르는 일종의 유체라고 상상했고, 그 상상은 옳았다.

연 실험의 목적은 번개가 일종의 전기 방전인지 여부를 알아내는 것이었다. 전기가 통하는 간단한 기구에 생기는 스파크와 번개

가장 유명한 번개실험: 커리어 앤드 아이브스 회사의 달력 그림. 프랭클린이 그림에서처럼 연줄을 잡았더라면 실험 중에 사망했을 것이다. 그가 정말 실험을 했는지는 의문의 여지가 있다.

어린이 장난감의 과학: 연을 든 벤저민-프랭클린-스머프

예술가 이사무 노구치가 1984년에 봉헌한 필라델피아의 번개실험 기념물

가 유사하다는 것이 프랭클린의 눈에 띄었다. 번개와 스파크가 같다는 걸 증명하기 위하여 프랭클린은 연구가 가능한 곳까지 번개를 끌어와야 했다. 1749년에 그는 약 6.5에서 9.5미터 높이의 철봉들—피뢰침—을 세워야겠다는 발상을 해냈다. 이 철봉의 아래쪽 끝에서, 유도된 전기를 모을 수 있다고 생각했다. 하지만 얼마 지나지 않아 더 쉬운 해결책이 떠올랐다. 바로 연이다!

　프랭클린은『펜실베이니아 가제트』지에서 가느다란 삼나무 조각과 실크 스카프로 연을 만드는 방법을 기술했다. 그렇게 만든 연 끝에 철사를 고정시키고 기다란 마 끈을 연결했다. 마 끈의 아래쪽 끝에 열쇠를 걸고 열쇠에는 절연체 역할을 하는 짧은 비단리본을 묶어놓은 뒤, 창문 밖으로 연이 날아오르게 했다. 비단리본은 창문 안쪽에 있었기 때문에 항상 마른 상태를 유지하여 절연체로서의 성질을 잃지 않았다.

　그러자 무언가가 하늘에서부터 마 끈을 따라 열쇠 쪽으로 흘러내려왔다. 프랭클린의 말에 따르면, 그가 손가락을 열쇠에 갖다 대면 스파크가 일어났고 그 스파크를 레이던병에 모을 수 있었다. 레이던병은 당시에 전하를 모아서 저장하는 기구로 가장 많이 쓰였다. 이렇게 축전기를 이용한 실험을 통하여 "옷에서 일어나는 정전기와 번개가 같다는 것이 완전히 입증되었다"고 프랭클린은 주장했다.

프랭클린은 그 주장을 여러 차례 기술했지만, 사실 번개는 연에 떨어지지 않았다. 연이 번개에 맞았더라면 연도 프랭클린도 무사하지 못했을 것이다. 그런데도 프랭클린은 하늘에서 끌어온 전기는 번개를 일으키는 전기와 같았다고 추측했다.

프랭클린의 위대한 실험이 세상에 알려지자마자 사람들은 의문을 제기하기 시작했다. 『펜실베이니아 가제트』지에 실린 그의 편지에는 실험 장소나 날짜에 대한 정보도 없었고 그 실험을 참관한 증인도 언급되지 않았다. 14년이 지나고 나서야 간접적인 소식통을 통해, 그 실험은 1752년 6월에 수행되었고 프랭클린의 아들 윌리엄이 함께 있었을 것이라고 추론할 수 있었다. 왜 프랭클린은 실험을 발표하기까지 넉 달을 기다렸을까? 당시에는 흔히들 참관인을 많이 초대하곤 했는데 그는 왜 그렇게 하지 않았을까? 왜 그는 그 실험을 한 번도 재현하지 않았을까?

이 질문들에 대한 정확한 답을 찾기 위해 역사가들은 수십 년간 노력했다. 일부 역사가들은 프랭클린을 지지했지만, 여타 역사가들은 앞뒤가 맞지 않는 것이 너무 많다고 주장했다. 톰 터커 역시 자신의 책 『번개 같은 운명Bolt of Fate』에서 비슷한 주장을 했다.

터커는 이미 널리 알려진 간접 증거들에 속임수를 썼다고 보이는 것들을 덧붙였다. 그중에는 열쇠도 포함된다. 18세기 집 열쇠의 무게는 100그램이 넘었다. 터커가 그 연을 똑같이 만들어 그 정도의 무게를 공중에 띄워보려고 했지만, 연은 전혀 날지 않았다!

우표 도안이 된 프랭클린의 번개실험

"이제 어쩌시려고? 똑똑한 양반?" 번개실험에 관한 풍자화 중 하나

★ Franklin, B., 「연 실험The Kite Experiment」, 『펜실베이니아 가제트 The Pennsylvania Gazette』 (1752년 10월 19일).

verrueckte-experimente.de

뿐만 아니라 커리어 앤드 아이브스(Currier & Ives, 석판화 판매 회사)의 유명한 달력을 그렸던 사람도 분명히 잘못했다. 프랭클린이 마 끈을 오른손으로 잡고 열쇠와 비단리본은 손 뒤에 있게 그린 것이다. 그러면 비단리본은 하나도 의미가 없어진다. 전기가 바로 프랭클린에게 흐르게 되지 않는가.

터커는 나중에 새로운 현대식 연을 만들어 열쇠 정도의 무게를 하늘로 올려보려고 했다. 그의 아내는 창문 역할을 하는 커다란 액자를 들고 있었다. 그리고 터커는 불가능한 과제에 도전했다. 추가 달려있는 끈 끝을 마른 상태로 유지한 채로 액자를 통과시킨 연줄은 틀에 닿지 않게 하는 것이다. 그때 분명히 깨달았다. 프랭클린은 그 실험을 하지 않았다!

1758
파도의 분노를 가라앉히는 올리브기름

도대체 왜 벤저민 프랭클린은 그 계산을 하지 않았을까? 계산은 매우 간단했을 테고, 무엇보다도 계산 결과만 있었다면 자신의 실험은 위대한 역사적 발견으로 칭송받았을 텐데. 아쉽게도 그의 실험은 아주 알쏭달쏭한 수수께끼로 남게 되었고 그는 그 수수께끼로 친구들을 계속해서 당황스럽게 만들었지만, 그런 이야기는 과학사의 주석에나 등장한다.

1757년 그가 뉴욕에서 런던으로 여행을 떠났을 때, 여러 배가 줄지어 갔는데 두 선박 사이의 항적이 잔잔한 것을 보고 이상하다고 생각했다. 이것을 본 선장은 전혀 놀라지 않았다. "요리사들이 기름기 있는 물을 배수구로 버렸습니다. 그래서 배의 이쪽 면에 기름칠이 되었습니다." 고대 로마의 학자 대★ 플리니우스가 뱃사람들은 기름으로 물결을 잔잔하게 한다고 썼던 걸 읽은 기억이 어렴풋이 떠올랐다. 프랭클린은 기회가 되면 자신도 그렇게 해봐야겠다고 마음먹었다.

1825년 경 클래펌 연못. 250년 전 이 연못에 벤저민 프랭클린이 기름 한 티스푼을 떨어뜨렸다. 그 결과는 선원과 생물학자들을 깜짝 놀라게 했다.

그 다음 해 언젠가 매우 강한 바람이 부는 때에 프랭클린은 런던 교외의 클래펌 연못으로 가서 올리브기름을 부었다. "그 기름은 한 티스푼 정도밖에 되지 않았지만 바로 물결을 잠잠하게 만들었다"고 그는 나중에 책에 적었다. 그 기름은 매우 빠르게 퍼져나갔고 금세 반대편에 닿아서 연못의 4분의 1을 덮었다. "아마도 면적이 2000제곱미터는 되었을 테고, 수면은 거울처럼 매끈해졌다." 그때부터 프랭클린은 언제나 지팡이 가운데 구멍 안에 약간의 기름을 넣어 가지고 다니며 다른 연못에서 그 실험을 계속 해보았다.

그런 효과가 항해 중에도 나타날까? 물 위에 떠 있는 기름은 출렁이는 바다에서도 배가 만에 별 어려움 없이 접안하도록 도와줄까? 1773년 10월 프랭클린은 포츠머스에서 그 실험을 했다. 해안의 이리저리 출렁이는 배에서 실험 보조원이 바다에 기름을 계속해서 조금씩 떨어뜨렸다. 그렇게 하니까 정말로 파도의 하얀 물마루가 사라졌다. 그렇지만 프랭클린은 실망했다. 파도의 강도에는 차이가 별로 없는 듯했다.

프랑스 학자 M. 아샤르는 그 원리를 정확히 알고 싶었다. 얼마 지나지 않아 자신의 실험실에 4미터짜리 커다란 목욕통을 만들고, 그 안에 크랭크를 설치하여 물결이 치게 만들었다. 그 통 안에 작은 배를 넣고 높은 물결이 칠 때 얼마나 지나야 그 배가 뒤집히는지 지켜보았다. 수면에 기름이 떠 있지 않을 때에는 크랭크 핸들을 30번 돌렸을 때 배가 가라앉았지만, 기름이 떠 있을 때에는 35번 돌렸을 때 가라앉았다. 그 차이는 작았고 이후 여러 차례의 실험에서는 결과가 불분명했기 때문에 아샤르는 확신을 얻을 수 없었다. 그는 뱃사람들이 많이 과장해서 이야기했을 거라고 추측했다. 그런데 아샤르는 실험을 할 때 상당히 중요한 요소를 간과했다. 그건 바람이었다.

기름이 높은 파도를 가라앉힌다는 전설적인 이야기는 계속되었다. 어느 네덜란드 선장은 폭풍우가 칠 때 '파도의 분노'를 기름으로 잔잔하게 했다고 한다. 다른 선원·1735년에 폭풍우 속에서 배 두 척이 약간의 올리브기름 덕분에 차분해진 바다 위에서 항해해나갔던 것을 지켜봤다고 말했다. 그리하여 옛날에는 폭풍우가 몰아칠 때 제일 먼저 뱃전에서 기름을 바다에 흘리라는 해상법까지 있었다.

1882년 스코틀랜드 사람 존 실즈는 피터헤드 항구에 파이프를 놓아서 기름을 바다에 지속적으로 흘릴 수 있게 했다. 당시에는 실

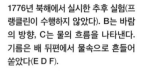
1776년 북해에서 실시한 추후 실험(프랭클린이 수행하지 않았다). B는 바람의 방향, C는 물의 흐름을 나타낸다. 기름은 배 뒤편에서 물속으로 흔들어 쏟았다(E D F).

험이 성공적인 것처럼 보였으나, 폭풍우가 몰아칠 때 기름이 너무 많이 필요했고 기술상의 어려움도 상당했다. 애버딘에서 재차 시도해보고 나서 자신의 실험이 실패했음을 알게 되었다.

더 쉽고도 비용이 적게 드는 방법은 기름을 먹인 대마로 채운 캔버스 가방들을 바람의 방향에 따라 선수나 선미에 걸어놓는 것이었다. 1960년대에도 독일 선박들은 '파도를 잠재우는 기름'을 선적하라는 규정을 따라야 했다. 규정에 따르면 동물성 기름이 식물성이나 광물성 기름보다 더 효과적이었다. 기름은 물이 흔들려 철썩대며 구명보트 안으로 들어오지 못하게 파도를 잠재우는 역할을 했다. 하지만 오늘날 구명보트는 대개 지붕이 있는 전폐형인 데다 기름이 과연 효과적인지에 대하여 의견이 분분하기 때문에 이 규정은 폐지되었다. 그래도 여전히 뱃전에 있는 구명보트에는 작은 기름통이 있다.

기름막이 정말로 파도를 잠재울 수 있는지는 1970년대에 함부르크 대학의 하인리히 휘너푸스가 주도한 실험에서 나타났다. 실험 결과, 북해에 기름을 뿌려 기름막이 생긴 2.5제곱킬로미터 넓이의 영역에는 파도의 높이가 10퍼센트 감소했다.

그 이유가 무엇인지는 이미 19세기 말에 과학자들이 설명했다. 기름이 수면에 끈적이고 탄력성 있는 막을 만든다. 파도를 일으키는 바람은 이 막을, 그리고 막 아래에 놓인 물을 막과 함께 움직이려 할 때 더욱 큰 에너지를 소모한다. 그래서 작은 물결이 잘 일어나지 않고, 이는 연쇄반응을 일으켜 큰 물결도 약화시킨다.

휘너푸스의 실험에서 프랭클린이 관심 있게 보았던 건 파도의 감쇠만이 아니라 물 위에 떨어진 기름 한 방울이 '갑자기 광범위하게 맹렬히 확산된 점'이었다. 그는 기름막이 보이지 않을 정도로 매우 얇아지는 걸 관찰하고는 기름 입자가 서로서로 밀쳐내는 건 아닌가 생각했다. 이 추측은 비록 틀렸지만, 프랭클린이 그 현상에 대하여 잠시 생각해보았다면 당시 제기된 커다란 문제의 답을 얻을 수 있었을 것이다.

그 당시에 이미 물질이 입자들로 구성되어 있다는 점에는 모두 의견을 같이했다. 하지만 그 입자의 크기가 얼마만한지는 아무도 몰랐다. 이 점만 생각해봤더라면 프랭클린은 얇은 기름막이 더이상 얇아질 수 없을 때, 즉 기름막이 분자 두께가 될 때 비로소 기름의 빠른 확산이 멈춘다는 그럴듯한 가정에 이를 수밖에 없었을 테고, 그렇게 수수께끼는 풀렸을 것이다.

프랭클린의 설명에 따르면, 클래펌 연못 위 기름막의 두께가 약 100만분의 1밀리미터임이 틀림없다는 계산이 간단히 나온다. 그 크기는 실제로 트리올레인 분자의 길이와 비슷하다(트리올레인은 올리브기름의 주성분이고 길이가 약 100만분의 2밀리미터이다). 하지만 이런 계산은 100년 이상 흐른 후에야 할 수 있었다. 그때 처음으로 분자 크기에 대하여 신뢰할 만한 추정치를 구할 수 있었기 때문이다.

올리브기름이 분자 두께의 층, 소위 일분자층으로 물을 덮는 이유를 알아내는 데는 거기에서 또 30년이 걸렸다. 다른 유기분자들과 마찬가지로 길게 펼쳐진 트리올레인의 원자사슬도 한쪽 끝에서 물을 밀쳐내고(그래서 기름은 물에서 녹지 않는다) 다른 끝에서는 물을 잡아당긴다. 물을 잡아당기는 쪽 때문에 원자사슬은 물과 접해 있으려 하고, 그런 작용이 일분자층을 만든다.

1950년대에 기름막을 이용하는 또 다른 방법이 나타났다. 덥고 건조한 지역에서 저수지의 물이 증발하지 않도록 기름막을 사용했다. 하지만 이런 조치는 다시 폐지되었다. 바람이 너무 강하게 불면 기름막이 훼손되기 때문에 효과를 발휘하지 못했던 것이다.

프랭클린의 실험은 전혀 뜻밖에도 생물학의 가장 중요한 발견으로 이어졌다. 생물학계에서 세포를 둘러싸고 있는 세포막이 무엇으로 구성되어 있느냐는 질문의 답을 찾고 있을 때였다. 1899년 식물학자 찰스 E. 오버턴은 올리브기름과 세포막 사이에 틀림없이 유사성이 있다고 제안하는 논문을 발표했다. 오버턴은 특정 물질을 투과시키는 세포막의 성질이 특이하게도 올리브기름에 용해되는 세포막의 성질과 관계있다는 사실을 우연히 발견했다. 어떤 물질이 세포 안으로 침투할 수 있다면, 그 물질은 기름에도 잘 녹을 것이다. 이와 반대로 세포막을 통과하기 어렵다면, 기름 속에서도 용해되기 어려울 것이다.

따라서 세포들은 올리브기름의 세포와 비슷한 세포막에 둘러싸여 있는 것이 틀림없다고 오버턴은 결론 내렸다. 1925년 연구자들은 그 세포들이 어떻게 배열되어 있는지를 밝혀냈다. 그때, 170년 전 프랭클린처럼, 물에 기름을 떨어뜨리며 연구했는데 프랭클린보다는 훨씬 적은 양을 사용했다.

에버르트 호르터르와 그의 학생 F. 그렌델은 적혈구에서 지방 분자와 기름분자(지질)를 모두 추출했다. 무엇보다도 그 분자들이 세포막을 형성한다고 예상했기 때문이다. 그들은 그렇게 모은 지질을 물 위에 놓았다. 지질은 일분자층을 형성했는데, 그 면적이 원래 적혈구의 전체 표면적보다 정확하게 두 배 넓었다. 그 결과로부터 연구자들은 다음과 같은 결론을 내렸다. 혈구의 세포막은 정확히 두 분자 두께임에 틀림없다. 즉, 소수성疏水性 부분이 서로 맞닿아 있는 이중층 구조다.

물 위에 기름을 붓는 실험은 상당히 단순하지만, 그 단순함에 비해 놀라울 정도로 많은 분야에서 중요한 발견을 이끌어냈다.

오늘날 클래펌 연못은 모든 표면화학자의 성지다. 과학자들은 그곳에서 프랭클린의 실험을 재현하지 않고는 못 배기곤 한다. 연못물에 올리브기름이 너무 많은 것 같다.

★ Franklin, B., 「물 위의 기름Oil on Water」, 『윌리엄 브라운리그에게 보내는 편지Letter to William Brownrigg』, 1773.

1822
성경 이야기(1)
: 스카우트된 하이에나

1821년 여름, 영국 커크데일(요크셔 백작령) 채석장에서 일하던 일꾼들이 동굴을 하나 발견했다. 동굴 바닥은 온통 뼈로 덮여 있었다. 일꾼들은 몇 년 전 산사태로 생매장된 짐승들의 뼈일 것이라고 생각했다. 그런데 과학자이자 성직자인 윌리엄 버클랜드가 자문위원으로 초청받아 동굴로 내려가서 보니, 그건 호랑이, 사슴, 곰, 말, 코끼리, 코뿔소, 하마, 하이에나의 유골이었다. 버클랜드는 화석을 발견하면 그 화석을 성경의 내용에 맞추려는 노력을 부단히 해왔다. 이번 경우는 분명해 보였다. 노아의 홍수가 일어났을 때 동물들이 동굴로 떠내려간 게 틀림없으리라. 그런데 갑자기 의문이 생겼다. 물이 동물의 사체를 동굴로 운반했다면, 모래와 돌도 거기에 같이 있어야 하지 않은가? 그런데 그런 흔적은 하나도 없었다. 그리고 그 커다란 동물들을 도대체 어떻게 그 좁은 동굴 구멍으로 쑤셔 넣을 수 있단 말인가?

지질학자 윌리엄 버클랜드는 자신이 발견한 뼈가 노아의 홍수에 의해 밀려들어온 것이 아님을 멋진 실험을 통해 보여주었다.

버클랜드가 그 뼈들을 면밀히 살펴보자 갉아먹은 자국들이 눈에 들어왔다. 그 자국들은 동굴 바닥에 있던 하이에나의 이빨에 딱 들어맞았다. 그는 홍수가 일어나기 전부터 하이에나가 동굴에 살았으며 오랜 기간에 걸쳐 먹잇감을 가져왔을 거라고 결론을 내렸다.

자신의 가설을 검증하기 위해서라면 아무리 힘든 일이라도 개의치 않는 그는 남아프리카에서 하이에나를 데려와 '빌리'라고 부르며 뼈를 갉으라고 했다. 실험은 성공적이었다. 그는 친구에게 편지를 썼다. "빌리가 소의 종아리를 갖고 아주 멋진 일을 해냈다네. 커크데일에 남아 있던 바로 그 부분들은 남기고 커크데일에 없는 부분은 다 먹어치웠어. … 엉덩이뼈는 너무나도 똑같아서… 어떤 게 빌리가 파먹은 뼈인지, 어떤 게 커크데일에 있던 하이에나가 파먹은 뼈인지 분별할 수가 없다네!"

버클랜드의 연구는 명쾌했지만 성경을 철석같이 믿는 그 당시 동료 학자들의 생각을 흔들어놓진 못했다. 그들은 뼈에 새겨진 이빨 자국이 노아의 홍수가 일어났을 때 '아비규환의 혼란스러운 상황'에서 생긴 것이라고 주장했다. 그리고 영국에 하이에나와 같은 열대지방 동물이 살았던 적은 한 번도 없었다고 했다.

★ Buckland, W., 「코끼리, 코뿔소, 하마, 곰, 호랑이, 하이에나 뼈와 치아 화석에 대한 보고Account of an assemblage of fossil teeth and bones of elephant, rhinoceros, hippopotamus, bear, tiger and hyaena…」, 『왕립학회 자연과학회보 Philosophical Transactions of the Royal Society』, 112, 1822, pp. 171-230.

1874
총으로 부상만 입힐 수는 없을까?

의학 주간지 『스위스 의료통신』에도 나와 있듯이, 1874년 크리스마스 직전에 베른 인근에서 특이한 사격실험이 벌어졌다. 의사 에를라흐가 총을 쏘고 명중시키는 것을 도맡아했고, 베텔리 소총(구경 10.4밀리미터)과 샤스포 소총(구경 11밀리미터)으로 '다섯 장의 전나무 판자로 만든 표적', '덮인 책', '모래가 채워진 마른 돼지 방광', '헝겊으로 꽁꽁 싸맨 두 구의 시체'를 쏘았다. 그 이후의 사격실험에서는 '으깬 감자가 채워진 인간의 두개골'이 추가되었다. 실험을 위해 루돌프 셰러 박사가 '기꺼이' 개인 소유의 '사격 연습장'을 이용하게 해주었다. 루돌프 셰러는 발다우 정신병원의 원장이었다. 그는 병원장으로서 이런저런 이유를 대며 자신만의 사격 위치를 독점하는 공공연한 특권을 누리고 있었다.

『스위스 의료통신』에 따르면 '연방참의원 벨리'도 그 실험에 찬성했는데, 재미있어 보이긴 해도 기존의 창상탄도학(wound ballistics: 탄환이 목표물에 맞았을 때 일어나는 작용을 연구하는 학문—옮긴이)에서 잘 다루지 않았던 실험이었다. 33세의 베른 의대 교수 테오도어 코허가 그 실험을 수행한 동기는 절대적으로 존경받을 만하다.

1904년 7월, 툰에서 테오도어 코허(검은 중산모를 쓰고 앉아 있는 사람)가 군사작전 과정 중에 사격실험을 수행하고 있다. 그의 흥미로운 실험 덕분에 오늘날까지 전세계 군인들이 생명을 안전하게 지킬 수 있게 되었다.

코허가 1894년 로마에서 열린 국제 의학 학술대회의 강연에서 발표한 대로, 그는 '인도주의에 입각하여 탄환을 개선하는 데' 관심을 가졌기 때문이다. 문명국들 간 전쟁의 목표는 최대한 많은 사람의 목숨을 빼앗는 것이 아니라 '싸움을 잘하는 상대를 몸져눕게' 만드는 것이 아니겠는가.

19세기에는 격렬한 전쟁이 끊이지 않았기 때문에 의학자들이 전쟁터에서 직접 갖가지 부상을 연구할 수 있었다. 그런데 총알의 어떤 특성에 의해 몸이 파괴되는지에 대해서는 의견이 분분했다. 열이 탄환을 녹여서 조각조각 쪼개지게 하는 걸까? 회전하는 탄환의 원심력이 피부와 살을 찢어내는 걸까? 아니면 압력에 의해서 총알이 근육과 살을 뚫고 들어가는 걸까?

파괴력의 원인이 원심력은 아니라는 증거는 있었다. 시체에서 사출구의 상처가 사입구의 상처보다 크지 않았고 사출구의 피부가 소용돌이 모양으로 뒤틀려 있지도 않았다. 코허도 원심력은 아니라고 보았다. 총알이 회전하면 지름 1센티미터의 총상 자국이 지름 15센티미터로 커져야 하기 때문이다.

총알이 뼈에 맞지 않으면 탄환 조각도 발견되지 않았다. 그래서 코허는 총알이 적중할 때 생기는 정수압(흐름이 멈춘 유체에서 생기는 압력—옮긴이)이 신체조직을 파괴한다는 가설을 주장했다. 그 가설은 다음의 실험 결과가 뒷받침했다. 두개골을 향해서 총알을 쏘았을 때, 속이 빈 두개골에는 구멍 두 개가 났지만 으깬 감자를 채운 두개골은 확실하게 폭발했다. 즉, 폭발한 건 탄환이 아니라 신체조직이었다.

코허는 이후 여러 실험을 통하여 이러한 연구 결과를 좀더 정확하게 구체화했다. 그의 저서 『소구경 총알에 의한 총상에 대하여Zur Lehre von den Schusswunden durch Kleinkalibergeschosse』는 타격당한 사암판, 얇은 금속 깡통, 유리판, 줄에 매달린 간을 세밀하게 그린 그림을 담고 있다. 그 실험에 이용된 두개골 중 하나는 아직도 베른 대학에 보관 중이다. 하지만 정작 코허를 유명하게 만들어준 건 그의 수술 기법과 그의 이름을 딴 코허 지혈집게였으며, 1909년 그는 노벨 의학상을 수상한 최초의 외과의사가 되었다.

오늘날 코허의 사격실험은 전문가들에게만 알려졌음에도 그의

총을 쏘기 전 이 두개골에 으깬 감자를 채워 넣었다.

★ Kocher, T., 「현대 소구경 총알의 폭발 효과에 대하여Ueber die Sprengwirkung der modernen Kleingewehr-Geschosse」『스위스 의료통신Correspondenz-Blatt für Schweizer Aerzte』 5, 1875, pp. 3-7, 29-33, 69-74.

노벨상 논문만큼이나 광범위한 영향을 미쳤다. 그의 탄도학실험은 툰 군수공장 책임자인 에두아르트 루빈이 루빈 고속탄을 개발하게 된 기초가 되었고, 루빈 고속탄은 현재까지 전세계에서 널리 쓰이고 있다.

코허는 새로 개발되는 무기의 총구 속도가 비인도적으로 점점 빨라지는 데에 자신이 아무 영향도 미칠 수 없다는 것을 알고 있었다. 그 어떤 군대도 더 빠르고 정확한 탄환을 만드는 일과 관련하여 한 치의 양보도 하지 않으려고 할 것이다. 그래서 그는 가능한 단단하고 구경이 작은 탄환을 사용할 것을 홍보했다. 작고 단단할수록 신체조직에 가해지는 정수압이 낮아지기 때문이다. 결국 코허는 가장 작은 총으로도 신체에 충분한 부상을 입힐 수 있으며, 그것이 '적을 쓰러뜨리되 목숨을 빼앗지 않는' 해결책이 될 거라고 말한다.

1875
"우웩!" 멀미를 일으키는 기계

에른스트 마흐는 대부분의 사람이 바로 멀미를 느끼게 만드는 기계를 개발했다.

아마도 당시에 에른스트 마흐는 자신이 어떤 악마 같은 기계를 발명했는지 몰랐을 것이다. 그는 실험 참가자들의 머리에 '속이 비고 빙빙 돌아가며 선이 그어진 실린더'를 씌우고 그 실린더를 회전시켰다. 그렇게 그는 1875년 운동감각에 관한 실험을 설명했다. 실험 참가자들은 짧은 시간 동안 실린더가 계속 도는 것이 아니라 자신이 돌고 있는 것 같다고 착각하게 되었다.

이렇게 착각하는 이유는 이 세상이 전체적으로는 정지해 있다고 우리 뇌가 잘못 생각하기 때문이 아니었을까. 즉, 큰 원통 안에서처럼 주변 전체가 움직이는 상황에서 뇌는 실험 참가자가 스스로 움직인다고 판단했다. 마흐는 이미 다리 위에서 같은 효과를 관찰한 적이 있었다. 그는 그곳에서 흐르는 물을 바라보자마자, 물은 정지해 있는데 자신이 다리와 함께 저 멀리로 질주하는 것 같은 느낌을 받았다.

이런 현상을 실험실에서는 '눈 운동 검사통'이라고 불리는 '줄무늬 실린더'를 가지고 연구할 수 있었다. 뿐만 아니라 줄무늬 실린더에 사람들을 멀미하게 만드는 특별한 기능이 있다는 것도 증명되었다. 줄무늬 실린더는 만들기도 쉽고 작동시키기도 쉽기 때문에 멀미 연구자들이 실험 장비로 사용하게 되었다.

이미 1920년대에 실험 참가자들은 천장에 매달린 두꺼운 종이로 된 실린더 안에서 위가 뒤집어지는 것 같을 때까지 서 있었다. 구토를 일으키는 작용을 더 잘 관찰하기 위하여 그들은 서로 다른 시간에 식사를 했다. 그런 다음 연구자들은 엑스레이를 통해 실험을 하는 동안 실험 참가자들의 위가 어떻게 조여지는지 보았다.

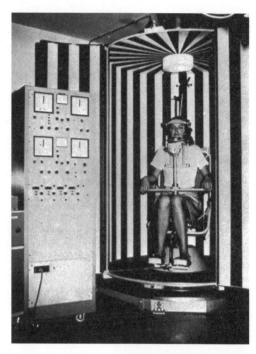

현재까지도 멀미 연구자들이 선호하는 실험 장비. 이 사진의 눈 운동 검사통은 1970년대 모델이다.

추후 실험에서 아시아인이 유럽인보다 훨씬 빨리 멀미를 한다는 것, 구역질과 구토가 서로 다른 과정에 의해 유발된다는 것도 밝혀졌다. 오늘날에는 멀미약 검증에 눈 운동 검사통이 종종 이용되곤 한다.

하지만 구토에 대한 연구는 많은 질문에 대해 아직 아무런 답을 발견하지 못했다. 왜 검사통 안에 있는 실험 참가자들의 상태가 안 좋아지는지가 가장 큰 미스터리로 남는다. 그 문제에 관한 가장 전형적인 설명은 회전하는 검사통이 모순적인 감각 정보를 만든다는 것이다. 내이에 위치한 전정기관이 뇌에 '정지'라는 정보를 주는 반면, 회전하는 줄무늬는 눈에 '움직임'을 믿게 만든다. 선박 승객들은 그와 정반대의 효과를 경험한다. 전정기관은 배가 '흔들린다'는 정보를 주지만, 눈앞에는 움직이지 않는 갑판이 펼쳐져 있다.

★ Mach, E., 『운동감각의 기본 원리 Grundlinien der Lehre von den Bewegungsempfindungen』, Leipzig, Wilhelm Engelmann, 1875.

왜 모순적인 감각 정보가 멀미를 일으켜야 하는가라는 훨씬 중요한 문제는 해결되지 않은 채로 남아 있다. 메스꺼움과 구토는 독성이 있거나 부패한 음식으로부터 우리를 보호한다. 격렬한 바다에서 선박 승객들이 근사한 다섯 가지 코스요리를 마다할 이유는 전혀 없다. 잘 생각해보면 다섯 가지 메뉴는 건강에 이롭고, 음식은 나무랄 데가 없지 않은가.

추측건대 모순된 감각 정보와 중독 증상에 유사한 점이 있기 때문이 아닐까. 독이 많이 흡수되면 뇌에서는 제일 먼저 평형기능에 장애가 생기고 어지러움을 느낀다. 모든 것이 흔들리고 빙글빙글 도는 것처럼 보인다.

일반적으로 우리의 뇌는 이런 모든 증상이 중독 때문에 생긴 것이라고 판단할 수 있다. 흔들리는 배나 눈 운동 검사통 때문에 어지럽더라도.

1881
순풍을 타고 나아가는 빛

마차가 정말 지긋지긋했을 것이다. 베를린의 노이에 빌헬름 거리를 달리는 마차의 말발굽 진동이 물리학연구소의 지하실 안까지 전해졌다. 그곳에서 간섭굴절계 발명에 여념이 없던 29세 앨버트 마이컬슨은 거의 절망에 빠질 지경이었다.

간섭굴절계Interferenz-refraktometer는 그 긴 이름만큼이나 조잡스러웠다. 아주 작은 진동이 발생해도 기계가 완전히 멈췄다. 마이컬슨은 주춧돌 위에 그 기계를 놓고 밤에 일하기 시작했지만, 새벽 두 시에도 거리가 그렇게 조용하진 않았다.

1881년 4월 마이컬슨은 그 기계를 더 조용한 장소인 포츠담의 천체물리학 관측소 지하로 가져왔다. 이제 그는 드디어, 역사상 가장 성공적으로 실패한 연구로 기록될 실험을 할 수 있게 되었다. 마이컬슨은 그 실험으로 신경쇠약과 노벨상을 얻었지만, 믿을 수 없

간섭굴절계 모형. 1881년 포츠담에서 앨버트 마이컬슨이 최초로 간섭굴절계를 이용해 에테르의 존재를 증명하려 했다.

는 자신의 실험 결과에 죽을 때까지 의구심을 가졌다.

앨버트 마이컬슨은 메릴랜드 주 아나폴리스에 있는 해군사관학교에서 물리학을 전공한 후 아이디어가 풍부한 정밀기기 제작자로서 두각을 나타냈고, 자신이 만든 기기들로 빛의 속도를 측정해냈다. 1880년 유학차 유럽으로 떠난 그는 베를린에 도착하자 물리학의 가장 어려운 과제에 도전했다. 에테르의 존재를 증명하고 싶었다!

일반적으로 알려진 바에 따르면, 빛은 파동의 성질을 가지고 있다. 그리고 각 파동이 전파되려면 매질이 필요하기 때문에(음파는 공기가 필요하고 물결은 물이 필요하다), 사람들은 에테르라는 것이 존재하며 광파가 에테르를 통해 이동한다고 상상하게 되었다. 에테르는 눈에 보이지 않고 질량이 없는 매질임에 틀림없었다. 에테르는 전 우주에 퍼져있지만 그 어느 것으로부터도 영향을 받지 않는데, 당연히 빛은 예외다. 또한 에테르는 진공의 우주에서 별빛을 운반하고, 라디오파를 발신자로부터 수신자에게까지 전달한다. 즉, 광파와 라디오파를 비롯해 전자기파의 전파에 관한 모든 이론의 핵심

포츠담의 천체물리학 관측소. 베를린에서 말발굽 소리가 실험에 방해되자 마이컬슨은 이곳으로 실험 장소를 옮겼다.

이 바로 에테르였지만, 이 물질의 존재는 한 번도 증명된 적이 없었다. 마이컬슨은 바로 이러한 상황을 뒤집을 생각이었다.

바람이 없는 잔잔한 바다에서 배가 바닷물을 가르고 나아가는 것처럼, 그는 지구가 우주에 멈춰 있는 에테르를 통과하며 미끄러지듯 운동한다고 생각했다. 지구는 초당 30킬로미터의 속도로 태양 주위를 돌았다. 갑판 위에 있으면 배가 나아가는 방향과 반대로 부는 바람을 맞게 되는 것처럼, 지구 위에서는 에테르 역풍이 불어서 빛의 운동에 영향을 주어야 했다. 순풍은 빛의 운동속도를 가속시키고 역풍은 감속시킬 것이다. 이제 속도차를 측정하기만 하면 된다. 그러면 에테르의 존재가 증명될 것이다!

이 아이디어에 대한 설명은 브리태니커 백과사전 제9판에 나와 있다. 내용을 읽어보면 영국의 위대한 물리학자 클러크 맥스웰이 그런 발상을 했다는 사실을 알 수 있다. 하지만 맥스웰은 광속을 충분히 정확하게 측정할 수 있는지에 대해선 회의적이었다.

과장을 하나도 보태지 않고, 빛은 정말 매우 빠르다. 누군가 책상 위의 스탠드에 불을 켜면서 커피를 마신다면, 스탠드 불빛이 책상의 윗면에 도달하는 사이에 마실 수 있는 커피의 양은 극도로 적을 것이다. 그 시간은 0.000000001초이다! 이 속도를 대강이라도 측정하는 일이 탁월한 업적이라는 걸 그 누구보다도 마이컬슨이 가장 잘 알고 있었다. 1878년 그는 그때까지 기록된 것 중 가장 정

물리학자 앨버트 마이컬슨은 에테르를 찾으려고 했다. 에테르를 찾지 못했다는 실험 결과는 그에게 노벨상을 안겨주었다.

확한 값을 측정했다. 그의 측정치는 초당 29만 9940킬로미터였다.

빛이 그렇게 빠르더라도 두 광선의 속도차를 직접 측정할 수 있는 방법이 하나 있었다. 빛의 절대속도를 알아야 할 필요도 없었다. 바로 마이컬슨 간섭계(간섭굴절계)를 이용하는 것이다.

마이컬슨 간섭계는 한 램프에서 나오는 광선을 두 줄기로 나누어 여러 방향으로 보내고, 여러 거울로 반사하여 다시 한 곳에 모이게 했다. 에테르 바람이 분다면 광선들은 동시에 모이지 못할 것이다. 두 광선이 동시에 모였는지는 두 광선이 함께 만들어낸 간섭무늬를 통해 확인할 수 있다. 그 기계가 정확히 어떻게 작동하는지는 이 실험을 이해하는 데 그다지 중요하지 않다.

마이컬슨의 간섭계는 다음과 같이 만들어졌다. 한 광선을 지구의 자전 방향으로 회전하게 하면 그 빛은 우선 에테르 역풍을 맞고, 거울에서 반사된 후에 순풍을 맞는다. 한편 또 다른 광선을 자전 방향의 오른쪽 90도로 나아가게 한 뒤, 거울에 의해 다시 같은 경로로 반사되게 한다. 그 광선은 오고가는 도중에 옆에서 부는 에테르 바람을 맞을 것이다.

마이컬슨은 자녀들에게 그 실험을 다음과 같이 설명했다. "두 광선을 두 명의 수영선수라고 생각하자. 두 선수가 서로 직각을 이루는 출발선상에 있단다. 여기서 한 사람은 물의 흐름을 거슬러 수영을 하고 돌아올 때는 물의 흐름과 같은 방향으로 수영을 하지. 다른 사람도 같은 거리를 수영하는데, 그는 강을 가로질러 갔다 돌아오는 거야. 강물이 일정하게 흐른다면 두번째 수영선수가 항상 더 빠르단다." 그 설명을 처음에 들을 땐 깜짝 놀랄지 모른다. 첫번째 수영선수가 강 흐름의 역방향으로 수영할 때는 뒤처지겠지만 돌아올 때는 그 손해를 메울 수 있을 거라고 추측할 수 있지 않은가. 그런데, 사실은 그렇지 않다. 갈 때와 올 때의 수영 거리가 똑같지 않기 때문이다. 강물을 거스를 때 수영선수는 더 느려지기 때문에 흐름과 같은 방향으로 수영할 때보다 더 긴 거리를 수영하게 된다.

그런데 마이컬슨의 간섭계에서는 승자가 없었다. 두 광선은 언제나 동시에 되돌아왔다. 지구가 멈춰 있는 에테르를 가르며 이동한다는 가설은 거짓이라고 마이컬슨은 적었다. 그렇지만 그는 에테르가 존재한다는 믿음을 버리고 싶지 않았다. 오히려 에테르가 자전하는 지구에 휩쓸려서 포츠담의 지하실에는 에테르 바람이 한 점도 없는 건 아닌지 의심했다. 이런 가설은 이후에 여러 실험을 통해 반증되었다.

처음에 마이컬슨이 포츠담에서 실험했을 때는 작은 계산 착오가 있어서, 간섭계의 정확도에 문제가 있었을 거라고 판단했다. 그래서 1887년 오하이오 주 클리블랜드의 케이스 응용과학 학교에서 화학자 에드워드 몰리의 도움을 받아 재실험을 했다. 두 과학자는 40센티미터 두께에다 크기는 책상만한 마름돌을 놓고 위에 광원과 거울을 설치했으며, 마름돌은 흔들리지 않도록 수은 위에 떠 있게 했다. 하지만 결과는 전혀 달라지지 않았다. 두 광선의 속도는 같았다.

다른 많은 물리학자처럼 마이컬슨도 자신의 측정에서 이끌어 낼 수 있는 유일한 결론을 받아들이고 싶지 않았다. 에테르는 존재하지 않는다! 물리학자들은 에테르와 더불어 그들의 세계관과도 이별해야 했다.

빛(그리고 다른 전자기파)의 속도가 언제나 어느 방향으로든 같다는 사실은 뉴턴 물리학에도, 상식에도 모순된다. 우리는 빛에서 달아날 수도 없고 빛을 따라잡을 수도 없다. 사람이 어떤 속도로 운동하든 아무 관계없이, 빛의 속도를 측정하면 그 결과는 항상 초당 약 30만 킬로미터가 나온다. 서로 다른 속도로 운동하는 두 관찰자의 관점에서 광선의 속도가 같다는 사실을 이해하려고 한들 이해되지 않는다. 일상생활에서 우리는 그런 사실과 정반대되는 경험을 하

화학자 에드워드 몰리는 포츠담에서 했던 실험을 마이컬슨과 함께 시카고에서 다시 해보았다.

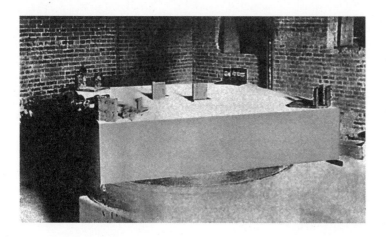

시카고에 있는 개선된 실험 장치: 마름돌이 흔들리지 않도록 수은 위에 떠 있었다. 에테르의 존재는 증명되지 않았다. 오늘날 이 실험은 과학사상, 증명을 못했지만 가장 성공적인 실험으로 간주된다.

기 때문에, 물리학자들조차도 빛의 속도가 그냥 그렇다는 걸 받아들이는 수밖에 없다.

마이컬슨의 첫 실험 이후 24년이 지난 1905년, 26세의 베른 특허청 '3급 기술 심사관' 알베르트 아인슈타인이 어떻게 빛의 속도가 일정한지를 밝혀냈다. 많은 교과서에서 견지하는 것과 달리, 아인슈타인은 마이컬슨-몰리의 실험 결과에 의존하지 않았고 특수상대성이론을 정립했다. 관찰자의 움직임과 관계없이 광속은 일정하다는 걸 그는 순전히 사고실험으로 밝혀냈다.

서로 다른 속도로 움직이는 두 관찰자가 같은 광선을 보며 같은 광속을 갖고 있다고 지각하는 모순을, 상대성이론은 두 관찰자에게 시간이 서로 다른 속도로 흐른다고 주장하면서 해결한다. 이를 의심의 여지없이 증명할 수 있음에도 불구하고(『매드 사이언스 북』 253쪽), 상대성이론에 따른 여러 기괴한 현상처럼, 사람의 머리로는 이런 사실을 정말로 이해하기 어렵다.

마이컬슨 역시 상대성이론을 이해하는 데 어려움을 겪었다. 1907년 괴팅겐에서 강연을 한 후에 그는 청중들과 함께 카페에 가서 큰소리로 이렇게 질문했다. "어떤 테이블에 제가 앉아야 합니까? 상대성이론의 숭배자들은 어느 테이블에 앉고, 또 물리학자는

☞
verrueckte-experimente.de

★ Michelson, A. A., 「지구와 발광성 에테르의 상대적 운동The Relative Motion of the Earth and the Lumniferous Ether」, 『미국과학저널 The American Journal of Science』 22, 1881, pp. 127-132.
★ Michelson, A. A., und E. W. Morley, 「지구와 발광성 에테르의 상대적 운동에 대하여On the Relative Motion of the Earth and the Luminiferous Ether」, 『미국과학저널(제3판)American Journal of Science(3rd series)』 34, 1887, pp. 333-345.

어디에 앉아야 합니까?" 1931년 아인슈타인이 임종 과정에 있는 마이컬슨을 마지막으로 방문했을 때, 마이컬슨의 딸이 아인슈타인에게 부탁했다. "아버지가 다시 에테르 이야기를 시작하지 못하게 해주세요."

과학에서 에테르는 사라졌다. 하지만 일반적인 언어에서는 살아남았다. 오늘날에도 라디오에서는 '에테르에 대한' 방송이 여전히 진행된다. 고집스럽게도 그 개념을 붙잡고 있는 건 허공에서 하나의 파동이 어떻게 전파될 수 있는지를 결국 이해하지 못한 것과 관계있는지도 모른다.

1882
목을 조를까,
아니면
부러뜨릴까?

스스로 경험해보는 방법으로는 답을 찾을 수 없는 문제들이 있다. 예를 들어 '목을 매면 어떤 느낌이 들까?'와 같은 문제가 그렇다. 그런데 간과해선 안 될 점이 하나 있다. 세상에는 지식에 대하여 극도로 갈증을 느끼는 의학자들이 있다는 사실이다.

19세기 말 즈음에, 어떤 식으로 교수형을 집행하는 것이 사형수를 가장 빨리 죽음에 이르게 하는지에 대한 불꽃 튀는 논쟁이 전문가들 사이에서 벌어졌다. 올가미에 목을 걸고 발판을 치워 바로 목이 부러지게 하는 것이냐, 아니면 목에 계속 압력을 주어 혈액과 산소가 공급되지 못하게 하는 것이냐. 대다수의 사람들은 목을 부러뜨리는 것이 가장 옳은 답이라고 생각했다. 호턴 목사는 교수형을 당하는 사람의 몸무게에 따라 사망에 필요한 낙하 높이를 계산하는 식까지 고안해냈다. 그런데 신의 사제가 소수점을 잘못된 위치에 찍었던 것 같다. 호턴 목사의 계산에 따라 집행된 첫 사형에서 사형수의 목이 아예 떨어져 나가버렸다.

여러 동료 의사—그리고 많은 언론인—들과는 달리 뉴욕 의과대학의 그레임 해먼드는 '목을 조르는 것'이 '목을 부러뜨리는 것'

보다 더 빠를 뿐 아니라 아무 고통 없이 죽음에 이르게 할 수 있다고 주장했다. 그는 자신의 의학논문 「교수형을 집행하는 올바른 방법」에서 "신문은 큰 반향을 일으킬 만한 뉴스로 지면을 가득 채우며, 사형수가 겪는 지독한 고통을 대문자로 끔찍하게 표현하여 과장하고 있다. … 그런 식의 표현은 마음 약한 사람들에게 비애를 안겨주고 사형수에 대한 마땅치 않은 동정심을 갖게 할 뿐 아니라, 단호하고 이성적인 사람들에게도 사형에 대한 거부감을 일으킨다"며 분노를 터뜨렸다.

해먼드는 몸소 교수형을 실험하여 교수형에 처해진다는 것이 신문에서 표현하는 정도의 반만큼만 고통스럽다는 사실을 증명해 보이겠다고 마음먹었다. 그는 수건을 목에 두르고 친한 동료 의사에게 그 수건을 천천히 돌려서 죄라고 했다. 해먼드의 앞에 선 의사는 자신이 타인의 고통을 지켜보는 것을 얼마나 참아낼 수 있는지 시험해야 했다. 제일 먼저 해먼드는 몸에서 가려움을 느꼈고, 그 다음으로 가끔 눈앞이 컴컴해지고 귀에서 쉭쉭하는 소리가 크게 들렸다. 80초가 지나자 고통이 더이상 느껴지지 않았다. "손에 피가 날 정도로 칼에 매우 깊게 찔렸는데도 아무 느낌이 없었다." 그는 이런 경험을 하고 나서 확신을 얻었다. 교수형을 집행하는 올바른 방법이란, 사형수를 바닥에서 높이 들어올려 30분 동안 매달려 있게 하는 것이다!

해먼드의 실험이 매우 희한하게 보이지만, 해먼드 외에도 교수형 방법을 시험한 사람이 또 있었다. 그가 실험을 하고나서 3년 후, 『뉴욕 월드New York World』지에는 「교수형을 당하면 어떻게 될까」라는 제목으로 '목을 매는 실험을 한 사람의 재미있는 경험'에 관한 기사가 실렸다. 익명을 요구한 그 사람은 '자살 클럽'의 일원이었는데, 그는 해먼드의 실험에서 한 걸음 더 나아가 짧은 시간 동안이었지만 정말로 목을 매달았다. 그때 그는 기름으로 된 바다에서

★ Hammond, G. M., 「교수형을 집행하는 올바른 방법On the Proper Method of Executing the Sentence of Death by Hanging」, 『공중위생Sanitarian』, 10, 1882, pp.664-668.

사람과 새들의 소리가 한데 어우러져 아름다운 합창으로 울려 퍼지는 섬을 향해 헤엄쳐 가는 것 같은 편안하고 즐거운 느낌을 가졌다. 그러고 나서 그는 동료들에게 단언컨대 그건 '최고로 재미있는 일'이라고 큰소리쳤지만 그 누구도 체험해보겠다고 나서지 않았다. 그러나 그로부터 머지않아 대서양의 반대편에서 루마니아 법의학자가 더욱 진지하게 그 주제를 다루게 된다(→56쪽).

1887
꼬리 자르기!

브라이스가우에 위치한 프라이부르크 대학에 사는 하얀 쥐 12마리에게 1887년 10월 17일 월요일은 재수 없는 날이었던 것 같다. 그날 꼬리를 잘렸다. 그런 다음 암놈 7마리와 수놈 5마리가 한 케이지 안에 갇혔다. 그후 열넉 달 동안 '첫번째 케이지' 안의 암놈들이 333마리의 새끼를 낳았다. 그들 중 15마리는 1887년 12월 2일 최악의 날을 맞았다—마찬가지로 꼬리가 잘리고 '두번째 케이지'로 옮겨져서 새끼를 낳게 되었다. 다시 그 새끼들 중 14마리는 1888년 3월 1일 꼬리 없이 '세번째 케이지'에서 살아야 했다. 그리고 그 새끼들의 새끼들 중 일부가 1888년 4월 4일 '네번째 케이지'에서 같은 불행을 겪었다.

쥐들을 대대로 끊임없이 괴롭힌 사람은 아우구스트 바이스만이라는 당대의 가장 유명한 생물학자였다. 1888년 말까지 그는 흰쥐 12마리의 꼬리를 11센티미터씩 잘라냈다. 하지만 꼬리 없는 부모들에게서 나온 새끼 849마리 중에서 꼬리가 없는 건 한 마리도 없었다. 그러므로 외상이 유전될 수 있다는 많은 생물학자의 주장은 틀린 것 같았다. 그들은 자신들의 주장을 뒷받침하기 위해 검증도 되지 않은 사례를 언급했다. 예나에 사는 어느 황소가 헛간문이 세게 닫히는 바람에 꼬리를 잃었는데 꼬리 없는 송아지를 낳았다든가, 어느 부인이 어릴 적에 엄지손가락을 크게 다쳤는데 딸 역시 기형적인 엄지손가락을 갖게 되었다든가 따위였다. 그리고 작년에는 비스바덴에서 개최된 생물학 학회에서 꼬리 없는 새끼 고양이들이 소개되었는데, (신문에 보도된 바와 같이) 그곳에서 매우 큰 반향을 불러일으켰다. 그 고양이들의 주인인 차하리아스 박사는 어미가 차에 치여 꼬리를 잃었다면서 그 고양이들은 외상이 유전된다는 증거라고 발표하였다.

꼬리가 없는 쥐는 꼬리가 없는 새끼들을 낳을까? 1887년 아우구스트 바이스만은 칼을 집어 들었다.

이 모든 사례는 동물종의 점진적인 변화가 어떤 기제에 의하여 생기는가라는 질문이 제기될 때마다 인용되었다. 동물종이 변화할 수 있다는 사실에는 의심의 여지가 없으니까. 사람들은 가축을 키울 때마다 자손의 변화에 주목하게 되었다. 그리고 많은 사람이 그 변화의 원인을 안다고 믿었다. 즉, 동물들이 새로운 환경에 처해지면 새로운 습관을 들이고, 그 습관(획득형질)을 새끼들에게 물려준다는 것이다. 기린은 높은 나무의 나뭇잎을 먹기 위해 짧은 목을 길게 늘였다. 그래서 각 세대는 다음 세대에게 좀더 긴 목을 물려주었다. 18세기에 프랑스 생물학자 장 바티스트 라마르크가 이러한 가설(용불용설)을 주장한 이래로 '라마르크주의자'라고 불리는 지지자들이 생겼다.

라마르크주의자들은 한 세대에서 다음 세대에 이르는 변화가 너무 느려서 변화를 직접 관찰하기 어렵기 때문에, 외상이 유전되는지를 확인하여 자신들의 가설을 증명해보려고 했다. 그러나 일찍이 획득형질이 유전된다고 믿고 있었던 바이스만은 외상이 유전된다는 가설에는 회의적이었다. 위에서 설명한 사례들이 정확한 검증을 거친 후에 공상의 산물이라고 판명되었을 뿐 아니라, 어떤 외상이 실제로 어떻게 유전되는지 그 방법을 모르기 때문이었다. 부상의 위치와 유형에 대한 정보가 어떻게든 정자세포나 난세포 안으로 들어가야 한다. 이 세포들만이 다음 세대로 전달되기 때문이다. 쥐가 꼬리를 잃어버렸다는 사실이 난세포나 정자세포의 언

★ Weismann, A., 『외상의 유전에 관한 가설Ueber die Hypothese einer Vererbung von Verletzungen』, Jena, Gustav Fischer, 1889.

어로 번역되어 그 안에 입력되어야 한다. 이것이 바이스만의 눈에는 불가능해 보였다.

바이스만은 새로운 습관이나 부상은 생식세포에 아무런 영향을 주지 못한다고 굳게 믿었다. 새로운 형질을 획득하더라도 유전형질은 쉽게 변치 않고 그대로이리라.

하지만 상황에 따라 변하는 게 있었다. 바로 새끼의 수였다. 어떤 기린이 유전형질의 변화에 따라 좀 긴 목을 갖게 되었는데, 그 기린은 높은 나무가 있는 초원지대에서 나뭇잎을 더 잘 따먹을 수 있었고, 더 오래 살고 더 강했으므로, 더 많은 새끼를 낳았다. 그리고 그 새끼들은 어미의 긴 목을 물려받았다. 생물학자 찰스 다윈은 이 과정을 '자연선택'이라고 하였고, 자연선택설로 종의 점진적인 변화와 새로운 종의 발생을 설명했다.

그래도 혹시나 했던 바이스만은 22세대 쥐까지 꼬리를 잘랐다. 모든 새끼는 꼬리를 갖고 태어났다.

1888
인도적인 사형 집행

아서 케널리가 그 실험을 밤에 수행했어야 했는데… 이런 종류의 실험은 많은 사람의 호기심을 불러일으켜서 실험을 차분하고 세심하게 진행하기 어렵기 때문이다. 하지만 그의 마음대로 시간을 정할 수 없었다. 그래서 죽음을 상기시키는 등골이 오싹한 실험을 지켜보려는 사람들이 1888년 12월 5일 오후, 뉴저지 주 웨스트오렌지에 있는 전구 발명가 토머스 에디슨의 실험실에 모였다. 전기공학자 케널리는 에디슨의 조수였고 실험의 진행을 총괄하고 있었다. 구경꾼들 중에는 의사와 법률가 사이의 관계를 지원하는 법의학회Medico-Legal Society 회원들과 정치인들뿐만 아니라 기자들도 있었다.

이틀 후 발행된 신문에는 그날 오후 56킬로그램에 3200옴Ω 전기저항을 가진 송아지와, 66킬로그램에 1300옴 전기저항을 가진 송아지, 말(558킬로그램, 1만 1000옴) 한 마리가 학문적으로 가장 치명적이라고 알려진 폭력에 의해 죽음에 이르게 되었다는 기사가 실렸다. 교류 전기에 의한 죽음이었다.

이 실험은 뉴욕 주에 새로 생긴 어느 법률이 계기가 되어 시작되었다. 그 법률에 따르면 1889년 1월 1일부터 사형수에게는 전기를 통과시켜 형을 집행해야 했다.

전기가 쥐, 고양이, 강아지를 죽일 수 있다는 건 18세기에 새로운 신통력이랍시고 최초로 전기 실험을 했을 때부터 사람들이 이미 알고 있었다. 그 이전에는 무모한 실험을 하다가 사람이 죽기도 했고, 어떤 사람들은 전기가 흐를 때 전깃줄을 잡아서 죽기도 했다. 신문의 첫 전기사고 보도에서도 그랬듯, 그런 죽음은 '순식간에 고통 없이' 이루어졌을 것이다. 과학자와 정치가 들은 전기로 처형하면 '인간적이고, 강한 인상을 줄 것'이라는 데 바로 동의했다. 선진화된 국가에서 교수형 올가미를 사용하는 건 시대에 뒤떨어진 것처럼 보였다.

에디슨은 실험을 하기 전 실험실에서 자신은 사형에 반대한다고 말했지만, 1888년 11월 『브루클린 시티즌Brooklyn Citizen』은 범죄자를 전기로 처형하는 건 "좋은 생각"이라는 그의 말을 인용했다. 에디슨은 "적정한 전압"을 사람에게 가하면 0.1초 만에 죽을 것이라고 장담했다. 물론 '감전사'가 시행되기 한 달 전만 해도 몇 볼트가 '적당한 전압'인지, 정말로 0.1초면 충분한지, 인체 어디에 어떻게 전극판을 설치해야 하는지를 아는 사람은 아직 아무도 없었다.

토머스 에디슨은 전기의자를 발명했다는 사실을 항상 부인하지만, 그 사실은 의심의 여지가 없다.

새로운 법에서 사형수는 전기로 처형
되어야 한다고 규정했다. 어느 정도의
전기가 적당한지 아무도 몰랐기 때문
에 1888년 12월 5일 에디슨은 동물을
대상으로 실험했다.

　이전에 개를 대상으로 한 실험이 여러 번 있었는데, 그 실험에
서는 교류가 직류보다 개를 더 빨리 죽음에 이르게 할 수 있다고 판
명되었다(직류에서는 전자가 항상 한 방향으로 흐르지만 교류에서는 전자가 방
향을 바꾼다). 하지만 개는 사람보다 몸무게가 훨씬 가볍기 때문에 이
런 실험이 특별한 의미를 갖진 못했다.

　1888년 12월 5일 오후 3시 50분에 30초 동안 첫번째 송아지에
게 전기충격을 주었다. 그후 쓰러졌다가 9분 후에 다시 일어났다.
기계를 약간 조정한 후 3시 59분에 송아지를 다시 8초 동안 감전시
켰다. 그러자 쓰러져 죽었다. 두번째 송아지는 4시 26분에 5초 동
안 흐른 교류 전류에 의해 숨을 거두었다.

　말은 5시 20분에 짧은 전기충격을 받았지만 끄떡없었다. 5시
25분에 5초, 2분 후에 15초 동안 충격을 가했을 때도 마찬가지였
다. 5시 28분에 25초 동안 감전당하고 나서야 말이 죽었다. 나중에
『일렉트리컬 월드』지에서 해럴드 브라운은 "말이 아무런 고통 없
이 바로 죽었다"고 적었다.

　브라운은 가정에서 교류 전기를 사용하지 못하게 하려고 열정

적으로 분투한 젊은 전기기사였다. 그는 전기충격 실험을 함께 준비했고, 웨스트오렌지에서 평소 사용되는 전기 전압의 절반도 안되는 낮은 전압이어도 교류가 흐른다면 동물이 충분히 즉사할 수 있다는 사실에 기자들을 주목시켰다.

에디슨이 상용 가능한 전구를 최초로 발명한 지 10년이 지났다. 도시에 전력을 공급하는 수익성 있는 계약을 따내기 위해 전기회사들 간의 치열한 전쟁이 벌어졌다. 에디슨은 직류 전기 시스템에 투자했고 그의 경쟁자 조지 웨스팅하우스는 교류 옹호자였으므로, 에디슨은 교류가 위험하다고 알리려 했다. 교류와 직류 중 범죄자를 처형하기에 더 좋은 방법은 무엇인가라는 질문에 에디슨은 한번은 다음과 같이 대답했다. "범죄자들에게 뉴욕의 전기 조명 회사에서 전깃줄을 설치하는 일을 시키세요."

그러나 직류와 달리 교류 방식은 변압기로 간단하게 전압을 바꿀 수 있다는 장점이 있다(전압을 높이면 송전하면서 손실되는 에너지도 줄어든다─옮긴이). 웨스팅하우스는 1000볼트의 전압이 전기 구매자의 근처에서는 50볼트로 낮아지는 시스템을 구상했다. 그래서 그는 중앙발전소 하나로 에디슨보다 훨씬 더 넓은 범위에 전력을 공급할 수 있었다.

웨스팅하우스는 에디슨이 자신의 기업 웨스팅하우스 일렉트릭 Westinghouse Electric에 흠집을 내려는 목적으로 동물실험을 한다고 생각했다. 교류 전기가 사형 집행에 사용된다면, 사람들에게 교류 전기의 위험성을 알리는 데 그보다 더 좋은 방법이 있겠는가? 그리고 그는 해럴드 브라운이 교류를 반대하는 에디슨의 여론전을 돕는 대가로 많은 돈을 받고 있을 거라며 수상쩍게 여겼다.

그것 때문에 브라운은 웨스팅하우스에게 엉뚱한 '결투'를 신청했다. 둘 중 하나가 각자 옹호하는 전류 방식의 결함을 공식적으로 인정할 때까지 웨스팅하우스는 교류, 브라운은 직류 전기충격을

도시 전력 공급을 둘러싼 전쟁에서 에디슨의 경쟁자 조지 웨스팅하우스는 교류 전기를 내세웠다. 에디슨은 웨스팅하우스에 대한 나쁜 여론을 조성하기 위해 사형 집행용 전기의자에 교류 전기를 사용했다.

100볼트에서 시작해서 50볼트씩 올려가며 받자고 했다. 웨스팅하우스는 그 제안을 받아들이지 않았다.

다음 해 뉴욕 주에서 브라운에게 사형 집행용 기구 설치를 위임했을 때, 그는 웨스팅하우스의 교류발전기를 이용하겠다고 고집했다. 웨스팅하우스는 발전기 판매를 거부한다고 의사를 표시했지만, 브라운은 이런저런 방법을 동원해 발전기를 손에 넣었다. 새로운 사형 방식을 표현하는 단어를 찾던 그에게, 에디슨의 변호사는 전기의자에서 처형된 범죄자를 '웨스팅하우스됐다westinghoused'로 표현할 것을 제안했다.

'웨스팅하우스되는' 운명을 맞이할 첫번째 사람은 윌리엄 케믈러였다. 그는 살인죄로 법정에 섰고, 그의 변호는 그가 수임료를 감당할 수 없을 정도로 유명한 변호사가 맡았다. 신문들은 웨스팅하우스가 자신의 발전기로 사형이 벌어지는 것을 막아보고 싶어서 그 수임료를 냈을 것이라고 추측했다.

긴 항소심 재판이 끝나고, 에디슨이 전기 사형의 대변자로 등장한 워싱턴 청문회가 끝나고도 계속 미뤄지던 사형 집행이 마지막 순간을 맞았다. 케믈러가 전기의자에 앉게 된 건 1890년 8월 6일이었다.

오번 교도소에서 전기의자에 묶인 케믈러에게 교도관들이 두 전극을 고정시켰다. 하나는 등, 즉 척추의 중간 즈음에, 하나는 머리카락이 짧게 잘린 곳에 부착했다. 이런 방식은 여러 차례 동물실험을 한 끝에 얻어진 결과였다. 모든 준비는 끝났다. 단, 1000볼트가 넘는 전류를 얼마나 오랫동안 흘려야 하는지는 아무도 몰랐다. 결국 그 자리에 참석한 의사 중 한 명이 전원을 꺼야 할 때 신호를 주겠다고 말했다.

전기 스위치가 내려갔다. 케믈러의 몸은 가죽 벨트에 묶인 채로 경련을 일으켰다. 얼굴을 잔뜩 찌푸리더니 섬뜩한 표정을 지었다.

오른손 집게손가락이 피가 나도록 손바닥을 찔렀다. 17초가 지나자 그 의사는 그것으로 충분하다고 생각했다. 스위치를 올렸다.

그러자 케믈러가 신음 소리를 내기 시작했다. 그가 살아 있다! 모두가 경악했다. "전원을 켜! 스위치 내려!" 누군가가 소리쳤다. 하지만 발전기는 이미 꺼져버렸다. 발전기가 다시 가동되기까지 2분 이상 걸렸다. 그런 다음 케믈러는 다시 한 번 감전되었다. 1분이었는지, 2분이었는지 아무도 모른다. 소금물을 머금은 전극 스폰지는 완전히 말라버렸고 살이 타는 냄새가 났다. 어떤 입회인은 구토를 했고, 어떤 사람은 정신을 잃고 쓰러졌다. 『뉴욕 타임스』는 '교수형보다 훨씬 끔찍'이라는 기사 제목을 달았다.

마크 에시그가 『에디슨과 전기의자Edison and the Electric Chair』에서도 언급했듯이, 전기의자는 에디슨에게든 다른 누구에게든 새로운 기계였다. 새로운 기계라면 초기 단계의 결함을 가려내기 위해 이런저런 실험을 해보았어야 했다. 웨스팅하우스는 한 기자에게 "그들이 사형 집행을 도끼로 했더라면 더 잘해냈을 겁니다"라고 말했다.

1905년 에디슨이 감전사에 대한 질문을 받았을 때, 그는 자신의 견해가 조금도 달라지지 않았다고 말했다. 자신은 사형을 여전히 '야만적'이라고 생각하지만 감전사는 가장 신속해서 가장 인도적인 사형 방식이라는 것이다.

에디슨은 자신이 전기의자를 발명하지 않았다고 한사코 부인했지만, 에시그의 판단에 따르면 그가 발명한 것이 틀림없다. 전기의자 제작이 성공할 수 있었던 이유는 에디슨의 높은 명성 덕분이었다. 그는 전기의자를 이용한 감전사를 예로 들어, 교류 전기에 반대하는 자신의 핵심 동기

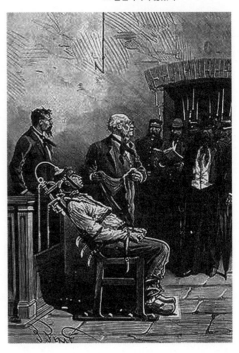

1890년 8월 6일 전기의자를 이용한 첫 사형 집행은 실패였다. 살인자 윌리엄 케믈러는 첫 전기충격을 17초 동안 받았지만 살아 있었고 두번째 충격에도 감전사하지 않았다.

★ Brown, H. P., 「에디슨 실험실의 전기의자 사형 실험Death-Current Experiments at the Edison Laboratory」, 『일렉트리컬 월드 Electrical World』 12, 1888, pp.393-394.

는 교류 전기가 위험하다는 깊은 확신에서 비롯되었다고 말했다.

1970년대 말, 점점 더 많은 미국 연방이 사형 집행 도구에서 전기의자를 배제했다. 대신 독극물 주사 방식을 채택했다.

오늘날 콘센트에서 나오는 전기는 교류 전기다. 실제로 직류 전기보다 위험하지만(교류 전기는 더 강하게 근육을 수축시키고 발한을 일으켜 피부 저항을 낮추기 때문에), 교류 전기는 웨스팅하우스가 말했듯 전압이 쉽게 변환될 수 있기 때문에 확고한 위치를 차지하게 되었다.

1905
열두 번
목을 매단 사람

1905년 루마니아 법의학자 니콜라스 미노비치가 발표한 「교수형에 대한 연구」라는 논문은 사람들이 일찍이 교형 방식에 대하여 알고 싶어했던 모든 것, 그러나 경험하고 싶지는 않은 많은 것을 담고 있다. 그 논문은 "법의학에서 교수형만큼이나 많은 논의와 학문적 오류를 불러일으킨 주제는 없다"라는 문장으로 시작한다. 이어서 238페이지를 채운 그 논문은 과거 출판물에서 나온 확실치 않은 지식들이 이제 끝을 맺게 되리라는 것에 의심의 여지를 추호도 남겨놓지 않았다.

미노비치는 교수형에 처해진 사람 172명을 연령, 성별, 사회적 지위, 국적, 직업에 따라 구분했다. 그는 교수형이 집행된 장소와 시기를 분석하고, 교수형 도구—39가지 밧줄, 12가지 벨트, 한 가지 손수건—와 각 도구의 매듭 방식을 분류했다. 이 모든 분석에 앞서 그는 당연히 깔끔한 학문적 정의부터 적었다. "교수형은 난폭한 행위다. 고정된 지점에 묶인 밧줄에 목이 매달리고 전 몸무게가 실리면 밧줄이 강하게 위로 잡아 당겨진다. 그것으로 갑자기 정신을 잃게 되고 숨이 막혀 사망에 이른다."

이런 풍부한 정보를 갖고서도 미노비치는 여전히 한 가지 정보가 부족한 것 같았다. 목이 매달리면 어떤 느낌이 들까? 그것을 경

'교수형과 유사한 것'을 시험하고 있는
루마니아 법의학자 니콜라스 미노비치

험해볼 수 있는 방법은 딱 하나, 스스로 목을 매야 했다. 미노비치
와 동료는 재빨리 실행에 옮겼다.

그들이 실험을 처음 시작할 때는 눈앞이 캄캄해질 때까지 집게
손가락으로 경동맥을 눌러서 목숨이 위험해지지 않도록 했다. 그
다음에는 교수형과 거의 비슷하게 모의실험을 해서 머리로 공급되
는 혈액을 전부 차단했다. 실험 결과를 본 미노비치는 감격스러워
하며 "모두 우리의 기대 이상이었다"고 적었다.

논문에서 교수형과 '거의 비슷했다'고 표현한 건 미노비치가
죽지 않았기 때문이 아니라 밧줄에 몸무게를 전부 싣지 않았기 때
문이었다. 그는 간이침대에 누워 5밀리미터 두께의 밧줄로 만든 고
리에 목을 넣고 오른손으로 밧줄의 다른 끝을 잡았다. 그쪽은 도르
래를 통해 천장으로 이어져 있었다. 그런 다음 밧줄을 잡아당겼다.
밧줄 고리가 목을 바짝 죄어서 머리가 위로 올라갔다. 미노비치는
"종종 그 실험을 반복하곤 했지만 절대로 5~6초 이상 지속하지 않

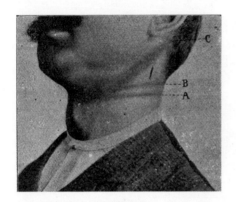

A, B: 간이침대에서 교수형 실험을 하며 생긴 타박상. C: 실제와 똑같이 목을 매서 생긴 타박상. 니콜라스 미노비치는 실험을 하면서 입은 부상에 대하여 책에 상세하게 적었다.

았다"고 적었다. 미노비치가 의식을 잃었을 때 천장에 있는 힘측정기는 밧줄 고리에 25~30킬로그램의 무게가 걸려 있다고 가리켰다. "얼굴이 붉어졌다가 파랗게 변하고, 시야가 흐려지며, 귀에서 휘파람 소리가 들리면 그만해야겠다는 생각이 들었다. 그러면 실험을 중단했다."

그렇다고 미노비치가 세번째, 네번째 실험을 그만두겠다고 생각한 건 아니었다. 네번째 실험을 할 때는 오므려지지 않는 소재로 된 올가미를 사용했다. 미노비치는 "나는 익숙해지기 위해서 예닐곱 번 4~5초 동안 목을 매달았다. 첫번째 잠깐 진행한 실험에서 가장 많이 느꼈던 것은 통증이었다"고 적었다. 더 놀라운 건 그 첫번째 실험에서 용기를 얻어 다음 날 더욱 긴 시간을 버텼다는 것이다.

수차례의 연습 끝에, 결국 니콜라스 미노비치는 26초를 견뎌냈다. 그 실험을 하고 나서 생기는 엄청난 고통은 열흘에서 열이틀 동안 지속되었지만, 그렇다 해도 실험을 지속하겠다는 마음만은 조금도 달라지지 않았다. 최고의 실험을 해보고 싶었다. 오므라들어 목을 조이는 올가미로 제대로 목을 매달아보고 싶었다! 이전의 모든 실험에서 그랬듯 미노비치는 "그와 동료 연구자들이 이 실험에 강한 열의가 있었는데도 3~4초 이상은 버텨내지 못했다"고 변명한다.

그 논문에는 미노비치의 목이 찍힌 사진이 실려 있으며, 그는 그 모습을 냉철하게 진술했다. "실험 후 생기는 목 부상은 다양했다. 후두부와 목뿔뼈 골절은 거의 항상 피할 수 없었다. 마지막 실험 후에는 한 달 동안 심한 통증에 시달렸다." 사진에서 그는 '불완전하게' 목을 맬 때와 '완전하게' 목을 맬 때 생긴 내출혈을 매우 정확하게 표시했다.

미노비치는 자신의 논문에서 수차례 그 실험의 위험성을 지적했다. 이해할 수 없는 건 왜 그가 매번 목을 더 높이 매달았는가이다. 다리가 바닥에서 5센티미터 위에만 있어도 똑같은 결과를 얻을 수 있을 것 같은데, 그는 1~2미터 높이에서 발버둥을 칠 때까지 계속 높이를 올렸다. 실험을 하다 한번은 거의 운명을 달리할 뻔한 적이 있었다. 밧줄을 잡아당기는 조수가 실험이 끝날 즈음에 미노비치가 실신할까봐 팔로 그를 잡으려고 했다. 그런데 밧줄이 얽히는 바람에 미노비치의 그 육중한 몸은, 조수가 팔로 안았어도, 여전히 밧줄에 의지해 매달려 있었던 것이다.

미노비치의 연구는 법의학의 고전에 속한다. 그 연구 결과에서 중요한 한 가지는 목을 두르고 있는 올가미의 위치가 결정적이라는 것이다. 미노비치의 동료 중 한 사람은 올가미의 위치를 잘 잡은 후 목을 조르지 않는 매듭으로 된 올가미로 30초 동안 실험했다. 그 실험으로 미노비치는 교수형을 당한 사람들이 대부분 질식해서 죽었다는 견해도 수정하게 되었다. 사망 원인은 뇌로 가는 혈액 공급이 중단되었기 때문이라고 주장했다.

그 모든 연구 결과를 믿을 수 없다는 사람들에게 미노비치는 "생명에 아무 지장이 없는 한에서 우리 결과를 검증해볼 것"을 권유한다. "가만히 서서 목에 올가미를 걸고 밧줄의 반대쪽 끝은 잡아당기는 기계에 연결하세요. 올가미가 3~4킬로그램 정도를 잡아당기고 있다는 것을 느끼자마자 몸이 공중으로 뜨기 시작합니다. 발이 땅에 닿지 않고 참을 수 없는 고통이 느껴질 때 바로 실험을 그만두면 됩니다."

★ Minovici, N. S., 「교수형에 대한 연구Étude sur la pendaison」, 『범죄학 및 정신병리학의 범죄인류학회지Archives d'anthropologie criminelle de criminologie et de psychologie normale et pathologique』 20, 1905, pp. 564-814.

목을 조이지 않는 올가미로 실험하고 있는 니콜라스 미노비치. 1~2미터 높이에서 발버둥 칠 때까지 계속 위로 잡아당겼다.

1911
코카콜라
40배럴 사건

1911년 3월 16일 테네시 주 채터누가에서 코카콜라를 상대로 한 재판이 열렸을 때, 해리 홀링워스는 아직도 자신의 실험 결과를 분석하는 데 열중하고 있었다. 재판이 어떻게 진행되고 있는지 그가 알았더라면 6만 4000개의 측정치로부터 확실한 결과를 얻어내겠다고 밤을 새워가며 일하지 않았을 것이다. 하지만 3월 16일 목요일 그의 모습을 보면 코카콜라 회사에서 홀링워스의 연구 결과가 재판에 당장 필요하다고 재촉한 것 같았다.

2년 전 채터누가 근처에 있는 연방 수사관들이 트럭에 적재된 코카콜라 시럽을 압류하고, 건강에 유해한 음료를 생산하고 판매했다는 혐의로 코카콜라 회사를 기소했다. 공식적으로 그 소송의 사건명은 '미국 대 코카콜라 40배럴과 20케그'다.

그런 조치 뒤에는 농림부 소속 하비 와일리가 있었다. 와일리는 천연 식품을 옹호하며 카페인에 대한 강한 거부감을 갖고 전쟁을 벌였다. 그는 코카콜라 성분에 독성과 중독성이 있다고 확신했다.

재판이 열리기 바로 전에 코카콜라 중역실에서는 카페인이 뇌에 미치는 영향에 관한 연구가 거의 없다는 것을 알게 되었다. 그래

과거에는 코카콜라가 배럴에 담겨 운반되었다. 1909년 미국 농림부 장관은 코카콜라가 건강에 해롭다며 한 트럭 분량을 압류했다.

서 홀링워스에게 광범위한 실험연구를 의뢰했다. 청년 심리학자 홀링워스는 음료 회사를 위한 일이 자신의 명성에 영원히 해가 될 수도 있다는 것을 알고 있었다. 하지만 그는 돈이 필요했고 무엇보다도 아내 레타가 대학에서 공부할 수 있도록 지원해주고 싶었다. 그는 회사로부터 자신의 이름을 코카콜라 광고에 절대로 이용하지 않겠다는 약속을 받아냈다.

홀링워스는 맨해튼에 방 여섯 개짜리 집을 빌리고 19세에서 39세 사이의 실험 참가자 16명을 모집했다. 재판이 열리기 5주 전에 첫번째 실험을 시작했다. 실험 참가자들은 아침 7시 45분부터 저녁 6시 30분까지 그 집에 머물렀다. 그동안 기억력을 반복적으로 측정했고, 인지능력 시험을 치렀으며, 판단력과 관련된 질문을 받았다. 실험 참가자는 암산을 하고 색깔을 맞히고 반의어를 찾아야 했다. 모든 실험 참가자가 카페인이 든 약이나 유당이 들어간 위약을 복용했다. 그 테스트들은 카페인을 섭취한 그룹의 행동이 위약을 복용한 그룹의 행동과 어떤 차이가 있는지를 살펴보기 위해 진행되었다.

3월 27일 해리 홀링워스가 재판장에 출석했다. 그는 그래프와 도표를 보여주고 카페인에 순한 흥분제의 특성이 있다고 설명했다. 유일하게 부정적인 결과란, 과도하게 섭취할 경우 간혹 수면을 방해할 수 있다는 것이었다. 그 짧은 기간에 그가 수행한 연구는 오늘날에도 여전히 주도면밀하고 신뢰할 만한 연구로 인정받고 있지만, 재판 결과에는 당연히 아무 영향을 미치지 못했다.

고발인의 주장을 들은 후 코카콜라는 그 사건을 기각해줄 것을 요청했다. 그 고발은 카페인이 코카콜라의 인공 감미료라는 가정에서 비롯되었기 때문이다. 과연 카페인이 차와 커피에서처럼 코

GLAD THE GOVERNMENT WILL TEST COCA-COLA

Will Fight Case in Courts and Win, Says Judge Candler.

In regard to the story from Chattanooga of the libeling there of a carload of coca cola sirup shipped from the Coca-Cola Company at Atlanta. Judge

"정부의 코카콜라 검증 환영"(『헌법 The Constitution』, 1909년 10월 24일). 40배럴의 코카콜라 압류 조치는 대서특필되었다. 고발인의 승소가 예상되었다.

★ Hollingworth, H. L., 「카페인이 정신 및 운동 능력에 미치는 영향 The Influence of Caffein on Mental and Motor Efficiency」, 「심리학회지 Archives of Psychology」 22, 1912.

카콜라에 들어있는지 문제가 되었다. 판사는 '첨가물'이라는 단어의 의미를 서술한 25페이지 분량의 보고서를 읽고 고발인의 주장에 동의하게 되었다. 몇 차례의 상소 끝에 그 사건은 결국 연방 대법원에 이르렀고, 대법원은 카페인이 첨가되어 있다고 결론을 내린 다음 그 사건을 채터누가 법원으로 돌려보냈다. 재판이 진행되는 동안 코카콜라 회사는 음료의 성분을 바꾸고 카페인의 함량을 반으로 낮추었다. 그래서 고발인이 제일 처음에 했던 주장은 무효가 되었다.

홀링워스는 카페인 실험을 기점으로 응용심리학 분야에서 성공 가도를 달렸다. 아내는 대학을 졸업하고 남편보다 더 유명해졌다. 카페인 연구 결과에서 알아두어야 할 점은, 많은 남성의 생각과는 달리 생리 주기가 여성의 지적 역량에 아무 영향을 미치지 않는다는 것이다. 레타 홀링워스는 코카콜라 실험 방법을 이용하여 그 사실을 최종적으로 입증했다. 레타의 박사논문 「기능적 주기: 월경 중 여성의 정신 및 운동 능력에 대한 실험연구 Functional Periodicity: An Experimental Study of the Mental and Motor Abilities of Women During Menstruation」는 오늘날 심리학의 고전에 속한다.

1926
아기가 선택한 이유식 뷔페

영아들을 대상으로 하는 실험연구 중에서 소아과 의사 클라라 데이비스의 실험은 실험 참가자들을 즐겁게 하는 실험에 속한다. 이 실험에서 에이브러햄이라고 소개한 8개월 된 아기에게는 불평할 거리가 하나도 없었다. 1926년 10월 23일, 실험 첫날부터 그는 식사 시간마다 30가지 이상의 다양한 식재료로 만들어진 열 가지 음식과 두 가지 음료가 있는 식판을 받았다. 앞에 놓인 음식은 사과, 파인애플 퓌레, 토마토, 구운 감자, 익힌 밀, 옥수수, 귀리, 호밀, 다진 소고기 요리, 소의 골수와 뇌와 간과 콩팥, 다진 생선, 달걀, 소금,

물, 다양한 종류의 우유와 오렌지주스 등이었다.

아기 에이브러햄은 마음 내키는 대로 골라 먹을 수 있었다. 그릇을 그냥 잡거나 손가락으로 가리키면, 소아과 간호사가 숟가락으로 그릇 안의 음식을 떠서 아기의 입에 넣어주었다. 에이브러햄은 또한 식사 예절에 대해 잔소리를 듣지 않고 손가락이든 뭐든 사용해서 먹을 수 있었다. 맨 처음엔 에이브러햄이 그릇에 얼굴 전체를 담갔다.

데이비스는 아기의 식사가 끝날 때마다 매번 어떤 음식이 얼마나 줄어들었는지를 그램 단위까지 정확하게 측정했다. 턱받이에 붙고, 의자 밑에 떨어진 음식이 각각 60그램 정도였다. 그 무게를 줄어든 음식 무게에서 제외했다.

그런 특이한 급식 방식으로, 데이비스는 모유에서 성인식으로 아이의 식이를 바꿀 때 3년에서 4년에 걸쳐 차츰 변화시켜야 한다는 오랜 견해에 반박할 생각이었다. 갓난아기들이 먹을 음식을 스스로 골랐기 때문에 이 실험은 식품영양학의 다른 논쟁과 관련하여 종종 언급되기도 했다. 사람을 포함하여 동물은 다양한 음식이 제공될 때 자신의 발달에 가장 적합한 음식을 본능적으로 선택할 수 있을까, 아니면 모든 음식의 영양소를 분석하는 생화학자가 만든 계획적인 식단에 따라 먹어야 할까?

데이비스는 1920~1930년대에 시카고에서 수행한 그 실험에서 에이브러햄 이외에 6개월에서 54개월 사이의 고아 14명이 더 필요했다. 그 연구 결과에 많은 사람의 이목이 집중되는 가운데 한 기자가 질문했다. "실험이 진행되는 동안에 매우 재미있는 일이 있었다면 한번 말씀해주시겠습니까?" 데이비스의 실험에 참가한 아이들은 부모나 소아과 의사의 지도에 따라 음식을 먹지 않았지

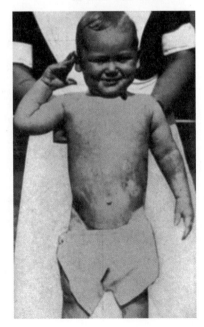

15개월 된 실험 참가자 얼: 데이비스의 실험에 참가한 아이들은 마음껏 놀고 먹을 수 있는 세상을 경험했다.

식사 때마다 아이들은 다양한 음식을 앞에 두고 원하는 대로 골라 먹을 수 있었다. 식사 예절에 대한 잔소리도 듣지 않고 손가락이든 뭐든 아무거나 이용해서 먹을 수 있었다.

만 완전히 정상적으로 성장했다. 어떤 결핍도 보이지 않았고 복통이나 변비로 고생한 적도 없었다.

몇 년 동안 3만 7500번의 식사를 제공한 결과, 각 아이들이 선택한 메뉴는 서로 매우 달랐다. 또한 그 메뉴는 어떤 특정 음식을 엄청나게 좋아하는지에 따라 정해졌다. 바나나 4개를 연속으로 먹는 아이도 있었고 달걀 7개를 연이어 먹는 아이도 있었다. 데이비스는 양고기 500그램을 저녁식사로 먹어치우는 세 살짜리 아이를 카메라에 담기도 했다. 일반적으로 아이들은 소아과 의사들이 추천하는 음식보다는 과일, 고기, 달걀, 기름진 음식을 더 섭취했고, 곡류나 채소는 별로 좋아하지 않았다. 한 여자아이는 실험이 진행되는 3년 동안 채소는 겨우 1킬로그램 정도밖에 먹지 않았다. 시금치는 거의 모든 아이가 기피했으며 양배추와 상추도 시금치에 못지않았다.

데이비스가 말했던 것처럼, 아이들이 구성한 음식들의 조합이 식품영양학자 입장에서 보기에는 매우 끔찍했다. 아침식사로 오렌지주스 0.5리터와 약간의 소간을 먹는 아이도 있었다. 그런데 영양학적으로 말이 안 되게만 보였던 조합들이, 면밀하게 들여다보니 합리적인 식단으로 밝혀졌다. 즉, 단백질과 지방, 탄수화물의 양이 평균치 범위 내에 있었다.

데이비스의 실험은 기존의 유아 식단에 매우 중대한 영향을 미쳤다. 실험 결과에 따르면, 아이들이 성인용 식품을 아무 문제 없이 소화할 수 있었고 그런 식습관으로도 정상적으로 성장하며 '표준화된 식단이 최적의 영양식이라고 할 수만은 없었다.' 그 연구로 인해 아이들은 마음대로 음식을 선택해서 먹어도 균형 잡힌 식사를 할 수 있으며 그 능력은 선천적이라는 신화까지 생겨났다.

그 신화가 틀렸다는 걸 클라라 데이비스는 이미 알고 있었다. 아이들이 선택할 수 있는 음식은 가공되지 않고 양념과 설탕이 들어 있지 않은 음식뿐이었다. 빵도, 스프도, 과자나 사탕도 없었다. 이후 데이비스는 가공식품을 이용한 실험을 계획했다. 하지만 그런 연구는 승인받지 못했다. 그 연구의 예상 결과는 오늘날 각 패스트푸드점에서 관찰할 수 있다.

★ Davis, C. M., 「이유기 유아의 음식 선택: 실험적 연구Selfselection of diet by newly weaned infants: an experimental study」, 『미국소아질환학회지American journal of diseases of children』 28, 1928, pp. 651-679.

1927 세상에서 가장 지루한 실험

토머스 파넬은 분명 인내심이 많은 사람이었을 것이다. 오스트레일리아 브리즈번에 위치한 퀸즐랜드 대학 물리학과 교수인 그는 1927년 언젠가 아래가 막힌 깔때기에 뜨거운 역청을 부었다. 그리고 3년을 기다렸다. 그 기간 동안 역청 찌꺼기가 침전되었을 것이다. 1930년 깔때기의 아래를 열고 다시 기다렸다. 이번엔 8년이 걸렸다. 첫번째 역청 방울이 분리되어 깔때기 아래에 있는 비커에 떨어진 때가 1938년 12월이었다.

역청은 석유, 석탄이나 목재 가공 과정에서 생기는 타르의 일종이다. 과거에 역청은 횃불을 만들거나 선박을 방수 처리하는 데 사용되었다. 실온에서 역청은 돌처럼 단단하고 유리처럼 깨지기 쉽다. 이런 인상이 오해를 불러올 수 있겠지만, 이 상태에서도 역청은 액체의 성질을 갖고 있다. 계산을 해보면 역청은 물보다 1000억 배 점성이 높다. 깔때기 아래로 떨어진 역청 방울도 처음에 깔때기 안에 있던 역청과 똑같이 딱딱하다.

첫번째 방울이 떨어지고 나서 두번째 방울이 만들어져 9년이

물리학자 토머스 파넬은 1927년에 시작한 실험이 기네스북에 오를 것이라곤 꿈에도 생각지 못했을 것이다.

지난 1947년 2월에 분리되었다. 그 후 파넬은 세상을 떠났고 한 동료가 그 실험을 계속 책임졌다. 실험에서 해야 할 일이란 무엇보다 아무 것도 하지 않는 것이었다! 1954년 4월 세번째 방울이 저절로 떨어졌다.

1961년 물리학자 존 메인스톤이 그 대학에서 연구를 시작한 이래로 거의 50년 동안 그 실험을 지켜보며 다섯 방울이 떨어지는 것을 확인했다.

역청 방울 실험은 그가 실험을 시작한 후 60년 만에 큰 업적으로 인정받게 되었다. 메인스톤은 1988년 브리즈번 엑스포를 계기로 대학 전시관에 그 실험을 전시하겠다고 마음먹었다. 그때부터 자신이 하는 일 중 세상에서 가장 지루한 실험을 홍보하는 일의 비중이 점점 더 커졌다(정확히 말해서 그 실험은 역청에 대한 새로운 사실을 밝혀내기보다는 이미 잘 알려진 역청의 성질을 보여주기 위한 것이다).

전세계의 기자들로부터 전화가 왔고, 방송국 직원들이 비행기를 타고 모여들었다. 2003년 역청이 담긴 깔때기 실험이 세계에서 가장 오래 진행되는 과학실험으로 기네스북에 등재되었다. 2005년 존 메인스톤과 고故 토머스 파넬이 '처음에는 웃음을 자아내지만 나중에는 생각하게 만드는' 기발하고 유머러스한 학문적 업적을 치하하기로 유명한 이그 '노벨상'을 받았다. 2006년 사우스 다코타 주의 에시그 박물관에서는 온라인으로 실험을 공개하기 직전 '인터넷에서 가장 지루한 웹사이트'라는 제목으로 링크를 걸어둘 생각도 했다.

당연히 그 실험의 이름을 딴 첫번째 팝 그룹이 나오는 건 시간 문제였다. 팝 그룹 '역청 방울 실험The Pitch Drop Experiment'이 마이스페이스 웹사이트에서 공개한 세 곡은 '첫번째 방울', '두번째 방울', '세번째 방울'이었다.

그렇게 유명한데도 이제까지 역청 방울이 떨어지는 걸 본 사람이 한 명도 없다는 건 놀라운 일인 것 같다. 아무튼 역청 방울이 떨어지는 데 걸리는 시간은 0.1초밖에 되지 않는다. 기다리는 시간은 8년에서 12년이 걸리는데! 가장 최근이었던 2000년에 역청 방울이 떨어졌을 때는 디지털카메라가 역청을 찍고 있었다. 그런데 공교롭게도, 역청 방울이 떨어질 때 카메라가 망가져 있었다.

처음부터 수십 년 동안 역청이 든 깔때기가 밀폐된 상자 안에 보관되어 있었는데 이제 그 깔때기는 대학 내 세워진 파넬 건물 로비에 놓여 있다. 이 공간은 냉난방 시설이 갖춰져 있으며 평균온도는 이전보다 더 낮다. 이것이 오늘날 역청이 더 늦게 흐르고 더 커다란 방울이 만들어지는 이유이다. 그래서 메인스톤은 '끔찍한 윤리적 딜레마'에 빠졌다! 여덟번째 방울은 2000년 11월 28일에 분리되었다. 방울이 너무 커서 떨어져도 바닥이 충분히 낮지 않은 탓에, 깔때기에 있는 역청과 완전히 분리되지 못하고 여전히 이어져 있었다. "새로 생기는 역청 방울에 방해되지 않도록 그 연결 부위를 잘라내야 할까, 아니면 파넬의 실험을 그대로 보존해야 할까?" 메인스톤은 개입하지 않기로 결정했다.

물리학자 존 메인스톤이 1961년에 그 실험을 책임진 이래로 역청 다섯 방울이 분리되었다. 하지만 아직 누구도 그 모습을 직접 보진 못했다.

역청은 매우 깨지기 쉬워서 망치질 한 방에 수천 조각으로 산산조각 나지만, 점성이 상당히 높은 액체처럼 흘러내린다.

☞
verrueckte-experimente.de

★ Edgeworth, R., B. J. Dalton et al., 「역청 방울 실험The pitch drop experiment」, 『유럽물리학회지 European Journal of Physics』 5(4), 1984, pp. 198–200.

81년 전 파넬이 그 실험을 시작하기로 결심한 이유가 무엇인지 메인스톤은 추측만 할 수 있을 뿐이다. 파넬이 살던 시대에는 물리학계에서 양자혁명이 밀어닥쳤다. "어쩌면 파넬은 고전 물리학에서도 겉으로 보이는 것과는 다른 어떤 실제가 있음을 보여주고 싶었던 게 아닐까."

퀸즐랜드 대학에서 그 진기한 실험의 가치를 인정하지 않는다는 말들이 가끔 오갔지만, 그런 말이 들리지 않게 된 지 이미 오래다. 메인스톤은 "그 대학이 역청 방울 실험 이외에 다른 것으로 그렇게 유명해진 적이 없었다"고 말하며, 5년 후에 떨어질 것으로 예상되는 다음 역청 방울의 떨어지는 순간을 드디어 지켜볼 수 있게 되기를 희망한다. 다다음 역청 방울을 보실 생각은 없냐고 물어보면 메인스톤은 계산을 한 다음 "그건 좀 어려울 것 같다"고 말한다. 메인스톤의 나이는 일흔셋이다.

1928년 2월 28일 빌흐잘무르 스테팬슨이 실험을 시작했을 때, 전문가들은 그가 4~5일 이상은 버텨낼 수 없을 것이라고 예상했다. 과거 실험에서는 어떤 유럽인 영양사가 그랬듯, 실험 참가자들이 사흘 만에 쓰러져버렸다. 그러나 빌흐잘무르 스테팬슨의 마음가짐은 흔들리지 않았다. 그는 사람이 고기만 먹고 싶어한다면, 고기만 먹고도 잘 살 수 있고 건강을 유지할 수 있다고 확신했다. 북극에서 이누이트 민속문화 탐험을 하던 때에도 그렇게 고기만 먹고 살아봤고, 뉴욕 벨뷰 종합병원 지하 1층에서 전문 의료팀의 관리 하에 고기만 먹는 실험을 진행했을 때도 별 문제가 없었다. 그럼에도 그가 고기만 먹기 시작하고 나서 이틀 후에 설사를 했다는 말이 있었는데, 그건 의사들이 약간 치졸하게 지어낸 말이었다.

이미 20세기 초에 건강한 식생활이 무엇인지에 대한 개념이 굳어졌다. 채소와 과일을 많이 먹고 고기를 적게 먹는 것, 이것이 기본 원칙이었다. 채소와 과일에 있는 비타민 C가 부족하면 괴혈병에 걸린다. 이 고통을 선원들은 이미 경험한 바 있다(→ 20쪽). 육류를 과도하게 즐기다 보면 류머티즘, 고혈압, 신부전증을 앓을 위험이 있으며 그 누구도 육식만으로는 살 수 없다. 스테팬슨도 그렇게 생각했다. 그때가 1906년, 즉 그 실험을 하기 22년 전 하버드 대학교에서 인류학 조교수 자리를 박차고 나와 27세의 나이로 북극으로 떠났을 때였다.

누구나 꺼리는 음식이 있기 마련이지만 스테팬슨은 하필이면 생선을 지독히 싫어했다. 그는 "난 생선을 너무 맛없게 느끼는 내 입맛을 확인해보려고 할 때만, 그러니까 1년에 한두 번 정도만 생선을 끼적거렸다"고 적었다. 그가 첫번째 여행에서 피치 못할 사정으로 겨울을 함께 보냈던 이누이트(에스키모)들은 생선만 먹으며 살았다. 그렇지만 스테팬슨은 원주민들처럼 생선을 끓여 먹거나 날로 먹지 않아도 되었다. 이누이트 여성들이 그에게 튀긴 생선을 주

었고, 그는 깜짝 놀랐다. "나는 내가 그럴 줄 정말 몰랐다. 내 의지와
전혀 상관없이 구운 송어를 좋아하기 시작했다." 그뿐 아니라 얼마
지나지 않아 삶은 생선이 특별히 맛있게 느껴졌고, 이누이트 여성
들이 바나나처럼 껍질을 벗겨준 날생선도 입맛에 맞게 되었다.

석 달 후 스테팬슨은 이누이트의 식습관을 더 받아들이게 되었
다. 그가 손도 대고 싶지 않았던 건 발효된 생선이 유일했다. 그런
데 "어느 날 발효된 생선을 먹어보려고 시도했는데, 카망베르 치즈
를 처음 먹었을 때보다 그 발효된 생선을 먹었을 때가 더 좋았던 것
같다"고 적었다. 그 다음부터는 냄새나는 생선도 그에게 별미가 되
었다.

스테팬슨은 북극에 더 오래 머무르기로 마음먹었다. 1918년 그
는 이미 5년 동안 생선, 북극곰, 바다표범, 순록만을 먹고 살았다.
그는 이런 사실을 정확하게 조사해야 한다고 미국 식품농무부의
한 과학자에게 알렸다. 자신은 육식만 해도 아무 문제가 없는 것 같
았다. 그는 물고기를 포함한 육식을 학문적으로 정의할 때 자신의
사례를 적용했다.

그는 긴 여행 탓에 계속 미루던 종합검진을 1926년에 드디어
받았다. 의사들은 연구논문 「장기간의 완전한 육식이 건강에 미치
는 영향The Effects of an Exclusive, Long-Continued Meat Diet」에서 지나
치게 육류를 섭취했을 경우 예상되는 해로운 결과가 스테팬슨에게
는 하나도 나타나지 않았다는 결론을 내렸다.

그렇지만 학계는 회의적인 시각을 거두지 않았다. 일부 전문가
들은 스테팬슨의 육류 식단이 극단적인 기후 조건에서만 무해하다
고 추측했고, 어떤 전문가들은 육류가 건강에 해가 되지 않으려면
야생에서 많은 신체 운동을 해야 한다고 생각했다. 긍정적인 반응
을 보인 건 미국 육가공업계였다. 육가공업자들은 그 논문을 의사
와 영양사들에게 대량으로 배포할 수 있는 권한을 요청했다. 스테

북극 탐험가 빌흐잘무르 스테팬슨이 사냥한 바다표범. 고기만 먹어도 건강하다는 것을 믿지 않는 영양학자들에게 증명해 보이기 위해 1년 동안 육식만 했다.

팬슨과 연구에 참여했던 의사들이 그 요청을 거부하자 육가공업자들은 또 다른 제안을 하게 되었다. 오로지 육류만 먹는 식단이 미국의 평범한 도시민들에게도 건강한지를 밝히는 실험에 자신들이 재정을 지원하면 그 연구 결과를 자신들의 목적을 위해 사용할 수 있게 해달라는 것이었다.

그래서 1928년 2월 13일, 스테팬슨은 뉴욕 벨뷰 종합병원에서 실험에 들어갔다. 첫 두 주 동안 의사들은 스테팬슨의 신진대사에 관한 주요 수치들을 측정했다. 그는 과일, 채소, 곡류, 고기로 다양하게 구성된 식사를 한 다음 열량계 안에서 세 시간 동안 누워 있었다. 유리방처럼 생긴 열량계는 가스 교환과 온도 등의 여러 수치들을 측정했고, 그 값들로부터 신체의 변화 과정을 추론할 수 있었다. 이런 검사가 스테팬슨은 상당히 못마땅했다. "생각이나 감정이 체온을 높이거나 낮출 수 있다는 이유로 독서도 허락되지 않았고, 기분을 좋게 만드는 것이든 나쁘게 만드는 것이든 생각하지 말라는 주의를 받았다."

스테팬슨은 원래 그 실험에 혼자 참여하려고 했다. "내가 차에 치인다면 어떻게 될까. 쓰러진 나를 보고, 채식주의자나 혼합식을

EXPORER IS MUCH BETTER EATING MEAT

Stefansson Has Eaten Nothing But Meat Three Weeks And Is More Ambitious

NEW YORK, March 22 (AP).—After three weeks on an all meat diet,

All-Meat Diet Is Condemned

NEW YORK, March 23. (AP). —Dr. Charles Norris, chief medical examiner of the city of New York, takes issue with those who hold that an all meat diet is not harmful to the constitution.

Commenting on the experiment of Dr. Vilhjalmur Stefansson and Karsten Anderson, arctic explorers. Dr. Norris said an all meat diet was likely to cause an enlarged heart and other serious physical disorders. Doctors who examined the two men Wednesday reported they found no apparent defects from the restricted diet.

The human body needs a variegated diet, Dr. Norris said adding that an all vegetable diet was as bad as a menu which included only meat.

"고기만 먹은 탐험가, 더 건강해"(『데일리메일The Daily Mail』, 1928년 3월 22일). "비난을 부르는 완전한 육류 식단"(『모닝헤럴드The Morning Herald』 1928년 3월 24일). 스테팬슨의 실험은 많은 논쟁을 불러왔다.

하는 사람들은 내가 한 가지 음식만 먹는 데다가 고기의 독성에 의해 내 의식이 흐릿해지고 기력이 줄어들었기 때문이라고 해석할 것이다." 스테팬슨은 자신과 함께 탐험을 했던 카르스텐 안데르센을 설득했고, 그가 두번째 실험 참가자가 되었다. 안데르센은 플로리다에 사는 덴마크 청년으로 스테팬슨이 중요하게 생각하지 않는 채식 위주의 식단을 선호했다. 하지만 안데르센은 항상 감기를 달고 살았고, 탈모가 있었으며, 세균성 장염이 있었다. 그런 경우엔 어느 의사든 "고기를 더 먹는 게 낫지 않겠느냐"고 말할 거라고 스테팬슨은 확신했다.

정상적인 식사 기간이 끝난 2월 28일, 원래 계획했던 실험이 시작됐다. 스테팬슨과 안데르센은 고기만 먹었고 밤낮으로 감시를 받았다. 그들이 몰래 샐러드나 사과를 배불리 먹었더라도 아무도 그들을 비난할 순 없었을 것이다. 전화 통화도 허락 없이 할 수 없었다.

안데르센은 커틀릿, 갈비구이, 닭고기, 간, 베이컨, 생선을 마음대로 먹고 디저트로 약간의 골수 요리를 먹었다. 이와 반대로 스테팬슨은 지방이 적은 고기를 먹기로 되어 있었는데(부당한 연구 계획이었다), 벌써 둘째 날부터 문제가 일어났다. 설사가 나고 몸 상태가 전반적으로 좋지 않았다. 이런 증상은 북극에서 지방을 매우 적게 먹었을 때에도 겪었다. 그래서 그는 스테이크 두 조각과 버터기름에 구운 소 뇌를 먹는 게 더 낫다는 걸 알게 되었다.

놀랍게도 의사들이 이제까지 생각해왔던 것과 달리 고기는 그렇게 많은 단백질을 함유하고 있지 않았다. 무엇보다도 지방이 가장 풍부했다. 스테팬슨과 안데르센은 매일 저지방 고기 600그램과 지방 200그램을 섭취했다. 지방은 그들의 에너지원에서 4분의 3을 차지했다.

스테팬슨은 3주 후에 병원을 나왔다. 뉴욕을 떠나 출장을 가야 했기 때문이었다. 안데르센은 엄격한 감시를 받으며 3개월을 더 머물렀다. 그 두 사람은 계속 고기만 먹고 살았다. 정확히 말하면 1년 동안이었다(안데르센은 이 식단으로 중증 폐렴이 나았고 탈모도 치료되었다고 주장했다). 그런 다음 그들은 다시 철저한 검사를 받고 식단을 혼합식으로 바꾸었다. 최종 단계에서 문제를 경험한 사람은 안데르센이었다. 의사들은 그에게 일주일 동안 매 식사마다 느끼해서 못 먹겠다고 할 때까지 지방만 섭취하게 했다. 놀랍게도 이 시기를 제외하면, 두 사람은 골고루 먹고 싶다거나 과일이나 채소를 먹고 싶다는 생각을 하지 않았다. 더 놀라운 사실은 스테팬슨과 안데르센이 고지방 식사를 하며 약 2킬로그램 정도 살을 뺐다는 것이다.

이 실험이 의학계의 골동품 전시실로 들어가는 신세가 되었더라면, 1972년 미국의 심장 전문의가 『앳킨스 박사의 다이어트 혁명 Dr. Atkins' Diet Revolution』이라는 오만방자한 제목의 책을 발간하지 않았을 것이다. 로버트 앳킨스 박사는 과체중의 원인이 너무 많은 지방 섭취가 아니라 너무 많은 탄수화물 섭취에 있다고 확신했다. 그는 베이컨과 달걀 프라이, 기름진 스테이크, 더블크림치즈는 먹어도 되고, 감자, 쌀, 설탕, 기타 등등 탄수화물이 들어간 요리는 먹어선 안 된다고 썼다.

앳킨스의 식단은 오늘날까지도 많은 사람의 입에 오르내리며 여전히 뜨거운 논쟁을 불러일으킨다. 실제로 사람들이 육식 다이어트로 체중을 줄였다. 육식이 장기적으로는 해가 될지, 그리고 왜 해가 될까봐 걱정해야 하는지는 아직 알 수 없다. 빌흐잘무르 스테팬슨은 고기 식단이 딱히 권장할 만하다고 생각하진 않았지만, 오늘날 그는 앳킨스와 함께 이름이 거론된다.

앳킨스의 식단을 고수해줄 새로운 고집쟁이가 하나 당장 필요하다. 로버트 앳킨스는 뉴욕의 얼음이 꽁꽁 언 거리에서 넘어져 다친 후 2003년 4월에 숨을 거두었다. 나중에 채식주의를 옹호하는

★ Stefansson, V., 『최고의 호강 The Fat of the Land』, New York, The Macmillan Company, 1957.

'책임 있는 의료를 위한 의사회'가 공개한 바에 따르면, 앳킨스가 사망할 당시 몸무게는 117킬로그램이었다. 노인이 된 스테팬슨의 몸무게가 얼마였는지는 알려져 있지 않다.

1932
똑같지 않은 쌍둥이

1932년 4월 18일, 조니 우즈와 지미 우즈는 아무런 합병증 없이 태어났다. 우선 조니의 발이 세상에 나왔고 16분 30초 후에 지미는 머리부터 나왔다. 32세의 엄마 플로렌스 우즈에게는 이미 조니와 지미 외에도 다섯 아이가 있었다. 뉴욕에서 택시를 운전하는 남편 데니스는 그 아이들을 부양할 만큼의 돈을 벌지 못했다. 우즈 가족은 사회복지 서비스에 의존했고 뉴욕 암스테르담 애비뉴에 있는 집은 난방도 되지 않았다.

그래서 플로렌스는 어떤 이상한 실험을 제안받았을 때 하늘에서 선물이 떨어진 줄로 생각했을 것이다. 머틀 맥그로라는 어떤 심리학자가 조니와 지미를 대상으로 교육 프로그램이 아이들의 운동기능 발달에 미치는 영향을 연구하겠다고 했다. 이 프로젝트에서 요구하는 건 쌍둥이가 일주일 중 5일을, 오전 9시부터 오후 5시까지 맥그로의 보살핌을 받거나 고급 무료 탁아소에 있는 것이었다. 이런 혜택 외에도 조니와 지미는 나중에 컬럼비아 대학교에서 장학금을 받을 수 있었다.

머틀 맥그로는 뉴욕 컬럼비아 장로교 메디컬 센터의 소아과에서 영유아기의 발달 과정을 연구하고 있었다. 예를 들어 그는 1개월 된 영아가 물속에 들어가면 본능적으로 숨을 참는 선천적인 잠수반사를 보인다는 것을 발견했다. 성장하는 영아에게 특정한 교육을 시키면 운동기능의 발달단계를 앞당길 수 있을까? 그는 이 연구 과제에 특별히 관심을 가졌다.

아널드 게젤을 비롯한 저명한 심리학자들은 아동의 운동기능이 타고난 패턴을 따라서 발달하며 발달을 앞당기는 건 거의 불가능하다고 주장했다. 이를 믿지 않았던 맥그로는 어떻게 조기교육의 효과를 검증할 수 있을지 고심했다.

가장 간단한 방법은 정말 똑같은 두 영아에게 여러 가지 방식으로 지원한 후 나타나는 효과를 관찰하는 것이었다. 아예 똑같은 생명체는 존재하지 않지만, 일란성 쌍둥이는 이런 가정에 거의 근접했다. 일란성 쌍둥이는 같은 유전물질을 공유하고 있다. 따라서 그들이 서로 다르게 발달한다면 그 원인은 본성에 기인한 것이 아닐 수 있다. 환경의 영향, 예를 들어 맥그로의 지원 방식에서 그 원인을 찾아야 할 것이다.

처음에 어떻게 해서 플로렌스 우즈와 머틀 맥그로가 만나게 되었는지는 알려져 있지 않다. 하지만 그때가 1932년 겨울이었던 것 같다. 임신 7개월 차인 우즈가 뱃속의 아이가 둘이라는 사실을 알게 된 후였다. 맥그로가 우즈에게 실험의 진행 과정을 설명했을 것이다. 생후 20일부터 쌍둥이 중 한 명은 엄격한 지원 프로그램을 따라야 하고, 다른 한 명은 같은 시간에 탁아소에서 기껏해야 장난감 두 개를 갖고 누워 있어야 했다. 정기적으로 테스트하여 그 프로그램의 효과를 확인하기로 했다.

조니는 태어났을 때 지미보다 미숙했고 몸무게도 덜 나갔기 때문에, 맥그로는 지원 프로그램 혜택을 받는 아이로 조니를 택했다. 그는 수영 강습을 받고, 장애물 기어오르기와 단 뛰어오르기를 연습했으며, 상자를 쌓는 법을 배웠다. 효과는 바로 나타났다. 조니는 생후 15개월에 1.5미터 높이의 다이빙대에서 물로 뛰어들었고, 17개월에 물속에서 4미터를 수영했으며, 21개월에는 1.6미터나 되는 높은 단에서 내려온 데다, 22개월에는 70도의 가파른 경사로를 손쉽게 기어올랐다.

조니가 수행한 과제 중에서 가장 놀라운 건 롤러스케이트 타기

이 지원 프로그램은 영아에게 어떤 영향을 미칠까? 생후 21개월 된 조니 우즈는 1.6미터나 되는 높은 단에서 내려왔다. 쌍둥이 형제 지미는 한 번도 성공하지 못했다.

여였다. 1934년에 열린 미국심리학회 세미나에서, 맥그로는 조니가 병원에서 롤러스케이트를 위태롭게 타는 모습을 담은 영상을 보여주었다. 맥그로는 조니에게 롤러스케이트를 타게 해서 그의 균형 감각을 평가하겠다는 생각이 자신의 가장 큰 실책이었다고 나중에 밝혔다. 그 방법이 잘못되었다는 것이 아니다. 롤러스케이트를 신은 갓난아기는 기자의 눈에 좋은 먹잇감이었기 때문이다.

『레노 이브닝 가제트Reno Evening Gazette』는 "롤러스케이트를 배우기에 가장 좋은 나이는 7개월"이라고 보도했고, 『뉴욕 타임스』는 "조작적 조건화된 아동이 더 우수함을 입증한 것"이라고 적었다. 사실 실험 초기에 나타난 결과는 교육 효과를 증명한 것처럼 보였다.

쌍둥이가 22개월이 되었을 때 그 실험은 같은 형식으로 계속 진행될 수 없었다. 지미는 계속 칭얼댔고 놀거리가 부족하다며 불만이 점점 늘었다. 그래서 지미에게 두 달 반 동안, 조니가 태어났을 때부터 배웠던 것들을 집중 프로그램을 통해 가르쳤다. 그 결과는 놀라웠다. 지미는 사실상 모든 과제에서 조니를 따라잡았다. 그후 두 아이는 한집에서 살았지만 검사를 받으러 정기적으로 병원을 방문했다.

13개월 된 조니가 (두어 달의 훈련 결과) 롤러스케이트를 탈 수 있었다는 사실 덕분에 그 실험은 유명해졌다.

오늘날 주요 교과서에서는 맥그로를 성숙이론의 신봉자라고 지칭한다. 그의 실험은 아동의 학습 능력이 어쨌든 유전자에 의해 통제되기 때문에 결국 조기교육이 아무런 이점을 가져다주지 않는다는 것을 분명하게 보여주었다. 아동이 성숙할 때까지 그냥 기다리는 수밖에 없다는 걸까.

이런 평가를 맥그로는 오해라고 보았다. '여러 가지 능력이 각기 완전히 다른 방식으로 보존되기도 하고 사라지기도 하므로' 조기교육의 효과가 어떠하다고 한마디로 단정 지을 수 없다고 생각했기 때문이다. 맥그로는 조니가 성인이 되어 보여준 우수한 신체 협응력(몸의 운동 기관들이 서로 호응하여 조화롭게 움직이는 능력—옮긴이)은

조니가 수행한 많은 실험 중 하나. 이 실험은 원래 원숭이의 지능을 측정하기 위하여 개발되었다(『매드 사이언스 북』 87쪽).

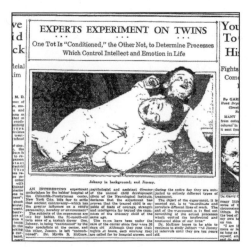

EXPERTS EXPERIMENT ON TWINS

One Tot Is "Conditioned," the Other Not, to Determine Processes Which Control Intellect and Emotion in Life

"쌍둥이를 대상으로 수행한 심리학 실험"(『스티븐스 포인트 데일리 저널 Stevens Point Daily Journal』, 1934년 3월 15일). 그 실험에 관한 수 많은 신문 기사 중 하나

"실험 참가자 쌍둥이, 서로 다르지 만 정상적으로 성장해"(『데일리 저 널 가제트Daily Journal-Gazette』, 1946년 12월 14일). 이 기사가 나왔 을 때 조니와 지미는 14세였다.

조기교육의 효과라고 개인적으로 확신했다.

기자들은 처음부터 그 실험을 나름대로의 방향으로 비틀었다. 맥그로의 연구는 운동기능 발달에 관한 것이었지만, 1933년『리터러리 다 이제스트The Literary Digest』는 "점잖은 조니와 어 리석은 지미"라는 제목의 기사를 게재하며 그 실험이 쌍둥이의 지능이나 개성과도 관련이 있 음을 넌지시 암시했다.

맥그로의 연구에 대한 언론인들의 관심은 금방 식었다. 본성과 교육 중에서 어느 것이 아 동의 발달에 더 중요한 역할을 하는지에 대하여 간단한 답을 주지 못했기 때문일 것이다. 많은 기사에서 아동 양육에 관한 심리학의 권위에 의문을 제기했다. 어떤 신문에서는 '더 정상적인' 지미가 '학문적으로 의미 있는' 조니보다 우수하다고 했고, 어떤 신문에서 는 "평범한 지미가 영재교육을 받은 조니보다 우월하다"고 보도했 다. 학자들은 자신의 이론이 타격을 입으면 창피해한다고 보도한 기사도 있었다. 이어서 다음과 같은 분석을 덧붙였다. "조니는 더 똑똑해지고 싶었지만, 집에서 주도권을 갖고 있는 지미가 조니를 자기 밑에서 일하게 했다. … 지미는 관리자로서의 자질을 갖추었 고, 조니는 전문 지식을 갖춘 아랫사람의 능력을 갖고 있는 것으로 보인다."

비즈니스 세계의 시선으로 둘을 비교하는 건 당연히 말도 안 되 지만, 조니가 받은 교육프로그램이 "대가족 안에서 겪는 힘겨운 삶 을 대비하는 데 별 도움이 되어주지 못했다"고 맥그로가 말한 적이 있다. 게다가 우즈 부부가 지미를 불쌍하게 생각하여 집에서 조니 보다 지미에게 관심을 더 기울였던 것도 막을 수 없는 일이었다.

기자들은 조니와 지미의 집을 방문했고, 매해 생일날 서커스 구경을 갈 때마다 함께 동행했다. 일곱 살짜리 쌍둥이가 학교에 갔을 때 『뉴욕 타임스』는 다음과 같은 기사를 실었다. "조니가 어린 시절부터 '과학적으로 조건화'되고 관찰을 당했기 때문에, 학문에 반감을 갖고 어제 '학교 싫어!'라고 외쳤다."

펜실베이니아 주에 있는 엘리자베스타운 대학의 과학사학자 폴 데니스는 맥그로의 실험에 관한 언론 보도를 살펴보고, "신문들은 지미가 비민주적인 실험에서 약자가 되었다는 듯, 지미를 옹호하기 위해 똘똘 뭉쳤다"고 적었다.

그런데 당시 기자들은 가장 중요한 의문점을 지적해야 한다는 사실을 잊어버렸고, 맥그로는 당연히 그 문제를 언급하지 않았다. 일란성 쌍둥이는 비슷하기 마련이지만, 조니와 지미는 태어나서 몇 달이 지나자 신체적으로 그렇게 비슷해 보이지 않았다는 점이다. 맥그로는 이미 자신의 연구에서 조니와 지미가 이란성 쌍둥이일 수도 있다고 언급했다. 오늘날에는 이 말이 거의 확실하다고 여겨진다.

1932년에는 쌍둥이가 일란성인지를 의심의 여지없이 확인할 방법이 없었다. 쌍둥이가 하나의 태반에 달려 있는지가 일란성이라는 증거로 인정되었다. 조니와 지미가 태어났을 때 태반의 상태에 주의를 기울였지만, 그들의 경우 두 태반이 합쳐져 하나로 자랐다는 건 미처 인지하지 못했다. 그 연구에서 가장 중요한 목적은 달성되지 않았다. 유전자의 영향과 환경의 영향을 분리하는 건 실패로 돌아갔다. 나중에 맥그로가 플로리와 마지라는 두 여자아이를 데리고 두번째 실험을 진행했는데, 이 아이들은 확실히 일란성이었다. 이 연구 결과는 어디에도 나와 있지 않다.

머틀 맥그로는 1942년까지 컬럼비아 장로교 메디컬 센터에서 일했고 그 후 10년 동안 가정에 헌신했다. 그런 다음 다시 대학에서 강의를 시작했으며 1988년에 사망했다. 조니와 지미에 대한 더 자

▶ **verrueckte-experimente.de**

★ McGraw, M., 『성장: 조니와 지미에 대한 연구Growth: A Study of Johnny and Jimmy』, New York, D. Appleton-Century Company, 1935.

세한 이야기는 거의 알려져 있지 않다. 과거에 맥그로의 동료였던 빅터 베르겐에 따르면 조니는 1980년에 사망했다. 지미는 아직 살아 있는지도 모른다. 그러면 지금 77세일 것이다.

1932
"네"라고 대답할 때 혈압은?

21세의 시카고 출신 해리엇 버거와 24세의 리버사이드 출신 바츨라프 런드는 "네"라는 대답 한 마디를 할 특이한 장소를 골랐다. 그곳은 바로 일리노이 주 에번스턴에 있는 노스웨스턴 대학의 과학조사연구소였다. 1932년 6월 『시보이건 프레스Sheboygan Press』, 『데일리 인디펜던트Daily Independent』 등 여러 신문에 나왔던 예식 사진을 보면 신랑·신부와 목사 옆에 한 사람이 더 있었다. 정장을 입은 이 남자에게는 신랑·신부에게 전선과 호스가 연결된 전자기기의 단추를 누르는 임무가 있었다. 찰리 윌슨은 '거짓말탐지기'라고 알려진 새로운 기기의 전문가였다.

거짓말탐지기는 맥박 측정기와 혈압계가 결합된 것에 지나지 않았다. 이 새로운 기계를 옹호하는 사람들은 맥박수와 혈압으로 사람이 거짓말을 하는지 읽어낼 수 있다고 믿었다. 하지만 이 연구 방법은 논란을 일으켰고, 게다가 신랑·신부가 전혀 낭만적이지 않은 상황에서 결혼을 하게 만들기도 했다. 윌슨과 그의 상사 레너드 킬러는 거짓말탐지기를 홍보할 수만 있다면 어떤 기회도 놓치지 않았다. 그리고 그들이 예상했던 것처럼 그런 기괴한 결혼식 장면을 싣지 않는 신문은 없었다.

버거와 런드가 왜 그런 실험 참가에 동의했는지, 윌슨과 레너드가 그들과 특별히 친한 건지, 웨딩 케이크 값을 내준 건지 등등은 알려져 있지 않다. 아무튼 윌슨은 "거짓말탐지기가 신혼부부를

"거짓말탐지기는 저주인가, 축복인가?"(『시보이건 프레스』, 1932년 6월 13일). 결혼하는 신랑·신부에게 거짓말탐지기 전선이 연결되었다. 이런 기괴한 결혼식은 전국 신문의 헤드라인을 장식했다.

위해 서로에 대한 사랑을 증명했다"고 알렸다. "미스 해리엇 버거가 "런드와 결혼하겠어요"라는 운명적인 말을 했을 때 버거의 심장이 거의 정지 상태가 되었다"는 것을 그 거짓말탐지기의 기록이 보여주었다. 윌슨은 신랑 쪽에서 어떤 반응이 나타나는지 알아내기 위해 좀더 자세하게 살펴봐야 했다. 결혼식이 진행되는 동안 신부의 혈압이 계속 올라가면 신랑의 혈압은 내려갔다. 그렇지만 윌슨은 바츨라프 런드가 결혼 서약을 했을 때 마침내 '혈압이 높아졌음'을 발견했다. 『뉴욕 타임스』는 거짓말탐지기의 기록이 결혼 증명서와 함께 신혼부부에게 전달되었다고 보도했다.

어떤 기자는 결혼생활 동안에 거짓말탐지기를 계속 사용한다면 그것이 과연 축복이 될지는 알 수 없다고 보도했다. "남편이 계속 진실을 말해야 한다면, 그 행복은 금방 날아가버리고 말 것이다. 어느 아내가 새 모자나 새 옷에 대한, 또는 본인이 구운 과자 맛에 대한 불편한 진실을 듣길 원하겠는가?"

거짓말탐지기의 수치는 실제로 거짓말을 알아내는 능력을 갖고 있어서 나타나는 것이 아니라 거짓말을 하는 사람이 거짓이 드러날까봐 두려워할 때 나타나는 신체 반응을 반영하는 것임을 당시에도 이미 눈치챘다. 이런 원리는 이후에 과학적으로 멋지게 활용되었다(→171쪽).

★ 「거짓말탐지기는 저주인가, 축복인가?Is Lie Detector Blessing or Menace?」, 『타이론 데일리 헤럴드The Tyrone Daily Herald』 S. 3(1932년 7월 15일).

1932
간지럼 태우기(1) : 간질이기 전에 마스크를 써주세요

아이들에게 간지럼을 태우려는 아빠는 어쩌다가 가로 30센티미터, 세로 40센티미터짜리의 골판지에 눈구멍을 뚫고 그 뒤에 얼굴을 숨기게 된 걸까?

오하이오 주 옐로스프링스 소재 안티오크 대학의 심리학자 클래런스 루바는 기존의 웃음 연구에서 커다란 결함을 발견했다. "웃음 연구는 어른들의 웃음만을 다루었다. … 직접적인 관찰을 통해 연구하지 않았고 이론적이며 추론적이었다. 더 나아가 간지럼은 웃음 연구에서 별로 다루지 않았다"고 루바는 말했다. 그는 그 세 가지 결함을 단번에 보완할 연구 하나를 계획했다. 바로 갓난아기들에게 간지럼을 태우는 실험이었다! 유치원에 다니는 아이들이 아니고서는 연령별 실험집단을 구성하기 어렵고 아이들이 생활하는 집은 통제된 실험실이 아니기 때문에, 루바는 자신의 넷째, 다섯째 아이를 대상으로 실험을 수행했다.

이 모든 것이 매우 이상하게 보인다. 하지만 루바가 최종적인 답을 얻어내고자하는 질문이 어리석은 것은 아니었다. 간지럼을 당할 때 우리가 왜 웃는가라는 미스터리는 학자들이 이미 오래전부터 연구해왔다. 하지만 가장 그럴싸한 가설—아이들이 간지럼을 당할 때 웃도록 학습되었다—은 연구된 적이 없다. 이 가설에 따르면, 아이들은 장난을 치며 웃다가 서로 간지럼을 태우는데 그러다보면 장난을 치든 안 치든 간지럼을 태울 때 대부분 웃게 된다. 이런 행동은 파블로프의 개의 행동과 비슷하다고 할 수 있다. 종이 울릴 때마다 먹이를 받았던 개는 이후에 먹이가 있든 없든 종소리만 들리면 침을 흘린다.

그 가설이 옳은지 밝혀내는 방법은 하나밖에 없다. 아기가 다른 사람의 웃음소리를 듣거나 웃는 모습을 볼 때 또는 다른 재미있는 것이 있어서 아기가 웃게 될 상황에 절대로 간질이지 않는 것이다. 다시 말해서 아기는 간지럼과 웃음 사이에 관계가 있다는 걸 절대로 알아선 안 된다. 그런 다음 아기가 간지럼을 당할 때 어느 순간 웃기 시작한다면 간지럼과 웃음 사이의 관계가 선천적이라고 추론할 수 있다.

루바는 아이들이 엄격하게 통제된 간지럼 단계를 거치는 동안 아이들을 절대로 간질이지 않겠다는 아내의 동의를 '이끌어낸' 후, 드디어 실험을 시작할 수 있었다.

로버트 루바는 1932년 11월 23일에 태어났다. 생후 5주 째 처음으로 루바 박사가 얼굴 앞에 골판지 가면을 대고 로버트를 간질였다. 로버트는 몸을 돌려 비틀었지만 아무 표정을 짓지 않았다. 7주, 9주, 12주 후에도 같은 상황에 같은 표정을 지었는데, 당시 다른 놀이를 할 때는 웃기 시작할 때였다. 그 후 13주 째 로버트의 소아과 의사가 그 실험을 거의 망쳐놓을 뻔했다. 의사가 캘리퍼스를 로버트의 가슴에 댔을 때 로버트가 큰소리로 웃기 시작했다. 루바 박사가 깜짝 놀랐던 건 의사가 루바 박사처럼 얼굴을 가리고 있지 않았기 때문이다. 루바 박사가 나중에 보고한 바에 따르면 의사의 표정이 '완전히 냉담'했으므로 로버트가 이 상황에서 의사의 표정을 보고 따라 웃는 것은 불가능했다고 한다. 2, 3주에 한 번씩 진행된 12회의 실험을 거친 후, 이제 로버트는 31주 차가 되었고 간지럼을 당할 때 처음으로 자연스럽게 웃었다.

로버트보다 네 살이 어린 동생을 대상으로 같은 실험을 했더니, 동생은 약 6개월 후에 간지럼을 당할 때 웃기 시작했다. 그러므로 간지럼을 당할 때 웃음이 나는 건 반사적이고 본능적인 반응인 것 같다. 하지만 아직도 '간지럼 연구'가 풀어야 할 수수께끼는 산적해 있다. 이 연구는 그중 하나에 불과했다(→191쪽, 256쪽 참조).

★ Leuba, C., 「간지럼과 웃음: 두 가지 유전 연구Tickling and Laughter: Two Genetic Studies」, 『유전심리학The Journal of Genetic Psychology』 58, 1941, pp. 201-209.

1932
성경 이야기(2)
: 십자가, 세 못, 망치와 사체

1930년대 파리에서 팔다리 중 하나가 잘려나가는 불행을 겪은 사람들은 몸을 사리느라 14구에 있는 생-조제프 병원 주위의 넓은 우회로를 피해 다녔다. 왜냐하면 그곳에서 일하는 깐깐한 가톨릭 외과의사 피에르 바르베가 하느님에 대한 경외심을 다음과 같이 표현했기 때문이다. 그는 방금 절단한 팔을 겨우 몇 분 만에 널빤지 위에 8밀리미터 두께의 사각 못으로 박았다. 마치 꾸물대는 걸 싫어하는 사형집행인 같았다. 그러면 그 팔들은 40킬로그램의 무게를 감당해야 했다. 이 이야기는 그의 책『외과의사의 관점에서 본 예수 그리스도의 수난Die Passion Jesu Christi in der Sicht des Chirurgen』(1953년 12월 1일 교회의 출판 허가를 받음)에서 읽을 수 있다.

바르베가 보기에 개신교도들은 예수의 죽음을 매우 짧게만 설명하고 넘어갔다. '빌라도는 예수를 채찍질하고 십자가형을 언도하였다. 그리고 그들이 예수를 십자가에 못 박았다.' 그것이 전부였다. 예수의 고난에 최소한 '마음으로라도 동참'한다는 것이 얼마나 어려운 일인가! 난감하게 느낀 외과의사 바르베는 "모든 그리스도인이 알아야 할 십자가 죽음의 생리적 과정에 관한 실험"을 시작했다. 이 말은 그의 책의 독일어판을 낸 출판사가 서문에 적어놓았다. 연구 목적을 달성하기 위해서 그에게는 망치, 못, 십자가, '갓 절단된 팔' 12개, 두 발, 손상되지 않은 시체가 필요했다.

바르베의 연구에는 토리노의 수의(예수의 장례식 때 사용된 것으로 알려진 예물—옮긴이)를 찍은 사진들이 많은 도움이 되었다. 그는 그 사진들을 깊이 연구한 후 예수가 어떻게 죽었는지 알게 되었다고 생각했다. 중요한 단서를 제공한 건 예수의 손에 있었다고 추정되는 수건에 남은 두 혈흔이었다. 예수가 십자가에 달렸을 때 그의 피는 '중력의 법칙에 따라' 위에서 아래로 흘렀다. 통찰력이 번득이는 이런 추론에 의하여 수직에 대한 팔의 각도가 계산된다. 큰 혈흔을 보면 65도, 작은 혈흔을 보면 68에서 70도 사이로 추정된다. 예수는 매달렸을 때 두 가지 자세를 취했다. 몸이 늘어진 상태로 매달려 있다가 잠깐씩 몸을 끌어올려 세웠던 것 같고 그래서 두번째 작은 혈흔이 만들어진 듯했다. 그리고 바르베는 당연히 그 이유도 알았다. 손이 고정된 상태로 매달려 몸이 축 늘어진 채로 어느 정도 시간이 지나면 숨을 내쉴 수 없어서

사람의 몸이 못 세 개에 매달려 있을 수 있는지를 증명하기 위해 피에르 바르베는 십자가에 이 여성의 시체를 못 박았다.

질식할 위험이 있다. 고문 기술에 관한 보고서들 덕분에 그런 사실은 잘 알려져 있었다. 그런 자세에서 몸을 끌어올려 세우면 잠시 숨통이 트일 수 있었다. 예수가 그렇게 사투를 벌이다 결국 질식했다고 바르베는 확신했다.

사람들이 이런저런 점을 들어 자신의 추론에 비판을 가할 때 그는 예민하게 대응했다. 마지막 실험에 관해서 해부학자도 아닌 어떤 고집 센 사람이 이의를 제기했을 때만 바르베가 약간 밀릴 뻔했다. 그는 사람 몸이 예수처럼 못 세 개만으로 매달릴 수는 없다고 주장했던 것이다. 논쟁을 불식시키기 위하여 그는 사진으로 보여줬을 때 가장 거부감을 덜 느낄 수 있는 여성 시체를 구매해서 그 시체에 못 몇 개를 박아 십자가에 매달았다. 바르베는 "해부학적인 의미에서 본래의 십자가형은 단 몇 초밖에 걸리지 않는다. 십자가형에서 약간 까다로운 일은 못이 별 어려움 없이 원하는 위치에 잘 박히도록 나무에 미리 표시를 해서 구멍을 뚫어놓는 것뿐이다"라고 적었다.

이 이야기에서 놀라운 점은 바르베의 실험 자체만이 아니다. 그가 그런 실험을 한 사람으로서 최초도, 최후도 아니었다는 것이 더 놀랍다. 틀림없이 르네상스 시대 화가들은 구세주를 표현할 때 자신의 부족한 상상력을 보충하기 위해 이미 망치와 못을 들고 실험을 해보았을 것이다. 이후에 바르베와 같이 신앙심 있는 의사들이 예수가 정확히 어떻게 죽음에 이르렀는지에 대한 의문을 진지하게 고민했다.

기존의 비슷한 연구들과는 다른 결과를 도출해낸 바르베는 생-조제프 병원의 외과의사로서 그 연구들에 대한 자신의 반감이 옳았다고 확신할 수 있었다. 세세한 것들은 하나도 중요하지 않았다. 그는 그런 점을 가지고 논쟁하고 싶지 않았다. 의학박사 학위논문으로 승인을 받았다는 게 놀라울 따름인 어느 논문을 두고 바르베

피에르 바르베의 책에 따르면 빌란드레의 십자가는 그의 동료이자 조각가인 찰스 빌란드레가 만들었다.

는 "그 저자가 프랑스어도 제대로 쓸 줄 모른다"고 거슬려했다. 그는 그 논문에 쓰인 익사체가 실험용으로 완전히 부적절했다고 평가했고, 개가를 올리며 확언했다. "나는 생기 있는 팔을 갖고 실험했다." 그는 다른 연구자가 이용한 시체는 '빈약하고', '작고', '너무 가냘프다'고 생각했다.

바르베는 나중에 "내 실험이 끝나고 나면 검증을 해서 공식적인 규명을 할 필요는 없을 거라고 확신한다"고 적었다. 그는 미국 병리학자가 자신의 발견을 곧 철두철미하게 논박하게 되리란 걸 아직 몰랐기 때문에 그런 말을 할 수 있었으리라(→209쪽).

바르베는 실험을 하면서 양심의 가책 따위는 단 한 번도 느껴보지 못한 것 같다. 그는 십자가에 못 박은 시체의 영혼에게 용서를 빌기 위하여 '시편 제130편, 심연으로부터De Profundis'를 낭송했다("야훼여, 깊은 구렁 속에서 당신을 부르오니"). 그 독실한 실험자는 각각의 팔다리를 위한 '심연'이 있는지에 대해선 끝까지 아무 말도 하지 않았다.

★ Barbet, P., 『예수의 다섯 가지 고통Les Cinq Plaies du Christ』. Paris, Dillen & Cie, 1937.

1933 점점 양이 늘어나는 마법의 주스

장 피아제의 실험들은 집에서 언제든지 반복해볼 수 있으면서, 학계에서 몇 안 되는 위대한 실험에 속한다. 실험을 하려면 큰 컵으로 주스 한 컵, 유리컵 여러 개, 4세에서 8세 사이의 어린이 두어 명만 있으면 된다.

1933년 피아제의 동료 알리나 셰민스카가 그 실험을 처음으로 수행했을 때, 실험 참가자 중에 마들렌이라는 다섯 살짜리 어린이가 있었다. 셰민스카는 마들렌 앞에 반이 채워진 똑같은 유리컵 두 잔을 놓고 질문했다. "컵 안에 있는 물의 양이 똑같지. 그렇지 않니?"

마들렌은 그 높이를 비교해보고 "네"라고 대답했다.

셰민스카는 두 유리컵 중에서 한 잔의 물을 다른 두 컵에 나누어 붓고 그 두 컵은 르네의 것이라고 말했다. 그런 다음 셰민스카는 질문했다. "너희들이 마시게 될 물의 양이 같니?"

"아니요. 르네의 것이 더 많아요. 르네는 컵이 두 개니까요."

"너희들이 똑같은 양을 마시려면 어떻게 하면 좋을까?"

"제 물을 똑같이 두 컵에 부으면 돼요."

마들렌은 자신의 컵 안의 물을 두 컵에 나누어 부었다. "너희들 물 양이 이제 똑같니?"

마들렌은 네 컵을 오랫동안 들여다보고는 "네"라고 대답했다.

이제 셰민스카는 르네의 파란색 주스를 컵 세 개에, 마들렌의 빨간색 주스를 컵 네 개에 나누어 담았다. 이제 마들렌은 자신이 주스를 더 많이 갖고 있다고 확신했다. 셰민스카가 그 주스들을 원래의 유리컵에 도로 부었고 두 주스의 높이는 정확히 똑같았다. 그때 마들렌은 어리둥절해했다.

"둘이 똑같아요!"

"어떻게 된 걸까?"

"제 생각에는 나중에 조금 더 부어서 이제 똑같아진 것 같아요."

아마도 마들렌은 주스가 몇 개의 용기에 들어가느냐에 따라 주스의 양이 변한다고 생각한 듯했다. 마들렌은 피아제가 '수량보존'이라고 말한 개념을 아직 이해하지 못했다. 그건 무언가가 여러 부분으로 나누어지거나 형태가 달라지더라도 갑자기 양이 많아지거나 적어지지 않는다는 개념이다.

유리컵을 이용한 실험을 비롯하여 다른 여러 창의적인 실험을 바탕으로 피아제는 아동의 인지발달 이론을 정립했다. 인지발달 과정은 아동이 특정한 나이에 이르는 단계가 연속적으로 누적되면서 진행되고, 각 단계는 아동이 범하는 전형적인 오류에 의해 구별된다고 피아제는 생각했다.

전前조작기(2~7세)에 있는 아동은 자신이 지각한 대로 판단한다. 예를 들어 액체를 옮겨 붓는 과정이 가역적이라는 것을 아직 이해하지 못한다. 구체적 조작기(7~12세)의 아동은 논리적 규칙에 따라 생각하기 시작한다. 이제 아동은 아무 것도 첨가하거나 빼지 않는다면 양이 불변한다는 것을 이해하고 여러 특성(유리컵의 수를 세고, 수가 늘어나면 각 컵 안의 주스의 양이 적어진다는 것)을 관찰할 수 있다.

이 모든 것은 1920년 피아제가 열 달 된 갓난아기가 노는 모습을 관찰하면서 시작되었다. 당시에 피아제는 스물넷이었고 파리에

어느 컵의 주스가 더 많을까? 어린 아이들은 수면이 높을수록 주스가 더 많이 들어있다고 추측한다. 컵의 너비가 중요하다는 사실은 아직 모른다.

머무르며 지능검사를 표준화하는 일에 매진하고 있었다. 그는 할머니 집에서 살았는데, 어느 날 오후 어떤 손님이 갓난아기를 데려왔다. "그 아기가 공을 갖고 어떻게 노는지를 관찰했다. 공이 의자 밑으로 굴러 들어갔다. 의자 밑에서 공을 찾아낸 아기는 공을 다시 앞으로 던졌다. 이번엔 공이 술 장식이 달린 낮은 소파 아래로 사라졌다. … 아기 눈에 공이 더이상 보이지 않았다. 아기는 다시 아까 공을 찾아낸 의자로 향했다." 어른의 눈에는 아기의 행동이 어리석게 보이지만, 피아제에게 아동이 보여주는 사고의 오류는 유익한 통찰력을 풍부하게 제공해주는 원천이 되었다.

아마도 아기는 공이 눈에 보이지 않아도 여전히 존재한다는 사실을 아직 내면화하지 못한 것 같았다. 피아제는 그날 아침 프랑스 수학자 앙리 푸앵카레의 위상적 불변성에 대한 이론을 공부했기 때문에, 그 영향으로 아기에게는 이른바 '대상영속성'이라는 개념이 없다는 생각에 이르게 되었다.

제네바 대학교의 피아제기록보관소 소장 자크 보네시에 따르면, 피아제는 그 문제가 정상적인 발달단계에서 나타나는 것임을 바로 추론해내지 못했다. 오히려 그 아이에게 지적장애가 있는 것 같다고 생각했다. 얼마 후에 살페트리에르 병원에서 소아간질 환아들을 관찰했을 때에도 아이들의 행동을 잘못 해석했다. 같은 수의 구슬이 두 줄로 늘어서 있을 때 구슬 사이의 간격에 의해 줄의 길이가 다른 경우 아이들은 구슬의 개수가 같다고 생각하지 못했다. 피아제는 이러한 구슬 테스트로 간질을 진단할 수 있겠다고 생각했다.

1921년 피아제는 제네바의 장자크루소연구소에서 연구 팀장을 맡게 되어 자신만의 프로젝트에 몰두할 시간이 거의 없었다. 1925년에서 1931년 사이에는 세 자녀가 태어났고, 피아제는 그 아이들과 작은 실험을 많이 수행했다. 그러나 1933년이 되어서야 처음으로 알리나 셰민스카에게 구슬 문제를 정확하게 연구하라고 지시했다. 보네시의 말을 빌리자면 피아제 자신이 아이들과 특별히 사이가 좋지는 않았던 것 같다.

연구 결과는 놀라웠다. 간질 환자만 잘못 생각했던 게 아니었다. 셰민스카가 구슬을 몰아 놓거나 넓게 떨어뜨려 놓아서 구슬의 줄이 더 짧아지거나 길어지면 6세 이하의 아이들은 대부분 구슬의 수가 달라진다고 생각했다. 주스 실험에서처럼 그 아이들에게는 수량이 불변한다는 인식이 없었다.

피아제는 더 많은 과제를 고안해냈고, 그 과제들을 통해 여러 발달단계를 탐구했다. 그의 동료 베르벨 인헬더는 크기가 같은 찰흙공 두 개로 대상영속성 실험을 했다. 공 하나를 긴 소시지 모양으로 만들자, 어린아이들은 그 찰흙이 작아졌다고 생각했다.

1950년대와 1960년대에는 미국의 심리학자들이 대상영속성에 관한 피아제의 실험을 재현해보려고 했다. 피아제는 안절부절못했다. 그의 연구는 전적으로 질적 연구(회수나 수치를 결정하는 양적 연구와 달리 인터뷰나 참여관찰을 통해 대상을 묘사하고 의미를 해석하는 연구―옮긴이)였고 그의 이론은 각각의 사례를 바탕으로 하고 있었다. 그는 엄격한 통제 하에 수행하는 실험을 선호하지 않았다. 표준화된 검사 방법도 없었고, 통제집단도 없었고, 통계도 사용하지 않았다.

장 피아제가 아이들과 함께 찍은 사진은 별로 없다. 그가 손수 실험을 수행한 적은 거의 없다.

피아제는 영어를 전혀 할 줄 몰랐기 때문에, 동료 보네시에게 미국 학자들한테 연락해서 어떤 연구 결과가 나왔는지 물어보라고 했다. 피아제의 실험을 그대로 재현한 첫번째 실험은 같은 결과를 내놓으며 마무리되었다. 하지만 곧 다른 연구자들이 그 실험에 비판을 하고 수정을 가했다.

한 가지 문제는 아이들의 언어 이해도에 있었다. 다섯 살짜리 아이가 '이상' 또는 '미만'이라는 말을 들었을 때 정말로 어른과 같은 것을 상상했을까? 또 하나의 문제는 피아제가 실험을 할 때 계속해서 같은 질문을 했다는 점이다. 같은 질문을 들은 아이들은 실험자가 다른 대답을 기대하며 물어본다고 생각하고 대답을 바꿔야 한다는 압박감을 느꼈을 수 있다.

1960년대 말 즈음에 미국 심리학자들이 피아제의 실험을 수정하여 언어 이해와 관련된 문제를 극복하고자 했다. 엠앤엠즈 초콜릿을 두 줄로 늘어 놓았는데, 6개짜리는 간격을 좁게 하여 줄의 길이를 짧게 했고, 4개짜리는 간격을 넓혀 줄을 길게 만들었다. 이 실험에서는 아이들에게 어느 줄에 초콜릿이 더 많냐고 묻지 않았다. 대신 "네가 먹고 싶은 줄을 고르고, 그 줄에 있는 초콜릿은 모두 먹어도 돼"라고 말했다. 그러자 찰흙공으로 같은 실험을 했을 때보다 아이들은 정답을 훨씬 더 잘 맞혔다.

추후 실험에서 스코틀랜드 심리학자들은 실험 도우미가 아이들에게 미치는 영향을 분석했다. 첫번째 실험에서는 기존의 실험 방법을 그대로 사용했다. 책상 위에 같은 수의 구슬을 두 줄로 놓고, 두 줄에서 구슬의 수가 같은지 물은 다음, 한 줄의 구슬을 서로 붙여서 늘어 놓은 후 같은 질문을 다시 했다.

두번째 실험에서는 실험 도우미가 잠시 한눈을 파는 사이 곰 인형을 슬쩍 구슬 옆에 갖다 놓았다. 실험 도우미가 곰인형을 보자마자 "어이쿠! 곰이 전부 엉망으로 만들어놨네"라고 말했다. 그런 다음 "어느 줄의 구슬이 더 많니?"라고 질문했다. 이 경우에는 대부분의 아이들이 구슬 열의 길이가 어떻게 달라져도 헷갈리지 않고 옳은 답을 말했다.

두번째 실험에서 아이들이 답을 맞혔던 이유는 실험 도우미가 첫번째에서와는 다른 의도를 갖고 질문했을 거라고 아이들이 추측했기 때문일 것이다. 즉, 두번째 질문은 실험 도우미가 진심으로 몰라서 묻는 것 같았다. 실험 도우미는 곰인형이 무슨 짓을 했는지 모르니까. 하지만 첫번째 실험에서는 실험 도우미가 스스로 줄을 바꿔놓고 질문했기 때문에, 아이가 보기에 왜 묻는지 영문을 알 수 없어서 무슨 수수께끼가 아닌가 싶었을 것이다.

장 피아제의 실험은 심리학에서 가장 의미 있고 독창적인 실험으로 꼽힌다. 하지만 그 실험으로 아동의 사고에 관해 정확히 무엇을 발견했는지는 오늘날까지도 논란의 여지가 있다(99쪽에서 피아제의 창의적인 실험을 또 만나볼 수 있다).

★ Piaget, J., 『보존 개념의 형성 La gen se des principes de conservation』, Annuaire de l'instruction publique en Suisse 27, 1936, pp. 31-44.

1930년대 초에 아이오와 주의 저명한 부부가 대븐포트에 있는 고아원에서 갓난아기를 입양했다. 나중에 그 아이에게 정신지체 중증장애가 있다는 사실을 알게 되자 양부모들은 소송을 제기하겠다며 노발대발했다. 주 규제 당국이 나서서 소 제기를 말렸고 양부모와 합의를 볼 수 있었다. 그런 일이 다시는 발생하지 않도록 고아원에 있는 모든 아이의 지능을 정기적으로 측정하는 일을 심리학자 해럴드 M. 스킬즈가 맡게 되었다.

그는 지능지수를 바탕으로 양부모가 되려는 사람들이 본인이 원하는 아이들을 입양할 수 있게 함으로써 '정신적으로 열등한 아이들이 상류층 가정에 슬픔을 안기고 부담이 되는 일'을 방지해야 했다. 이는 1941년 '아이오와 아동복지연구소'에 대한 어떤 책에도 소개된 바 있다. 스킬즈는 당시 대학에서 일반적으로 통용되는 학설을 배웠으므로, 사람의 지능은 전반적으로 유전되기 때문에 일생 동안 거의 변하지 않는다고 생각했다.

고아원에 도착하자마자 스킬즈는 두 아이가 지적장애아라는 것을 알아챘다. 각각 13개월, 16개월 된 두 여자아이는 나중에 스킬즈의 유명한 연구에서 각각 C. D.와 B. D.라는 머리글자로 표기되었고, 영아용 검사에서 지능지수가 46과 35였다. 평균적인 지능지수는 100이다.

나중에 스킬즈는 "어린아이들이 정말 가여웠다. 잘 울었고, 콧물을 흘리고, 숱도 윤기도 없는 머리카락은 군데군데 뭉쳐 있었다. 여위고, 나이에 비해서 너무 작고, 근육도 거의 없었다. 슬픔에 젖어 축 늘어져서 하루 종일 어깨를 들썩이며 흐느껴 울었다"고 적었다.

이 여자아이들을 입양하겠다는 사람은 당연히 아무도 없을 것이다. 지능검사를 하고 두 달이 지난 후, 스킬즈는 그 아이들이 '장애인 학교'에 다닐 수 있도록 우드워드로 보냈다. 아이들은 지적장애인들로 구성된 여자반에 들어갔는데, 그들의 실제 연령은 18세

이상 50세 이하였지만 정신연령은 5세에서 9세 사이였다.

그것으로 이야기가 끝났다면 스킬즈는 획기적인 실험을 하겠다는 생각을 절대로 하지 못했을 것이다. 6개월 후 스킬즈가 우드워드를 잠깐 들렀다. 놀랍게도 그 여자아이들을 거의 알아볼 수 없었다. 아이들은 활기차게 여기저기 뛰어다녔고 어른들과도 잘 어울리며 자기 또래의 정상아처럼 행동했다. 검사를 해보니 운동 능력뿐 아니라 지능지수도 거의 두 배가 되었다는 결과가 나왔다. 6개월 전에 고아원에서 무기력한 삶을 이어갈 것으로 예상했던 그 아이들이 정말 맞단 말인가? 무슨 일이 일어났던 걸까?

추후 연구를 통해 그 아이들을 그곳으로 보낸 것이 행운이었음을 알게 되었다. 아이들이 지내던 반에는 미취학 아동이 한 명도 없었다. 그 반의 여성들은 두 아이에게 홀딱 반했다. 한 사람은 엄마 역할을 맡았고 다른 사람들은 매우 좋은 이모처럼 대했으며 하루 종일 놀아주었다. 학교 직원들까지도 그 아이들을 기특하게 여겼다. 그들은 쉬는 날 야외에 놀러갈 때나 마트에 갈 때 아이들을 데리고 갔고, 아이들에게 책과 장난감을 사주었다. 분명 두 여자아이는 사랑과 좋은 자극을 받았으며, 그런 보살핌이 그들을 무기력한 상태에서 구해냈다.

하지만 스킬즈는 여전히 회의적이었다. 그런 극적인 효과가 계속 유지될까? 그는 두 아이를 우드워드에 머무르게 하고, 12개월과 18개월 후에 다시 검사했다. 검사 결과는 같았다. 아이들은 완전히 정상적으로 발달했다. 지적장애가 있었다는 흔적을 하나도 찾아볼 수 없었다. 아이들이 세 살 반이 되었을 때 고아원으로 돌아왔고, 얼마 지나지 않아 바로 입양되었다.

스킬즈가 아이들을 관찰했던 당시 그들의 극적인 발달이 무엇을 의미하는지를 확실히 느꼈음이 틀림없다. 발달이 더디고 무신경한 것처럼 보이는 고아원 아이들 중 대다수가 선천적인 장애에 시달리고 있는 것이 아니었다. 발달에 필요한 자극과 관심이 지독하게 결핍되었을 뿐이었다.

6개월이 안 되는 고아원의 갓난아기들은 덮개가 있는 아기 침대에 누워 있었고 덮개 때문에 다른 아기들을 볼 수 없었다. 장난감은 거의 없었고, 만날 수 있는 사람이래봤자 아기들에게 우유를 먹이고 기저귀를 갈아주느라 눈코 뜰 새 없이 바쁜 간호사들뿐이었다. 6개월이 되면 아기들은 유아용 침대 다섯 개가 있는 방으로 옮겨졌다. 그곳에서 놀이는 가능했지만 방 밖으로 나갈 수 없고 안에서만 지냈다. 그 당시 사람들은 신체에 필요한 기본 욕구만 만족되면 건강하게 성장하는 데 전혀 문제가 없다고 생각했다. 심지어 어릴 적에 너무 많이 손을 타고 관심을 받는 건 아이에게 해롭다고 생각했다.

스킬즈는 또래 아이들과 함께 있는 것만으로는 지적장애아의 발달에 그다지 도움이 되지 않는다는 것을 깨달았다. 또한 지적장애아처럼 행동하는 아이들 중에서 누구에게 정말로 뇌 손상이 있는지 알 수 없기 때문에 그 아이들을 섣불리 입양 보낼 수 없었다. 스킬즈는 "그래서 상당히 훌륭한 대안은 하나뿐인 것 같았다. 다름 아닌, 지적 발달이 뒤처진 고아원 아기들을 정상적으로 성장하게 하려면 지적장애인 복지관에서 살게 하는 것이다"라고 적었다.

감독관청은 당연히 우려를 표했지만 결국 허가를 내렸다. 허가 조건은, 발달장애가 있고 입양될 수 없어서 스킬즈가 인근의 글렌우드에 있는 '정신지체 복지관'에 보내려는 아이들이 그곳에서 오로지 '손님'으로 받아들여지고 공식적으로는 계속 고아원 소속으로 등록되어 있어야 한다는 것이었다.

스킬즈가 "기발하다"고 말한 이 실험에 참여한 세 살 미만의 아이들 총 13명 중에서 10명은 사생아였다. 그들의 부모는 알려진 바에 의하면 학교도 다니지 않았고 지능지수는 자신의 아이와 비슷하게 낮았다.

　그 아이들은 지적장애 여성들로 구성된 여러 반으로 나누어졌고, 그 여성들은 아이들을 사랑으로 돌보았다. 아이들과 놀아주고, 옷을 만들어주고, 자신이 갖고 있는 얼마 되지 않는 돈으로 선물을 사주었다. 미국 국경일에 아이들을 위한 잔치를 열어 예쁜 옷을 입히고, 제일 예쁘게 치장한 아기를 뽑아 상도 주었다. 아이들은 외부 놀이터에서도 많은 시간을 보냈고 부속 유치원도 다녔다.

　그 효과는 극적이었다. 13명 아이들의 지능을 검사한 결과, 평균 28점이 증가했다. 지적장애 여성 중 한 명이 엄마처럼 돌봐주어 애착 관계를 맺은 아이들이 가장 뚜렷한 발달을 보였다. 정확한 결과를 분석하기 위해 스킬즈는 고아원에 남아 있던 12명의 아이들과 비교했다. 그 아이들은 실험에 참가한 아이들에 비해 지능지수가 26점 뒤처졌다.

　그 고아원은 지적장애의 온상으로 증명되었다! 이제 스킬즈는 지능이 절대로 선험적으로 결정되지 않으며 환경, 특히 어린 시절의 환경에 따라 변할 수 있다고 확신했다. 하지만 이와 같은 견해를 가졌다는 이유로 스킬즈와 그의 동료 조지 스토다드, 베스 웰먼은 다른 많은 동료에게 놀림을 당하고 웃음거리만 되었다.

　비난의 폭풍이 거세게 일었다. 아이오와 연구자들이 좋게 봐서 순진하고 나쁘게 말하면 사기꾼이며, 과학적 연구 방법에 충실하기 보다는 사회 개혁이나 할 것처럼 정치적 입장을 취하고 있다며 힐난했다. 그리고 통계도 사용할 줄 모른다고 했다. 한 연구자는 "바보를 천재로 만드는 마법 같은 교육이 있다면, 그게 도대체 어떤 건지 나도 배우고 싶다. 그런데 그런 대단한 교육이 없다면 그런 소문은 절대로 만들어내선 안 된다"고 독설을 날렸다. 다른 동료는 스킬즈의 실험을 '덜떨어진 어린이 도우미'들이 다른 '저능아'들을 정신적으로 정상이 되도록 가르친 것뿐이라며 비웃었다. 스킬즈는 오늘날까지도 이어지는 논쟁의 한가운데에 있다. 지능을 결정하는 건 유전일까, 교육일까?

아이오와 주립대학 행정부가 그의 실험에 포용적인 자세를 거두고 1942년 스킬즈가 그 연구를 지속하겠다는 마음을 접게 되었을 때, '바보를 천재로 만드는' 스킬즈의 연구가 끝을 맺게 되었다. 스킬즈는 말다툼에서 물러나고 싶었다. 1946년 그는 고아원 아이들이 제대로 된 보살핌을 받지 못한다고 항의하며 아이오와 주립대학의 심리학과 교수직을 내려놓았다. 그 아이들이 나중에 성인이 되어 갖게 될 문제는 고아원에서 만들어졌다고 말했다.

여기서 또 한 번 이야기가 끝날 수도 있었다. 스킬즈는 1965년 은퇴할 때까지 미국공중위생국에서 일했다. 하지만 그는 그 고아원 아이들이 어떻게 되었을지 항상 궁금했고 아이들이 머리에서 떠나지 않았다. 1961년 그는 그 25명의 실험 참가자들을 찾으러 나섰다. 그 아이들의 소식을 알려줄 수 있는 사람들은 대부분 집에 붙어 있지 않았다. 그들을 만나기 위해 전국 이리저리로 날아다니고, 외딴 마을 이곳저곳을 찾아다녔다. 우편배달부, 동네 이장, 목사님들에게 아이들의 소식을 물어보았다.

생각지도 못했지만 놀랍게도 3년 만에 25명을 모두 찾을 수 있었다. 그들이 혹시 거부감을 느낄지 몰라 정식 지능검사는 하지 않았다. 훨씬 더 의미 있게 보이는 건 학력, 직업, 취미, 결혼 상태, 병력에 대한 정보였다. 그 결과를 바탕으로 스킬즈는 그들이 자신의 삶을 어떻게 극복하고 사회에 잘 적응하고 있는지에 관한 이론을 정립하고 싶었다.

두 집단의 차이는 현저했다. 얼마 동안 지적장애 여성들과 함께 산 후 입양을 간 13명의 아이들 중 11명은 결혼을 했고 직업을 갖고 있거나 가정주부였다. 그들은 자립했고 자녀가 있었으며 부유하진 않아도 그럭저럭 살 만했다. 그들은 즐겁게 살고 있었다. 비교집단

★ Skeels, H. M., and H. B. Dye, 「정신지체 아동에 대한 차별적 자극의 영향에 관한 연구A study of the effects of differential stimulation on mentally retarded children」, 『미국정신박약학회지 Proceedings and Addresses of the American Association on Mental Deficiency』 44, 1939, pp. 114-136.
★ Skeels, H. M., 「인생 초기 경험이 대조적인 아동들의 성인기 상황: 장기 추적조사 연구Adult status of children with contrasting early life experiences: A follow-up study」, 『아동발달연구학회논문Monograph of the Society for Research in Child Development』 31(3), 1966.

에 속한 12명의 고아원 아이들 중 9명은 결혼하지 않았고 1명은 이혼했다. 1명은 지적장애인 보호소에서 사망했고, 4명은 여전히 보호소에서 살고 있으며, 3명은 접시 닦는 일을 하고 있었다. 그들은 사회적으로 소외되어 있었고 아무런 전망도 없이 주어지는 삶에 억지로 끌려다니고 있었다.

스킬즈는 그 장기 연구의 결론 부분에 "비교집단에 속하는 아이들 12명의 슬픈 운명이 앞으로 그런 운명을 저지하기 위한 연구를 지속시키는 계기가 된다면, 그들의 삶이 헛되지만은 않을 것"이라고 적었다.

1968년 4월 28일 스킬즈는 지적장애 연구 부문에서 조지프 P. 케네디 상을 수상했다. 그 트로피는 스킬즈의 동료 마리 P. 스코닥이 동석한 가운데 미네소타 대학교 세인트폴 캠퍼스의 졸업생 루이스 브랑카가 수여했다. 브랑카는 "두 분이 대단한 업적을 이루실 때까지 저는 하루 종일 구석에서 똑바로 앉아 있던 것 말고는 별로 한 일이 없습니다. 제가 오늘 밤 여기 이 자리에 서게 된 건 두 분이 저에게 사랑과 이해를 베풀어주셨기 때문입니다"라고 연설했다. 그는 스킬즈의 실험에 참가한 13명의 아이들 중 하나였다.

스킬즈의 연구와 많은 추후 연구가 같은 결과를 보여주었음에도 언제나 다시금 그 결과가 옳은지에 대한 의문이 고개를 들었다. 대부분의 경우 연구자들은 서로 비교되는 두 어린이 집단의 지능지수가 맨 처음에 차이가 없었다고 보장하기 어려웠다. 하지만 최근 루마니아에서 수행된 연구를 보면 그런 의심을 더이상 해선 안 될 듯하다. 고아 136명을 대상으로 지능검사를 실시한 후, 그 아이들을 고아원이나 위탁 가정으로 보냈다. 아이들이 네 살이 되었을 때, 고아원에서 자란 아이들보다 위탁 가정에서 자란 아이들의 지능지수가 평균적으로 8점 높았다.

이 실험은 아이들이 그림을 그리는 걸 지켜본 사람이라면 누구나 생각해보았을 것이다. 그렇지만 실험을 정말로 해보겠다고 마음 먹는 사람은 스위스의 위대한 교육학자 장 피아제뿐이었다. 피아제가 자신의 세 아이들이 그린 그림을 보았더니, 물병 안의 수면이 물병의 벽면과 수직이 되게 그려져 있었다. 물병이 얼마나 기울어져 있는지는 전혀 상관 없었다. 당시에 그는 제네바에 있는 장자크루소연구소에서 일했는데 연구소에는 부속 유치원이 있었다. 그가 유치원 교사들에게 자신의 아이들이 희한하고도 예술적인 시각을 갖고 있다고 이야기했다가, 대부분의 아이들이 기울어진 물병의 수면을 그렇게 잘못 그려 넣는다는 사실을 알게 되었다. 처음에는 그렇게 놀랄 만큼 중요한 일로 보이지 않았다. 하지만 피아제는 아이들의 그런 실수가 공간 기준계의 발달 정도, 또 그 기준계의 사용 능력과 관련되어 있음을 깨달았다. 즉, 아이들이 수평과 수직을 상상할 줄 아느냐의 문제였다. 1936년 결국 그는 가장 친한 동료 베르벨 인헬더에게 그 실험을 위탁했다.

인헬더는 5세 이하 아이들의 앞에 목이 좁은 병 두 개를 놓았다. 하나는 배가 불룩한 모양이었고 하나는 벽면이 바닥과 수직이었다. 각 병에는 색이 있는 물이 4분의 1정도 채워져 있었다. 인헬더가 모양은 똑같지만 아무 것도 들어있지 않은 빈 병을 서로 다른 각도로 기울였다. 아이들은 그 안에 똑같이 물을 넣으면서 수면이 어떻게 달라지는지 손으로 가리켜야 했다. 그런 다음 인헬더는 아이들에게 서로 다른 각도로 기울어진 빈 병 그림을 주고 그 안에 수면을 그려 넣으라고 했다. 나이가 많은 어린이들에게는 앞의 과정을 생략하고, 그림만 그리라고 요청했다.

그 그림들을 바탕으로 피아제는 아이들이 연령별 발달단계를 거쳐 정답에 점점 가까워진다는 결론에 이르렀다. 5세 미만 아이들은 대부분 '수면'이 무엇인지 아직 몰랐다. 그들은 물을 병의 가운

수면과제를 통해 알아보는 일반적인 발달단계: 5세 미만 아동은 물을 실뭉치처럼 그리고, 나이가 많은 아이들은 수면을 비스듬하게 그린다. 오른쪽 하단: 병 안에 달린 추

1936
병을 기울이면
물은 어떻게 되지?

★ Piaget, J., 『아동의 공간지각 표현 La representation de l'espace chez l'enfant』, Paris, Presses Universitaires de France, 1948.

데에 실뭉치처럼 그리곤 했다. 첫번째 단계에 있는 아이들은 병의 기울기와 관계없이 언제나 수면이 병의 벽면에 수직을 이루어 고정되도록 그렸다. 병을 거꾸로 세운 그림에서는 물을 위에 그렸다. 다음 단계에서는 병이 기울어지면 수면을 비스듬히 그리기 시작했다. 하지만 여전히 수면이 바닥과 수평을 이루게 그리진 않았다. 세번째 단계에 이른 7~8세 아동들이 드디어 정답을 찾기 시작해서 점점 정답에 가까워지다가, 마침내 마지막 단계에 와서는 병의 기울기와 상관없이 수면을 바닥과 수평으로 그렸는데, 그 아이들의 나이가 보통 9세였다.

앞에서 언급했듯이(→ 87쪽), 피아제는 아주 기발한 생각을 해내긴 했지만 실험을 할 때 매우 꼼꼼하고 빈틈없는 사람은 아니었다. 한 가지 사례로부터 결론을 이끌어내었고 깔끔한 통계적 분석은 하지 않았다. 그렇지 않았다면 오늘날 소위 '수면과제water-level task'라고 불리는 탁월한 업적이 30년 후에 다른 과학자들의 차지가 되도록 만들지 않았을 것이다. 이 과제에 관하여 오늘날까지 풀리지 않은 커다란 미스터리를 더 알고 싶다면 223쪽을 참조하면 된다.

1936
왜 코트가 9달러 99센트일까?

19세기 말에 금전등록기가 발명되면서 미국에서는 소매업자들이 상품 가격을 약간 아래로 정하는 것이 관례가 되었다. 예를 들어 가격을 49센트, 98센트, 1달러 98센트라고 하는 것이다. 랄프 하워는 『메이시스 백화점의 역사History of Macy's』라는 자신의 저서에서 이런 가격은 원래 직원들의 절도를 막기 위해 생겨났다고 기록했다. 가격이 딱 떨어지지 않고 99센트로 끝나면 판매원은 거스름돈을 챙겨줘야 하기 때문에, 무조건 고객의 돈을 들고 계산대로 가야 하고 고객에게 받은 돈을 바로 자신의 주머니에 넣어버리지 못하게 된다.

그런 가격이 완전히 다른 효과도 가져온다는 걸 장사꾼들은 얼마 지나지 않아 바로 깨달았다. 고객들이 상품을 더 싸다고 느껴서 더 많이 구입한 것이다. 1~2센트 깎아주었지만 그 손해를 보상하고도 남을 만큼 더 많이 팔렸다. 그것이 정말 사실일까? 미국의 어느 대형 통신판매 회사(회사의 이름은 밝히지 않겠다)의 경영진들은 그런 가격 방침으로 얻는 초과 수입이 실제로 그리 크지 않을 것이라며 탐탁지 않게 보았고, 누군가 한 명이 그런 가격표를 붙이지 않기로 결심하면 그 가격 방침은 바로 사라질 거라고 생각했다.

그래서 그 통신판매 회사는 비용이 수월찮게 드는 실험을 진행했다. 600만 개의 목록 중 일부에서 보통 49센트, 79센트, 98센트, 1달러 49센트, 1달러 98센트였던 상품들의 가격을 50센트, 80센트, 1달러, 1달러 50센트, 2달러로 제시했다. 컬럼비아 대학의 경제학자 엘리 긴즈버그는 "실험 결과는 눈이 휘둥그레질 만큼 흥미로웠다. 결과를 해석하기 위하여 상당한 노력과 비용을 들였지만, 자료를 일반화해서 말할 수는 없었다"라고 적었다. 99센트로 끝나는 가격표를 붙였을 때 어떤 상품들은 더 많이 팔렸고 어떤 상품들은 훨씬 덜 팔렸다. 책임자들에게는 두번째 실험을 실시하는 것이 너무 위험해 보였다. 첫번째 실험에서 그랬던 것처럼, 다음번에도 어떤 상품에서 생기는 손실이 다른 상품에서 생기는 이익으로 메워질지 확신할 수 없기 때문이었다.

60년이 지나고 나서야 다른 연구자들이 비슷한 연구를 수행했다(→244쪽 참조).

1936년에 만들어진 광고. 99센트로 끝나는 가격이 매출에 도움이 될까?

★ Ginzberg, E., 「관습가격 Customary Prices」, 『아메리칸 이코노믹 리뷰American Economic Review』, 296, 1936.

1938
밑도 끝도 없이
미움받는
다니에란 사람들

이제 아주 솔직해지자. 다니에란Danieran 사람을 좋아하는가? 다니에란 사람들이 떼를 지어 우리나라로 몰려와서 귀화를 신청하고 당신 딸이 다니에란 사람과 결혼하고 싶어한다고 가정하자. 승낙할 수 있겠는가? 어림없지!

그와 똑같은 질문을 뉴욕 컬럼비아 대학교 학생 144명에게도 했다. 1938년 11월 30일 학생들은 35개 민족, 7개 종교 단체, 7개 정치 집단에 대한 설문지에 답했다. 1점(체류를 허용하지 말자)부터 8점(결혼을 통해 가족 구성원으로 받아들이자)까지의 척도에서 다니에란 사람의 경우 2점(우리나라의 손님으로 너그럽게 대하자)을 크게 넘어서지 못했다. 터키인(3.4), 일본인(2.7)보다 뒤처졌고 파시스트(1.9), 나치 당원(1.8)을 가까스로 앞서는 정도였다.

결과가 어쨌든 다니에란 사람에겐 상관없다. 다니에란 사람은 세상에 존재하지 않기 때문이다. 역시나 존재하지 않는 피레니아 사람과 발로닌 사람도 각각 2.3과 2.1이라는 비슷하게 낮은 점수를 받았다. 심리학자 유진 레너드 호로위츠는 사람들이 알지 못하는, 정확히 말해서 알 수 없는 집단을 어떻게 판단하는지 알기 위하여 설문지에 허구의 국적을 몰래 집어넣었다.

1936년 호로위츠가 「흑인에 대한 태도의 발생The development of attitude toward the negro」이라는 논문 작성을 끝내자마자 그는 반유대주의에 관하여 연구해야 했다. 그는 유대인에 대한 증오심을 따져보는 것만으로는 의미 있는 결과가 도출되지 않을 거라고 생각하여, '다른 집단에 대한 선입견'으로 연구의 범위를 넓혔다. 컬럼비아 대학교 학생들 외에 다른 7개 기관의 구성원들에게도 설문조사를 했다.

유대인과의 관계 개선을 위한 회의가 그 연구에 재정적 지원을 해주었던 것은 우연이 아니었다. 유대인들은 긴 역사에 걸쳐 차별을 당했기 때문에 선입견의 발생에 관한 연구에 크게 관심을 보였다. 아마 호로위츠도 심한 유대인 차별을 겪었던 것 같다. 어쨌든 간에 그는 1942년 자신의 유대식 성을 '하틀리Hartley'로 바꿨다. 유진 L. 하틀리라는 이름으로 1946년 그 연구의 결과를 실은 논문 「선입견의 문제」를 발표했다.

설문지 작성자들의 다른 민족에 대한 태도는 학교마다 차이를 보였다. 예를 들어 프린스턴 대학의 학생들은 뉴욕 시립대 학생들보다 독일 유대인을 훨씬 곱지 않은 시선으로 보았다. 버몬트 주 베닝턴 대학의 학생들이 가장 너그러운 태도를 보였고 워싱턴에 있는 하워드 대학생들이 가장 편협했다. 하워드 대학교는 아프리카계 미국인이 주로 다니는 곳이었다. 그들의 생각대로라면, 다른 대학에서는 아무런 반감을 사지 않는 스위스인들도 자신들의 학교에서 친구 대접을 받으려면 적어도 시민권을 가져야 했다. 스위스인을 이웃이나 배우자로도 달갑지 않게 여겼으며 독일인은 더 못마땅하게 여겼다. 학생들은 독일인을 손님 정도로만 받아들였다.

이런 차이들이 있었지만 그럼에도 세계적인 패턴이 뚜렷하게 나타났다. 여러 나라 중에서 미국, 캐나다, 영국 사람들에겐 호의적이었고 일본, 중국, 터키, 아랍 사람들에겐 적대적이었다.

가장 흥미로운 결과는 허구의 국가에 대한 호감도를 비교했을 때 나왔다. 다니에란, 피레니아, 발로닌 사람을 좋아하지 않는 사람일수록, 현존하는 집단에 대한 적대감도 더 컸다. 그 결과를 토대로 사람들의 유대인에 대한 태도가 '유대인 집단의 특성'에 기인한 것으로 설명될 수 없다고 호로위츠는 결론 내렸다. 선입견은 집단의 실제 특성과는 아무 관련이 없고, 오히려 선입견을 갖는 사람의 편협한 성격이 그 바탕이 되는 것 같았다. 편협한 사람은 '도덕적 비타민 결핍' 같은 것을 앓고 있다고 봐야할 것이다.

이런 견해는 이른바 접촉가설의 전망을 밝게 해주었다. 접촉가설이란 서로 다른 집단이 서로 접촉하게 되면 상대방이 기본적으

★ Hartley, E., 「선입견의 문제 Problems in prejudice」, New York, King's Cross Press, 1946.

로 나와 비슷한 점이 있다는 것을 알게 되어서 적대감이 줄어든다는 이론이다.

오늘날 선입견과 차별의 문제는 확실히 더 복잡해지고 있다. 서로 다른 집단이 접촉한다고 자동적으로 편견이 줄어들지 않는다. 또한 문화 간 차이는 심리학자들이 인정하고 싶어하지 않아도 생각보다 훨씬 많다. 게다가 하틀리의 연구에는 몇 가지 통계적 오류도 포함되어 있었다. 존재하지 않는 허구의 국가들을 대상으로 선정한 하틀리의 발상은 설문조사를 통해 가짜 의견을 모으는 것이 얼마나 잘못된 결과를 가져올 수 있는지를 뚜렷하게 보여주었다.

다른 연구들에서도 그런 경향이 있다는 것이 증명되었다. 예를 들어 테헤란의 행인들은 어떤 여행자가 길을 물으면 존재하지 않는 곳인 줄도 모르고 흔쾌히 설명해주었다. 1950년대에 수행된 한 연구는 더 기괴한 결과를 보여주었다. 그 연구에서 제시한 질문 중 하나는 "당신은 근친상간을 찬성하십니까, 아니면 반대하십니까?"였다. 당시에는 아직까지 근친상간이 일반적으로 통용되는 개념이 아니었다. 따라서 3분의 2가 반대하고, 3분의 1이 찬성한다는 결과가 나왔다.

1951
튀지 말고
그냥 "네"라고 해

6번 실험 참가자는 세상에서 가장 지루한 심리학실험에 참가하게 된 건 아닌가하는 생각을 했을 것이다. 그는 시각적 판단력에 관한 실험 참가자 모집 광고를 보고 자발적으로 신청했다. 이제 그는 필라델피아 인근의 스와스모어 대학 세미나실에 들어와 다른 지원자들 여섯 명과 자리를 함께했다.

실험 진행자는 한 자리에 모인 남자들에게 두 화이트보드를 보여주었다. 첫번째 화이트보드에는 25센티미터 길이의 검은 선 하나가 있었다. 두번째 화이트보드에는 각각 22, 25, 20센티미터 길이의 선 세 개가 병렬로 그어져 있었다. 이제 실험 참가자들이 할 일은 그 셋 중에서 어느 선이 첫번째 화이트보드에 있는 선과 길이가 같은지를 대답하는 것이었다.

한 사람씩 두번째 선을 가리켰다. 다음으로 실험 진행자는 카드 두 장을 책상 위에 올려놓았다. 왼쪽 카드에는 하나의 선이 그려져 있었고, 오른쪽 카드에는 선이 세 개 있어서 참가자들은 그중 무엇이 길이가 같은 것인지 선택해야 했다. 모든 참가자가 첫번째 선의 길이가 같다고 했고 정답이었다. 이어서 다음 두 카드에서도 길이의 차이를 알아내야했다. 오른쪽 카드에서 왼쪽 카드에 있는 선과 길이가 같은 건 세번째 선이었다. 그런데 6번 실험 참가자가 자신의 앞에서 다섯 명이 먼저 답을 말하는 것을 듣곤, 혹시 잘못 들은 건 아닌가 귀를 의심했다. 모두 첫번째 선이라고 대답했는데 그 선은 거의 2센티미터나 길었기 때문이다. 그는 몸을 앞으로 기울여 안경을 고쳐 쓰고 다시 보았지만, 의심의 여지가 없었다. 두 선은 서로 길이가 달랐다. 아닌가? 다섯 사람이 모두 그렇게 본다면? 내 눈에 내가 속고 있는가?

6번 실험 참가자를 이렇게 안절부절못하게 만든 사람은 심리학자 솔로몬 애시였다. 애시는 사람들이 집단 압력에 얼마나 쉽게 굴복하는지를 알고 싶었다. 애시는 이전의 연구 결과들을 신뢰하지 않았다. 실험 참가자들에게 제시한 질문에 명확한 답이 없었기 때문이다. 예를 들어 어떤 실험에서는 한 텍스트를 두고 그 텍스트의 저자를 다르게 알려줄 때마다 사람들이 그 텍스트 문장을 어떻게 다르게 판단하는지 알아보았다. 이 문제에 있어선 두부 자르듯 '옳다'거나 '틀렸다'고 할 것이 없었다. 하지만 선의 길이를 판단하는 문제는 완전히 달랐다. 선의 길이가 똑같거나 다르다는 것, 둘 중 하나였다. 6번 실험 참가자는 자신의 지각을 믿고 다른 사람들과 다른 태도를 취하든가, 주변 의견에 순응해서 자신이 본 것을 무시

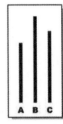

과제: 오른쪽에 있는 세 선 A, B, C 중에서 어느 것이 왼쪽에 있는 선과 길이가 같을까? C가 답이라는 것을 뻔히 알 수 있었지만, 다른 사람들이 오답을 말했을 때 실험 참가자들의 75퍼센트가 집단 압력에 굴복하고 오답을 따라 말했다.

할 수 있었다. 다른 실험 참가자들이 모두 실험 진행자의 도우미이고 정해진 시나리오에 따라 오답을 말하고 있다는 사실은 그가 절대로 알아선 안 될 비밀이었다.

이 연구 결과는 오늘날 모든 심리학 교과서에 실려 있다. 길이를 판단하는 모든 문제의 3분의 1 정도는 실험 참가자들이 집단의 의견에 동조하여 오답을 말했다. 모든 실험 참가자의 4분의 1만이 집단 압력에 굴복하는 유혹에 한 번도 빠지지 않았다. 많은 참가자가 긴장했고, 다른 참가자들이 입을 모아 오답을 말할 때 왜 그러는지 이해하지 못했다. 그래서 한 실험 참가자는 어찌할 바를 모르다가 자를 들고 앞으로 뛰어나가 선에 자를 대보았다. "너희들은 정말 이게 안 보이니?" 그래도 다른 참가자들은 "도대체 뭘 어떻게 봐야 한다는 거야?"라고만 말했다. 앞으로 나간 실험 참가자는 매우 흥분해서 "내가 오늘 좀 이상한가봐. 어쩌면 눈에 문제가 있든지 아니면 뭔가 중요한 데 문제가 있는 것 같아"라고 말했다.

애시가 과연 그 결과에 놀랐는지 그의 논문을 통해서는 분명히 알 수 없다. 오늘날 많은 교과서에서 설명하는 것과 달리, 애시의 본래 의도는 완전히 반대되는 결과를 보여주는 것이었다. 사람들이 비굴하게 집단에 복종하지 않고 독자적으로 자신의 생각을 피력할 것으로 예상했던 것이다!

1951년에 수행된 애시의 동조실험은 가장 빈번하게 반복되는 과학실험으로 손꼽힌다. 1996년 리뷰 기사를 보면 17개국에서 동조실험을 133번 했다. 이미 애시는 그 실험 방식을 바꾸어 어떤 상황에서 사람들이 순응하는지를 알아보고자 했다. 예를 들어 집단에서 두번째 실험 참가자가 옳은 답을 말하는 경우, 오답률이 32퍼센트에서 5퍼센트로 떨어졌다. 실험 참가자들이 서로의 답을 알고 있지만 답을 종이에 적어낼 뿐 함께 있는 자리에서 발표하지 않는 경우에도 집단에 순응하는 정도가 급격히 줄어들었다.

6번 실험 참가자는 같이 앉아 있는 다른 참가자들이 실험 도우미로서 시나리오에 따라 하나같이 오답을 말하고 있다는 사실을 눈치채지 못했다.

애시의 실험은 시대적 문화적 배경에 따라 다른 결과가 나왔다. 예상했던 대로 서구 선진국의 개인주의 문화보다, 동양이나 아프리카에서처럼 개인보다 집단의 복지를 더 중요하게 생각하는 문화에서 집단에 순응하는 경향이 더 두드러진다. 서구 문화에서는 순응하는 것이 줏대 없이 남의 말에 휩쓸린다는 부정적인 의미로 해석되곤 하기 때문이다. 애시의 동료 헨리 글라이트만은 "생각 없이 남의 말에 따라가다간 앞으로 남은 세월을 10인치가 4인치보다 짧다고 말하는 겁쟁이였다는 말을 계속 들으면서 살아야 한다"고 말했다. 애시는 그렇게 극적으로 보지 않았다. 실험 참가자가 얻는 정보는 두 가지다. 자신의 눈에 보이는 것과 다른 사람들이 말하는 것. 엄밀하게 말하면 다른 사람들이 하는 말이라고 다 어리석은 건 아니다. 어떤 상황에서는 남의 말을 따르는 것이 옳고, 인간적이다. 집단주의 문화에서는 집단에 순응하는 것이 긍정적으로 해석되기도 한다. 주변 사람들에게 맞춰주는 사람이 실수를 저지른 다른 실험 참가자의 체면을 살려주는 데에 도움이 될 수도 있다.

여러 연구를 비교해본 결과, 애시가 실험을 수행했던 1950년대 이래로 집단에 동조하는 태도를 보이는 경향이 줄어들긴 했지만 완전히 사라진 건 아니었다. 그 결과를 보여주는 한 예로 이른바 "비누 없어, 라디오"라는 농담이 있다("비누 없어, 라디오"라는 핵심 구절이 등장하는 전혀 웃기지 않은 이야기를 듣고 다른 사람들이 서로 짜고 함께 웃을 때 분위기에 못 이겨 누군가가가 따라 웃으면, 주변 사람들이 갑자기 웃음을 멈추고 "뭐가 웃기는데?"라고 말하며 그 사람을 당황하게 만드는 장난─옮긴이). 이 농담도 1950년대에 생겼지만, 오늘날에도 매우 잘 통한다. 여기에서 하나 소개해보자면, 곰 두 마리가 욕조에 앉아 있다. 그때 한 마리가 "비누 좀 줘"라고 말한다. 그러자 다른 한 마리가 "비누 없어, 라디오!"라고 대답한다. 누구나 바로 알 수 있듯이 이 농담에는 웃음 포인트가 하나도 없다. 그렇지만 그 실험 내용을 파악하고 있는 사

verrueckte-experimente.de

★ Asch, S., 「독립과 복종에 관한 연구: 다수의 만장일치에 대한 소수 의견Studies of independence and conformity: I. A minority of one against a unanimous majority」, 『일반 및 응용심리학 논문 Psychological Monographs: General and Applied』 70(416), 1956.

람들이 웃기 시작하면 같이 있던 사람들이 종종 따라 웃곤 한다.

애시는 동조실험을 약간 변형시켜 모든 사람이 자신의 지각을 부정할 수 없을 정도가 되려면 선의 길이가 얼마나 현격하게 차이 나야 하는지를 알아보고자 했다. 하지만 답을 찾을 수 없었다. 선의 길이 차이가 무려 18센티미터나 될 때에도 다수의 틀린 답을 따라가는 사람이 언제나 한두 명은 꼭 있었다.

존 폴 스탭 대령은 허풍쟁이가 아니었다. 그가 허풍쟁이였더라면 1955년 『항공의학저널』에 실은 자신의 논문에 「기계적 힘이 신체 조직에 미치는 영향」보다는 더 그럴싸해 보이는 제목을 붙였을 것이다. '신체 조직'은 말하자면 대령 자신이었고, '기계적 힘이 미치는 영향'은 타박상, 피멍이 든 눈, 부러진 뼈의 형태로 나타났다.

1947년에 척 예거는 X-1 제트기를 타고 소리보다 더 빠르게 하늘을 난 첫번째 사람이었다. 같은 해에 스탭 대령은 군의관이었기 때문에, 그런 속도로 비행하다가 사출 좌석에서 비행기를 탈출하면 조종사에게 어떤 일이 벌어지는가에 관한 문제를 연구하기 시작했다. 강력한 기류가 몸에 부딪히면 순식간에 제동이 걸릴 것이다. 이런 압력에도 살아남을 수 있을까? 스탭 대령은 대담한 실험을 벌여 그 답을 찾아냈다. 처음에는 캘리포니아 주의 에드워드 공군기지에서, 그 다음은 뉴멕시코 주의 홀로만 공군기지에서 그 실험이 수행되었다.

1947년 첫번째 실험에서는 로켓추진 궤도차 '지휘즈Gee-Whiz'에 침팬지를 태웠다. 하지만 침팬지가 제시간에 도착하지 않자 스탭 대령이 실험 참가자를 하겠다고 나섰다. 대령이 실험을 하겠다는 강경한 태도를 보였으므로 상사가 나서서 극구 말려보아도 아무 소용이 없었다.

스탭 대령의 시력을 거의 앗아갈 정도로 가장 아슬아슬했던 실험이 1954년 12월 10일에 최후로 진행되었다. 점심시간에 스탭 대령의 동료가 로켓추진 궤도차 '소닉 윈드Sonic Wind'에 탄 대령의 안전벨트를 꽁꽁 채웠다. 1킬로미터나 되는 긴 비행 끝에 그의 눈앞에 보인 건 구급차였다.

그 로켓추진 궤도차는 등에 로켓 아홉 개를 달고 선로 위를 달리는 의자나 다름없었고, 로켓은 차량의 두번째 칸에 설치되어 있었다. 궤도차가 매우 빠르게 가속해서 스탭 대령의 망막에 출혈이 일어났다. 출발 후 1.5초 만에 스탭 대령은 눈앞이 캄캄해졌다. 3.5초 후, 스탭 대령은 시속 1017킬로미터에 이르자 브레이크를 작동시켰다. 넓적한 노 같은 것들이 선로 끝에 있는 궤도 사이의 긴 물받이 판 안으로 뻗어 나오자 1.4초 만에 궤도차가 멈췄다. 그것은 마치 시속 100킬로미터로 달리다가 벽에 충돌하는 것과 같았다. 단지 멈추는 시간이 18배 더 오래 걸릴 뿐이었다.

210미터 길이의 제동 거리가 시작하는 부분에서 눈 깜짝할 사이에 시력이 돌아왔다. 하지만 혈관에는 그 압력이 유지되었고 그 압력이 눈 안의 핏줄을 터뜨려 피가 멈추지 않았다. 대령의 시야는 온통 붉은색이 되었고, 눈이 눈 근육과 시신경에서 떨어졌다. 마치 마취도 하지 않고 이를 뽑는 것과 같은 통증을 눈에서 느꼈다.

로켓추진 궤도차가 완전히 멈춘 다음, 실험 도우미가 스탭 대령을 불이 나는 의자에서 끌어내렸다. 스탭은 손을 얼른 눈꺼풀에 갖다 댔다. 그는 눈이 감겨져 있어서 아무 것도 보이지 않는다고 생각했지만, 사실은 눈을 뜨고 있는 상태였다. 그는 "이제 앞을 볼 수 없게 되었다"고 생각했다. 스탭은 그 실험을 할 때 실명의 위험이 있다는 것을 처음부터 잘 알고 있었다. 그의 눈은 이전 실험에서도 비슷한 문제를 겪었다.

하지만 병원으로 가는 도중에 그의 시력은 다시 점차 회복되었

로켓추진 궤도차가 멈출 때 존 폴 스탭 대령의 얼굴: 시속 100킬로미터로 벽을 향해 돌진하는 것과 같았다. 단지 멈추는 데에 18배 더 오래 걸릴 뿐이었다. 그 실험을 하는 동안 뼈가 여러 번 부러졌고 시력을 거의 잃었다.

다. 검사를 해본 결과, 몸을 고정시킨 벨트가 둘러져 있던 곳에 파란 멍이 들었고, 총알 같은 속도로 옷을 뚫고 들어온 모래알 때문에 작은 상처가 났다. 이전에 했던 28번의 실험 중에서 몇 번은 뼈가 부러지기도 했지만 이번에는 그렇지 않았다.

스탭은 짧은 시간 동안 40G 이상의 압력을 받았다(G는 중력의 세기를 나타내는 단위. 1G=지구의 중력―옮긴이). 안전벨트가 자기 몸무게의 40배 이상 되는 무게로 몸을 옥죄고 있었다. 오래전부터 그는 사람이 18G 이상의 압력을 받는다면 죽을 수도 있겠다고 생각했다.

그 실험이 기내 조종석과 안전벨트의 설계를 개선시키는 역할만 한 건 아니었다. 스탭은 자동차 안전벨트의 선구자적 인물이 되었다. 그는 군대를 동원하여 최초로 자동차 충돌실험을 했다. 스탭의 상관이 그 실험에 반대하자, 그는 자동차 사고가 발생하면 공군 비행기 추락으로 사망하는 조종사보다 더 많은 수의 사람이 사망에 이를 수 있다는 것을 상관들 앞에서 계산해 보여주었다. 1999년 사망하기 전까지 그는 '스탭 주최 자동차 충돌사고에 관한 국제회의'의 의장이었다.

그 대담한 실험들 덕분에 스탭은 유명해졌다. TV 프로그램에 출연했고 『타임』지 표지 모델도 했다. 신문들이 1956년에 스탭이 저지른 실수마저 그냥 넘어가지 않았던 것도 당연한 일이었다. 3월 9일 『앨라모고도 데일리 뉴스Alamogordo Daily News』에서, 그가 시속 60킬로미터로 너무 빠르게 운전하였을 때 경찰이 '세상에서 가장 빠른 사나이'를 적발했다는 기사를 보도했다. 치안판사는 과태료 처분을 내렸는데, 가상의 인물 '레이 다르 대령'에게 새로운 과태료를 부과한 다음 자신의 주머니에서 지불했다.

스탭의 실험으로 인해 그의 명성을 훨씬 뛰어넘는 부산물도 생겼다. 1949년 실험이 시작될 때 에드워드 A. 머피라는 이름의 엔지니어가 개발한 측정 프로브가 로켓추진 궤도차에 잘못 설치되었다. 끊임없이 새로운 표현을 만들어낸 것으로도 유명한 스탭은 '머피의 법칙'이라는 말을 또 퍼뜨렸고, "어떤 사소한 것이 문제가 될 수 있다면, 그 일은 계속 꼬이게 된다"는 그 말은 바로 대중문화를 통해 대유행했다.

▶ verrueckte-experimente.de

★ Stapp, J. P., 「기계적 힘이 신체 조직에 미치는 영향 1. 급제동과 윈드블라스트Effects of mechanical force on living tissue 1. Abrupt deceleration and windblast」, 『항공의학저널Journal of Aviation Medicine』 26, 1955, pp. 268-288.

로켓 궤도차에 사람이 타기 전 인형을 앉히고 실험했다. 완전 제동을 하자 인형이 바로 목재 바람막이를 뚫고 지나갔다(검은 그림자 같은 것이 인형이다).

1954
방울뱀에 맞서는 독수리

1954년 6월 11일, 오클라호마시티 소년 11명이 로버스동굴 주립공원 방향으로 가는 버스에 앉아 있었다. 그들은 지극히 평범한 여름 캠프에 가고 있다고 생각했다. 소년들은 취미, 좋아하는 야구팀, 아버지의 직업에 대하여 이야기를 나누었다. 넓은 캠프장에 도착해서 숙소에 짐을 풀고 주변을 둘러보았다. 그 다음 날 캠프장 한 구석에서 남몰래 다른 11명의 소년들이 숙소를 차지했다는 사실은 오랫동안 비밀이었다. 그들은 그 캠프장 운영자가 앞으로 3주 동안 집단들 간에 벌어지는 모든 일을 몰래 기록하는 과학자였다는 사실을 눈치채지 못했다.

이처럼 캠프장으로 위장한 실험을 주도한 사람은 오클라호마 대학의 심리학 교수 무자퍼 셰리프였다. 그는 우선 두 집단을 서로 적으로 만든 다음 불가능한 것을 이뤄내려고 했다. 사이가 틀어질 대로 틀어진 11살 소년들을 서로 화해하게 만드는 것이다.

셰리프는 원래 터키 이즈미르 출신이다. 13살 때 그리스의 습격을 받아 겨우 목숨을 건졌다. 어린 그에게 이런 경험은 나중에 집단 간 갈등에 대한 연구에 헌신하겠다는 마음을 갖게 된 바탕이 되었다. 다음 시대에 '로버스동굴 실험'이라고 불린 그 실험은 그의 경력에서 가장 빛나는 걸작이었다. 실험에서는 11살 소년들이 그저 줄다리기에서 이기고 목욕탕에 먼저 들어가는 문제로 싸웠지만, 오늘날 그 실험은 북아일랜드나 팔레스타인 같은 데서 일어나는 폭력적인 분쟁과 관련하여 종종 인용되곤 한다.

셰리프는 실험을 3단계로 구상했다. 1단계에서는 두 그룹이 서로 아무 관계없이 독립적으로 형성되어야 한다. 2단계에서는 두 그룹을 하나로 모아 긴장감을 조성한다. 3단계에서 그 긴장을 풀어볼 생각이다. 기존에 만들어져 있는 그룹을 대상으로 실험을 진행했더라면, 당연히 바로 2단계부터 할 수 있었을 것이다. 하지만 셰리프는 철두철미한 학자였다. 기존의 그룹은 이미 다른 그룹에 대하여 틀에 박힌 행동을 취할 수 있으며, 그것 때문에 실험 결과가 왜곡될지 모른다.

통제 하에 그룹을 형성하기 위해, 셰리프는 11살 소년들을 선정했고, 그들은 서로 한 번도 본 적이 없는 사이였다. 오클라호마 주 22개 학교에서 각각 한 명씩 골라 두 그룹 중 하나에 배정했다. 소년들은 가급적이면 생활 수준이 비슷하고 별 문제 없는 중산층 기독교 가정 출신이어야 했다. 향수병에 걸리기 쉬운 아이처럼 문제가 될 수 있는 경우는 선정에서 제외되었다.

그런 선정 조건에 맞추기 위해 셰리프는 운동장에 있는 학생들을 몰래 관찰하고, 부모와 교사들과 대화하며 가족들이 사는 집이 얼마나 큰지, 어떤 차를 모는지 등의 정보를 알려달라고 했다. 부모들에게는 캠프에서 집단 간 상호작용을 연구하게 될 거라는 대략적인 정보를 주었다. 캠프에 도착해서 일주일이 지났을 때, 두 그룹은 각각 '방울뱀'과 '독수리'라는 그룹명을 지었다. 그것은 내면에 견고한 위계를 형성했고 전형적인 행동 패턴으로 나타났다. 예를 들어 방울뱀 그룹은 끊임없이 상대 그룹을 비방했고, 독수리 그룹은 옷을 다 벗고 목욕했다.

2단계에서 두 그룹을 서로 본격적인 적으로 만들기 전에, 1단계에서 하루나 이틀 정도 두 그룹에게 서로 거리감을 느끼게 하려는 계획이었다. 하지만 소년들은 그 계획을 훨씬 앞질렀다. 다른 그룹 구성원의 얼굴을 한 번도 본 적이 없고 아주 멀리서 다른 그룹이 뭘 하는지 보며 소리만 들었는데도, 소년들은 상대 그룹을 가리켜 '깜둥이 캠핑맨들'이라고 말했다.

서로 간의 긴장을 형성하는 일이 이 실험에서 가장 쉬운 부분이었던 것 같다. 하지만 셰리프는 주의해야 했다. 작년에 비슷한 실험을 하다가 중단해야 했던 적이 있었다. 캠핑 감독자의 조작이 너무 노골적이어서 갑자기 소년들의 분노가 상대 그룹이 아니라 어른들

줄다리기: 독수리 그룹 대 방울뱀 그룹. 아이들은 자신들이 심리학실험에 참여하고 있다는 사실을 눈치채지 못했다.

을 향했기 때문이다.

2단계의 핵심은 두 그룹이 4일 동안 우열을 다툰 15번의 게임이었다. 야구와 줄다리기도 있었지만, 실험자가 소년들 몰래 그룹에 점수를 줄 수 있는 보물찾기와 숙소 검사 같은 것도 있었다.

운동경기 대회의 결과—포상으로 누구나 정말 갖고 싶어하는 맥가이버칼이 있었다—를 셰리프는 이미 과거 연구를 통해 알고 있었다. 그룹 내 응집력은 커졌고, 서로 다른 그룹을 깔보았으며 맞서 싸웠다. 그 어마어마한 적대감에는 셰리프마저도 놀랐을 것이다. 그룹들이 서로에게 욕을 하기 시작했다("역겨워", "겁쟁이", "빨갱이"). 두번째 날 저녁, 독수리 그룹은 방울뱀 그룹이 운동장에 놔둔 깃발을 태워버렸다. "그런 사건이 있었으므로 실험자가 그룹들 사이의 불화를 인위적으로 부추기는 것 따위는 쓸데없는 일이 되고 말았다"라고 셰리프는 나중에 적었다.

역습은 오래 기다리지 않아도 되었다. 다음 날 밤, 방울뱀 그룹이 독수리 그룹의 숙소를 덮쳤다. 커튼을 떼어내고 침대를 뒤집어 엎었다. 동시에 그들은 독수리 그룹 리더의 청바지를 빼앗아서 '독수리 그룹의 최후'라고 써서 깃발을 만든 다음, 다음 날에 그걸 들고 여기저기 돌아다녔다. 그 다음 날에는 독수리 그룹이 야구방망

방울뱀 그룹의 일원이 독수리 그룹의 숙소를 기습했다. 그룹들 사이의 적대감을 부추기겠다는 연구자의 계획은 쓸데없는 것이었다. 두 그룹은 처음부터 매우 적대적으로 행동했다.

독수리 그룹 리더의 청바지를 약탈한 방울뱀 그룹. 그들은 청바지에 '독수리 그룹의 최후'라고 적었다.

이를 들고 방울뱀 그룹의 숙소로 갔는데, 그때 방울뱀 그룹은 다른 곳에 머물고 있었다.

이후 몇 차례 충돌 후에, 두 그룹은 더이상 서로 상관하고 싶지 않다고 생각했다. 비로소 3단계가 시작될 수 있었다.

셰리프는 우선 두 집단을 중립적인 상황에서 서로 만나게 했다. 하지만 영화 관람은 화해하는 데 아무 기여를 하지 못했고, 한 자리에 앉아 식사를 해도 음식을 두고 다투다가 끝났다. 그룹 간의 싸움을 중재하고자 했지만 그냥 만나는 것만으론 충분하지 않았다.

과거 실험에서는 외부의 공통된 적에 대항하기 위해 결집하는 방식으로 서로 적대시하는 두 그룹을 화해시키는 데 성공했다. 하지만 이런 방법은 셰리프에게 별로 의미가 없어 보였다. 그 오래 묵은 갈등은 새로운 갈등이 생김으로써만 해결될 수 있었기 때문이다. 셰리프는 그 긴장을 다른 방식으로 해소하고 싶었다. 즉, 한 그룹만으로 해결할 수 없는 과제를 두 그룹이 함께 해결해나가게 하는 것이었다.

연구자는 캠핑장의 식수 탱크를 일부러 망가뜨려 적대적인 두 그룹이 함께 일하게 만들었고, 그런 식으로 평화가 이뤄지길 바랐다.

함께 텐트를 쳤을 때 양 그룹이 재료를
서로 주고받으며 사용해야 했다.

트럭에 고장이 났다고 거짓말을 한 것
은 두 그룹이 함께 해결해야 할 문제에
맞닥뜨려서 서로 화해하게 하려는 의
도였다.

맨 먼저 셰리프는 몰래 캠핑장의 물 공급관을 막았다. 물이 부
족하다는 사실을 소년들이 알게 되었을 때, 캠핑장 관리자가 캠핑
장과 물탱크 사이의 관 전체를 샅샅이 살펴봐야 한다고 설명해주
었다. 그러려면 대략 25명이 필요하다고 했다. 공동 조사를 하는 동

안은 평화로운 분위기였다. 공구를 서로 돌려가며 썼고 함께 일했다. 하지만 저녁식사를 할 적에 적대감이 다시 불타올랐다.

다음 프로그램은 함께 영화 감상을 하는 시간이었다. 영화 〈보물섬〉의 대여료 15달러를 두 그룹에서 조달해야 했다. 잠깐 토론을 거친 후에 각 그룹이 3달러 50센트씩 내기로 의견을 모으고, 나머지는 캠프 운영진이 지불하기로 했다.

함께 떠난 소풍이 두 그룹의 화해를 위한 마지막 프로그램이었다. 우선 음식을 가져오기로 한 배달차의 엔진이 고장 났다. 두 그룹은 힘을 합하면 배달차를 밀 수 있겠다고 생각했고, 그래서 함께 차를 밀었다.

그 후 텐트를 설치할 때 두 그룹은 재료를 함께 나누어 써야 한다는 것을 알게 되었다(캠프 운영진이 캠핑 장비를 일부러 섞어놓았다). 마지막으로 음식은 고기 덩어리 4킬로그램이었다. 어떻게든 음식을 나눠야 했다.

이런 방법은 실제로 그룹 간 화해를 이끌었다. 두 그룹은 마지막 밤을 함께 즐겼고, 돌아갈 때는 같은 버스를 타고 가자고 했다. 그리고 한번은 급식이 제공되지 않았는데, 독수리 그룹에게 돈이 하나도 없었을 때 방울뱀 그룹이 몰트 밀크를 사서 함께 마시자고 했다.

★ Sherif, M., O. J. Harvey et al., 『집단 간 갈등과 협동: 로버스동굴 실험Intergroup Conflict and Cooperation: The Robbers Cave Experiment』, Norman, University of Oklahoma Book Exchange, 1961.

오늘날 셰리프의 실험은 심리학의 고전에 속한다. 상위 목표가 생기면 평화가 조성되는 효과가 나타난다는 건 오늘날 그 누구도 의심치 않는다. 물론 그 효과는 다른 요소들에 의해서 약화될 수 있다. 게다가 그 결과는 국가같이 커다란 집단에는 간단하게 적용되지 않는다.

충돌하는 당사자들 사이를 중재하는 완전히 다른 방법은 247쪽에서 만나볼 수 있다.

1956년 스탠퍼드 대학 사무실에서 이상한 광경이 벌어졌다. 21명의 젊은 여학생들이 24세의 전도양양한 심리학자 엘리엇 애런슨을 마주보고 둘러앉아 애런슨으로부터 받은 카드에 적힌 음란한 단어들을 하나하나 큰 소리로 읽었다. '섹스', '남근', '동침', 12장의 카드를 다 읽은 후 애런슨은 학생들에게 책 두 권을 주었다. 그가 나중에 쓴 논문에 따르면, 학생들은 그 책을 읽고 '성행위에 관한 생생한 묘사'를 발표해야 했다. 학생들이 읽은 두 책 중 하나는 당시 미국에서 금지 도서 목록에 있던 D. H. 로렌스의 장편소설 『채털리 부인의 사랑Lady Chatterley's Lover』이었다.

학생들은 '집단토론 과정의 역학'을 연구하는 집단에 참여하겠다고 신청했다. 그 토론의 주제는 학생들이 애런슨의 앞에 앉고 나서야 알게 되었다. 주제는 섹스의 심리학이었다. 애런슨은 음란한 단어들을 사람들 앞에서 읽는 것이 토론 집단의 가입 시험 같은 것이라고 설명했다. 얼굴이 빨개지거나 말을 더듬는 등, 부끄러움을 느끼고 있음을 보여주는 표현을 통해 학생들이 섹스에 대하여 선입견 없이 말할 수 있는지 '임상적 판단'을 할 것이라고 했다. 사실 애런슨의 관심은 완전히 다른 데에 있었다.

당시 엘리엇 애런슨은 마침 인지부조화 이론을 만든 레온 페스팅거의 세미나를 듣고 있었다. 페스팅거의 '인지부조화'란 자신이 갖고 있는 신념이 자신의 행동과 일치하지 않거나 혹은 모순되는 두 가지 신념을 갖고 있을 때 생기는 내적 갈등을 말한다. 흡연자는 흡연의 위험성을 잘 알면서도 담배를 피운다. 여성들은 브랜드 신발이 지나치게 비싸다는 걸 알고 있음에도 그 신발을 산다. 페스팅거는 사람들이 그렇게 모순된 행동과 생각을 다시 일치시킴으로써 내면의 긴장을 줄이려 한다고 생각했다. 그렇게 행동과 생각을 일치시키려면 둘 중 하나를 바꿀 수밖에 없다.

예를 들어 어떤 사람이 다른 행동을 할 수 없거나 하고 싶지 않을 때, 자신의 행동을 기괴하게 합리화하는 것밖에 할 수 있는 일이 없다. 그러면 스스로 흡연이 그다지 유해하지 않다거나 브랜드 신발의 품질이 훨씬 좋다고 선뜻 생각해낸다.

페스팅거의 세미나에 참석한 학생들이 인지부조화를 유발하는 상황에 들어오게 되었을 때, 그들 머릿속에는 사회 비밀단체의 가입 의식이 떠올랐다. 페스팅거의 이론에 따르면, 단체에 가입할 때 상당히 까다로운 가입 의식을 치르면 아무 시험도 없이 가입했을 때보다 그 단체가 더 매력적으로 느껴진다고 한다. 몇 년 동안 댄스바 '알리바바'의 멤버십 카드를 받으려고 애를 쓴 사람은 마침내 카드를 손에 쥐게 되면 알리바바가 세상에서 가장 중요하다고 여길 것이다. 실제로 알리바바가 예전과 달리 한물갔다고 해도 그들에겐 상관없다. 아무튼 그 누구도 자신이 바보 같은 짓을 한다고는 생각하고 싶지 않다. 그 효과를 애런슨과 그의 동료 저드슨 밀스는 학문적으로 검증해보고 싶었다.

우선 비밀단체 가입 의식이 있어야 했다. "우리가 함께 앉아 있었지만, 아이디어는 모두 애런슨이 냈습니다. 그 아이디어 중 하나가 '음란한 단어들을 읽는 것'이었습니다. 그때 저는 '바로 그거야!'라고 말했습니다"라고 밀스는 회상했다.

학생들이 그 단어들을 읽고 토론 그룹의 가입 테스트를 통과한 후, 애런슨과 밀스는 학생들이 아무 테스트를 거치지 않거나 대수롭지 않은 테스트를 치른 학생들보다 그 집단의 일원이 된 것을 더 중요하게 평가하는지 확인하고 싶었다.

그래서 각 실험 참가자들에게 헤드폰을 끼고 토론 집단에서 한창 벌어지는 대화에 참여하라고 지시했다. 애런슨은 대화에 참여하는 사람들에게, 각자 다른 방에서 인터컴(무전기의 일종. 다만 일반 무전기와 달리 양방향 교신이 가능하다—옮긴이)을 통해 의견을 나누며 서로 얼굴을 마주하지 않아도 되기 때문에 섹스에 관한 토론이 수월할

「딜버트」 by 스콧 애덤스
By Scott Adams

왜 제가 당신을 회사 고문으로 채용해야 하나요?

저는 저만의 특별한 인지부조화 방식을 도입하여 직업 윤리를 향상시키기 때문이지요.

어떤 원리죠?

사람들은 황당한 상황에 처하면 즐거운 상상을 하며 그 상황을 의식에서 애써 밀어내려 합니다.

예. 그렇죠.

당신이 사장보다 두 배나 똑똑한데도 그 사람 아래에서만 일을 한다는 게 어처구니 없지 않습니까?

근무 시간도 길고요. 쥐꼬리만한 봉급이니 모두 당신 일을 하찮게 여깁니다. 그런데도 자발적으로 여기서 뼈빠지게 일하시는군요.

말도 안 돼! 아니야, 잠깐… 이유가 있을 거야. 난 이 일을 사랑하기 때문에 여기에서 일하는 거야!

저는 제 일을 사랑합니다.♪

다음에 봅시다.

인간은 현실에 자신의 소원이 부합하도록 눈앞의 현실을 왜곡하는 달인이다.

거라고 설명했다. 실험 참가들이 토론 그룹을 직접 만날 수 없었던 이유는 따로 있었다. 사실은 그런 집단이 존재하지 않았다. 실험에서는 모든 실험 참가자가 정확히 똑같은 토론 환경을 경험하도록 테이프에 녹음된 목소리를 들려주었다. 학생들이 테이프의 목소리에 끼어들지 못하게 하려고 학생들에게 다른 사람의 이야기를 계속 경청하며 토론을 준비하라고 말했다.

애런슨과 밀스의 논문에 따르면, 학생들이 인터컴을 통해 듣게 된 토론 내용은 아무 쓸모없고 어쩜 그럴 수 있을까 싶을 정도로 지루했다. 그것은 불쾌한 가입 테스트가 자아내는 인지부조화를 가능한 한 크게 만들려는 의도였다.

이후 그 토론과 토론의 참가자들을 어떻게 생각하는지 평가할 때, 실제로 그 민망한 테스트를 치른 학생들은 테스트를 치르지 않은 사람들보다 훨씬 더 흥미롭다고 평가했다. 이런 식으로 학생들은 수고로운 가입 과정과 지루한 토론 사이의 인지부조화를 줄였다. 애런슨이 학생들에게 실험의 본래 목적을 알려주었을 때 그들은 그 실험이 어떤 내용이었는지 바로 파악했다. 애런슨은 그때를 회상하며 "그들은 대부분의 사람들이 제가 설명한 대로 인지부조화를 줄이는 행동을 할 것이라고 매우 잘 이해했습니다. 하지만 그들은 고생스러운 가입 절차가 인지부조화를 만드는 데는 별 소용이 없다고 재차 장담했습니다. 그들은 각자 그 토론 집단을 정말 좋게 느꼈기 때문에 그렇게 평가했다고 주장했습니다"라고 말했다.

인지부조화를 줄이려는 심리는 의식적으로 생기지 않는다. 다른 사람의 인지부조화를 줄이려는 노력은 한눈에 보이지만 자신의 노력은 스스로 인식하지 못한다. 그렇기 때문에 이런 심리적 특성으로부터 나타난 결과가 인간의 공동생활에서 중요한 의미를 가진다. 그 특성은 우리가 전혀 인식하지 못하는 사이 일상에서뿐 아니라 세계 정치에서도 영향력을 발휘한다. 애런슨과 밀스의 연구가 소개된 이래로 그 주제에 관한 연구가 3000건 이상 발표되었다. 그 중 한 연구는 인간 외에 어떤 동물이 페스팅거의 이론에 부합하는지를 보여주었다. 카푸친원숭이조차도 세 가지 색의 초콜릿 볼에서 우연히 노란색을 고르고 나서는 노란색을 선호하는 경향을 발달시켰다. 원래는 세 가지 색에 차별을 두지 않았는데도 그랬다.

인지부조화를 줄이려는 건 삶을 극복해내려는 인간 본연의 전략이다. 인지부조화를 줄이면 내적 모순이 해소되고 원하던 바가 충족되지 못해 생긴 아쉬움이 무마된다. 또한 아이들이 부모를 행복하게 만든다고(사실은 정반대이다) 우리가 확고부동하게 주장하는 것도 어느 정도는 인지부조화를 줄이려는 노력으로 볼 수 있다. 연구 결과에 따르면, 평균적으로 부모들은 아이들과 시간을 보낼 때보다 식사나 운동, 쇼핑, TV 시청을 할 때 실제로 더 행복했다. 하버드 대학의 심리학자 대니얼 길버트는 가정생활에도 밀스와 애런슨의 단체 가입 의식 실험과 비슷한 점이 있다고 보았다. "우리가 무언가를 위해서 비싼 값을 지불한다면 그것이 우리를 행복하게 만든다고 믿기 때문에, 미네랄워터와 아르마니 양말이 반드시 행복을 줄 것으로 믿는다. 아이들을 잘 돌봐야 한다는 의무감은 오랫동안 우리의 유전자에 기록되었다. 그래서 우리는 뼈빠지게 일하고, 땀을 흘리고, 불면증과 탈모를 겪으며 아이들의 간호사, 운전사, 요리사 역할을 한다. 자연은 우리에게 다른 선택의 여지를 주지 않기 때문에 그 일을 모두 해야 한다. 우리가 치르는 비싼 값을 감안하면, 아이들이 우리에게 행복으로 되갚는다고 생각함으로써 그 비용을 정당화하는 건 하나도 놀랍지 않다."

하지만 이런 논리적인 심리 기제의 결과가 언제나 그렇게 긍정적이진 않다. 가끔은 인지부조화를 경감시키려는 의도가 불행을 가져오기도 한다. 예를 들어 법원의 오판이 그렇다. DNA 분석 결과 10년 동안 감옥에 갇혀 있던 수감자가 실제 범인이 아니었음이 밝혀졌을 때, 미국에서 있었던 사건들을 보면 검사는 그럼에도 수감자가 죄인이라는 비합리적인 입장을 고수하곤 한다. 왜? 검사는 그가 창살 뒤에서 10년을 보냈다는 사실을 알고 있는데, 반면에 그 수감자가 무죄라는 증거가 있다. 이 인지부조화를 경감시킬 수 있는 방법은 두 가지다. 검사가 끔찍한 실수를 저질렀다는 사실을 스스로 인정하거나 수감자에게 죄가 있다고 고집하는 것이다. 어떤 쪽을 택하느냐는 대부분의 검사들에게 간단한 문제인 것 같다.

★ Aronson, E., and J. Mills, 「힘든 가입이 그룹 호감에 미치는 영향 The effect of severity of initiation on liking for a group」, 『이상 및 사회 심리학Journal of Abnormal and Social Psychology』 59, 1959, pp. 177-181.

1958
네가 모르는 걸 난 보고 있어

모든 실험심리학자가 가장 힘든 일로 꼽는 건 아기들과의 실험이다. 아기는 설문지를 작성할 수 없고, 말을 할 수도, 무엇을 손가락으로 가리킬 수도 없고, 실험에 그렇게 협조적이지도 않다. 그러면 아기의 시력이 얼마나 되는지, 아기가 다른 사람의 얼굴을 알아보는지, 과거의 일을 기억하는지 등을 어떻게 알아낼 수 있을까?

아기의 머릿속에서 어떤 생각이 오가고 있는지는 엄마, 아빠, 아동심리학자들이 꼭 풀고 싶어하는 수수께끼다. 그 수수께끼가 풀린다면 어떤 능력이 선천적이고 어떤 능력이 학습되는가라는 중대한 문제도 해결될 것이다. 본성이냐 환경이냐를 누가 말해줄 수 있을까?

1950년대에는 어린아이가 백지 상태로 삶을 시작한다는 견해가 주류를 이루었다. 아이가 처음에는 세상을 서로 밝기가 다른 여러 색으로 이루어진 혼잡한 상태로 보며, 우선은 눈으로 보고 배운 것들을 통하여 감각적 인상을 분류하는 방법을 익힌다는 것이다.

심리학자 로버트 팬츠는 이전에 수행된 실험을 근거로 추측해보건대 그런 견해는 옳지 않다고 보았다. 그가 알을 막 깨고 나온 병아리들에게 상이한 기하학적 형태를 지닌 여러 사물을 보여주고 관찰해보았더니, 병아리들이 낱알 크기의 작은 알갱이를 가장 많이 쪼았다. 그 사물들을 알아보는 능력을 병아리가 갖고 태어난 것이 분명했다.

하지만 그 실험을 사람을 대상으로 그대로 수행할 순 없었다. 아기들은 쪼지 않으니까. 하지만 아기는 끊임없이 세상을 둘러본다. 아기의 눈에 세상이 어떻게 보이는지 아기의 눈을 보고 팬츠는 알아내야 했다.

팬츠는 자신의 논문에 "영아가 어떤 특정 형태를 다른 형태보다 더 자주 본다면, 그 형태를 알아볼 수 있는 것이 틀림없다"고 적었다. 이런 단순한 아이디어를 바탕으로 독특한 아기침대를 개발했다. 아기가 똑바로 누워 있으면 밝기가 균일한 상자 안을 둘러볼 수 있는 침대였다. 팬츠는 그 상자의 천장에 실험용 물체를 몇 가지 붙여놓았다. 세로 줄무늬와 중심이 같은 원들이 있는 판, 색칠된 사각형과 바둑판 모양이 있는 판, 삼각형과 십자가 모양이 있는 판이

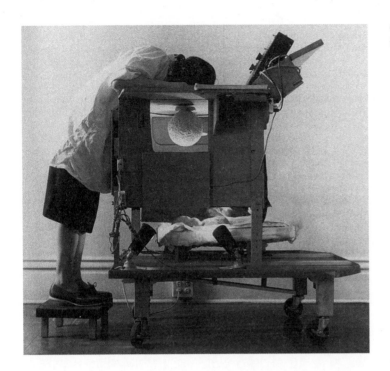

었다. 팬츠는 사물들 사이에 뚫린 작은 구멍을 통해 방 안을 들여다보고 아기의 시선을 따라가며, 아기가 어떤 물체를 얼마나 오랫동안 바라보는지를 산출할 수 있었다.

첫번째 실험에 참가했던 아기들(1~15주생) 30명 중에서 8명은 제외되어야 했다. 소리를 지르며 칭얼대거나 실험을 하는 동안 잠든 아이들이었다. 나머지 22명은 모두 복잡한 무늬를 선호했다. 예를 들어 사각형보다 바둑판 모양을 더 오랫동안 쳐다보았다. 추측하건대 아기들은 태어나면서부터 그런 무늬를 구별할 수 있는 것 같다.

팬츠는 이런 방법을 통해 아기가 얼마나 세밀하게 보는지도 알아낼 수 있었다. 줄무늬가 있는 판 옆에 회색 판을 나란히 보여주었다. 아기들이 줄무늬를 식별할 수 있다면 줄무늬 판을 더 선호했다. 팬츠는 아기가 회색 판과 줄무늬 판을 동일한 회수로 바라볼 때까

★ Fantz, R. L., 「영아의 패턴 관찰 Pattern vision in young infants」, 「심리학 기록Psychological Record」 8, 1958, pp.43-47.

지, 즉 아기들이 두 판을 더이상 구별하지 못할 때까지 점점 더 좁은 줄무늬를 보여주었다. 줄무늬가 좁아지면 아기 눈에는 회색으로 보였다. 한 달 된 아기는 3밀리미터 너비의 줄무늬를 식별할 수 있었고, 6개월 된 아기는 열 배 더 가는 줄무늬를 식별할 수 있었다.

아기가 태어나면서부터 3차원 입체를 인식할 수 있을까? 아기는 원보다 공을 더 오랫동안 바라보았다. 아기가 얼굴을 알아볼 수 있을까? 그 어떤 그림판보다도 얼굴이 그려진 판을 아기들이 가장 선호했다.

오늘날 팬츠의 방법은 영아의 인지능력 연구 방법의 기초가 되었다. 그 방법을 응용하여 아기들이 계산을 할 수 있다는 것도 입증되었다. 아기의 눈 밑에 작은 무대에 오른 미키마우스 인형을 놓았다. 그리고 무대 뒤 막을 위로 올리면, 막 뒤에 두번째 인형이 보이게 해놓았다(즉, 인형은 하나에 하나를 더해 모두 두 개다). 이제 막을 제거했을 때, 한번은 아기에게 인형 두 개가 보이게 하고(옳은 답), 다른 한번은 인형 한 개만 보이게 했다(두번째 인형은 아기가 모르는 사이 숨겼다). 평균적으로 아기들은 덧셈이 옳은 답보다 틀린 답을 1초 더 오래 바라보았다. 아기들이 그 틀린 답에 놀랐고 옳은 답을 알고 있었다는 것을 입증하는 결과였다.

1960
카드 네 장의 수수께끼

E, T, 4, 7. 이 네 장의 카드에 관한 수수께끼는 한눈에 보면 말도 안 되게 쉬운 것 같다. 이 수수께끼는 1960년대에 영국의 심리학자 피터 웨이슨이 고안해냈다. 당시에는 이 문제가 웨이슨을 얼마나 유명하게 만들어줄지 아무도 상상하지 못했으리라. 자, 테이블 위에 카드 네 장이 있다. 각 카드의 한 면에는 알파벳이, 그 뒷면에는 숫자가 하나씩 적혀있다. 두 카드는 각각 알파벳 E와 T를, 나머지 카드는 각각 숫자 4와 7을 보여주고 있다. 네 카드에는 다음과 같은

| E | T | 4 | 7 |

규칙이 있다. '한 면에 모음이 있는 카드의 뒷면에는 짝수가 있다.' 이 규칙이 틀림없이 적용되고 있는지 알아보려면 어느 카드를 뒤집어봐야 할까? 이 간단한 문제는 나중에 '선택과제'라 불리며 심리학 실험에서 가장 빈번히 사용되었다. '규범적 사고와 선택과제' 또는 '파악하기 어려운 웨이슨 선택과제의 논지' 등의 미명하에 수행된 수백 가지 연구의 과제가 되기도 했다.

그 문제가 그렇게 많은 주목을 받게 된 이유는 실험 참가자 중 10퍼센트도 정답을 맞히지 못했다는 놀라운 사실 때문이다. 웨이슨이 실험했을 당시 대학생 128명이 참여했는데 정답을 맞힌 사람은 딱 5명뿐이었다. 59명은 E와 4를 뒤집어봐야 한다고 했다. 42명은 E만 뒤집어도 된다고 했다. 나머지 학생들은 그 이외의 답을 했다. 이 수수께끼의 정답은 E와 7을 뒤집어보는 것이다.

E가 적힌 카드를 뒤집어봐야 한다는 건 누가 봐도 당연한 일이다. E가 적힌 카드의 뒷면에 홀수가 있다면 그 규칙이 위반되는 것이니까. 이와 반대로 4가 적힌 카드를 뒤집는 건 쓸데없는 일이다. 카드의 규칙은 모음이 적힌 카드 뒷면에 짝수가 있다고만 말한다. 짝수가 적힌 카드의 뒷면에 모음이 있어야 한다는 것까지 의미하진 않는다. 이 말이 좀 알듯말듯하게 들리는가? 그러면 이해하기 쉽도록 다음과 같은 실례를 생각해보자. 스위스의 우편버스가 모

두 노란색이라는 말은 노란색 차가 모두 우편버스라는 의미는 아니다.

뿐만 아니라 7이 보이는 카드를 살펴보는 것도 중요하다. 만약 7이 적힌 카드의 뒷면에 모음이 있다면 그 규칙은 깨지게 된다. 바로 이 답을 대부분의 사람들이 미처 생각해내지 못했다. 그런데 여기에서 그치지 않았다. 웨이슨이 실험 참가자들에게 각자 어떤 오류를 범했는지 설명해주었을 때 뜻밖에도 빗발친 항의가 쏟아졌다. 웨이슨이 7이 적힌 카드를 뒤집으라고 했을 때 실험 참가자들은 그 카드의 뒷면에 A가 있음을 확인했다. 그것을 본 실험 참가자들이 7이 적힌 카드는 뒤집을 필요가 없다고 주장한 것이다.

웨이슨의 실험이 시사하는 바는 대부분의 사람들이 새로운 정보를 통해 가정이 맞는지 한번 증명하고 나면 그 가정을 반증하려는 시도는 하지 않는다는 것이다. E가 보이는 카드를 뒤집는 사람은 '모음이 적힌 카드의 뒷면에 짝수가 있다'는 규칙을 증명할 수 있다. 7이 적힌 카드를 뒤집는 사람은 적어도 그 규칙을 반증할 수 있다. 사람들은 어떤 신념이 한 번 증명되면 그 신념을 반증하기를 꺼린다. 사이비 학문과 음모론을 열렬히 맹종하는 것도 바로 그런 이유 때문이다.

웨이슨이 만든 카드 네 장의 수수께끼는 많은 동료 학자의 관심을 이끌어내지 못했다. 정답률이 매우 낮았다는 사실은 장 피아제가 세운 논리적 사고의 발달이론(→87쪽)에 배치되었기 때문이다. 웨이슨은 지능지수가 높은 이들의 모임인 멘사 회원 한 명을 섭외하여 함께 그 실험을 진행했다. "그 실험 참가자는 피아제의 이론이 어린아이들에게는 얼마나 딱 들어맞는지를 구체적으로 자신 있게 논증했다. 이전에 한 동료는 마치 실험 분야가 새로운 바이러스에 전염될 위험에 처하기라도 한 듯, '카드 네 장의 수수께끼'에 관한 실험은 더이상 하지 않을 것이라고 말했다"라고 웨이슨은 적었다.

★ Wason, P. C., 「규칙에 대한 추론 Reasoning about a rule」, 『실험심리학 계간Quarterly Journal of Experimental Psychology』 20, 1968, pp.273-281.

한 가지 덧붙이자면, 웨이슨의 수수께끼는 세상에 알려지지 못하고 묻힐 뻔했다. 웨이슨이 1960년대 초에 그 실험을 처음 시도했을 때는 큰 반향을 일으키지 못했다. "나는 그 수수께끼를 두 동료에게 보여주었다. 두 사람은 잠시 생각한 후에 그 문제를 풀어냈고, 내 조교는 그 수수께끼가 연구에 다양하게 쓰일 가능성은 별로 없다고 보았다."

1960
동공 연구자와
핀업걸

1960년 어느 날 아침 시카고 대학교 에커드 헤스의 사무실에서 동공측정학이라는 낯선 전문분야가 생겨났다. 헤스는 풍경 사진이 있는 카드 한 더미를 쌓아놓고 '반나체 화보 모델' 사진을 그 밑에 섞었다. 그는 그 사진들을 하나씩 소속 연구원 제임스 폴트에게 보여주었다. 헤스 편에서는 카드의 뒷면만 보이기 때문에, 그는 폴트가 어떤 사진을 보고 있는지 알 수 없었다. 헤스는 논문에 "일곱번째 사진에서 폴트의 동공이 분명하게 더 커지는 것이 보였다"고 적었다. 일곱번째 사진은 1959년 10월 『플레이보이』지 플레이메이트 일레인 레이놀즈가 옷을 별로 걸치지 않고 찍은 것이었다. 그때부터 심리학 교수 헤스는 동공의 크기와 뇌의 정보처리 과정의 연관성에 관한 연구에 몰두했다.

눈을 통해 모든 마음을 읽어낼 수 있다는 생각은 문학에도 등장하고 일상생활 중에도 흔히 한다. 프랑스 시인 기욤 드 살뤼스트는 눈을 '영혼의 창'이라고 말했다. 무엇보다도 사랑, 열정, 미움이나 분노 같은 감정들은 눈에서 드러난다.

이미 여러 과학자가 뇌의 특정 부위가 활동할 때 나타나는 동공 크기의 변화를 관찰했다. 하지만 그들의 연구를 전문분야로 자리 잡게 한 사람은 헤스였고, 그 배경에는 헤스의 아내가 있었다. 어느 날 밤 헤스의 아내는 헤스가 동물 사진집을 보고 있었을 때 헤스의 동공이 어떻게 확대되는지를 보게 되었다. 거기서 영감을 얻어 헤스는 즉흥적으로 폴트와 핀업걸 실험을 했다.

제일 처음으로 그가 체계적인 실험을 했을 때는 남성 4명과 여성 2명이 참여했다. 실험 참가자들에게 어두운 상자 안을 들여다보게 했고, 그 구멍의 맞은편에 여러 가지 사진을 연속적으로 영사했다. 작은 거울이 왼쪽 눈의 이미지를 한쪽에 설치된 적외선 카메라 쪽으로 향하게 했고, 적외선 카메라는 초당 두 장씩 사진을 찍었다. 이 사진들을 토대로 헤스는 동공의 크기를 측정했다. 그 결과는 깜짝 놀랄 정도로 분명했다. 여성들의 경우 아기, 아기와 함께 있는 엄마, 나체 남성 사진을 보았을 때 동공이 가장 커졌다. 남성들의 동공은 무엇보다도 알몸의 여성을 보았을 때 가장 확대되었다. 헤스는 이런 동공의 변화를 관심과 공감에 대한 표현이라고 해석했다. 이후의 실험에서 그는 실험 참가자들에게 장애 아동과 현대미술의 사진을 보여주었다. 그와 함께 동공이 어떻게 축소되는지 관찰했다. 추상화를 좋아한다고 주장했던 사람들에게서도 동공은 축소되었다.

헤스가 한 유명한 연구 중에는 동공 크기가 다른 사람에게 미치

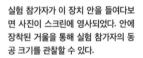

실험 참가자가 이 장치 안을 들여다보면 사진이 스크린에 영사되었다. 안에 장착된 거울을 통해 실험 참가자의 동공 크기를 관찰할 수 있다.

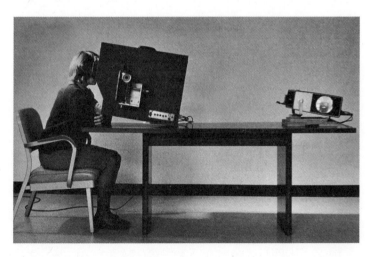

이 두 그림에서 동공의 넓이만 다르다. 남자들은 오른쪽 그림을 보았을 때 동공이 확대되었다. 오른쪽 그림에 더 관심을 보이고 있음을 나타낸다.

는 영향에 대한 것도 있다. 그는 남성들에게 한 여성의 사진 두 장을 보여주었다. 두 사진에서 서로 다른 점은 동공의 크기뿐이었다. 그 남성들의 동공은 동공이 확대된 여성의 사진을 볼 때 훨씬 더 커졌다. 여성의 확대된 동공은 상대방에게 관심이 있음을 나타내기 때문에 그것을 본 남성들의 동공이 커지게 된 것이라고 헤스는 추측했다. 중세시대에 이미 여성들은 벨라돈나(아트로핀; 신경계에 작용하며 동공을 확장시키는 약물. 근시 치료용 안약에 사용되기도 한다—옮긴이)를 눈에 안약처럼 넣어서 성적 매력을 한층 더 고조시켰다.

헤스는 사람의 마음을 연구하는 최고의 수단을 발견했다고 생각했다. 정확히 말해서, 동공 반응을 통해 개인의 성적 취향을 알아낼 수 있다고 주장했다. 그리고 광고주는 상품에 대한 진심 어린 반응을 확인하고 상품의 시장가치를 예상할 수 있을 것이라고 헤스

★ Hess, E. H., 『진실을 말하는 눈: 눈이 어떻게 숨겨진 생각과 감정을 드러내는가The Tell-Tale Eye: How Your Eyes Reveal Hidden Thoughts And Emotions』, New York, Van Nostrand Reinhold Company, 1975.

는 확신했다. 여러 사람의 말을 빌면 연방 기관에서도 동공측정계를 거짓말탐지기로 이용하게 해달라고 재차 요청했다는데, 헤스는 이를 거절했다.

하지만 다른 연구자들이 헤스의 실험을 재현했을 때는 그와 같은 결과를 얻어낼 수 없었다. "헤스는 좋은 사람이지만 실험을 잘하는 연구자는 아니다"라고 피츠버그 생체인식 연구 프로그램을 진행 중인 스튜어트 스타인하우어는 판단했다. 예를 들어 헤스는 동공의 크기를 측정할 때 사진의 내용과 관계없이 일어났던 많은 생물학적 반응을 무시했다는 것이다.

오늘날도 여전히 과학자들이 동공 반응에 대하여 수없이 많은 견해를 내놓으며 의견을 모으지 못하고 있다. 하지만 두 가지 점은 분명해졌다. 사진의 내용이 긍정적인지 부정적인지와는 상관없이 관심을 불러일으킨다면 동공은 확대된다. 어려운 계산 과제를 할 때처럼 뇌가 많은 정보를 처리할 때도 같은 현상이 벌어진다.

그런데 왜 동공은 뇌의 정보처리 과정에 반응할까? 거기에 어떤 깊은 의미가 따로 있는 건지, 아니면 동공 확대가 다른 일에 열중하는 뇌의 부산물에 지나지 않는 건지는 아직 밝혀지지 않았다.

1960
욕조를 탄 우주비행사

1960년 1월 27일 수요일 8시, 텍사스 주 샌안토니오에 있는 브룩스 우주항공의료원에서 두에인 그레이브라인은 가로 1미터 세로 2미터 크기의 탱크로 올라갔다. 7일 후인 2월 3일 8시에 그는 탱크에서 나왔다. 28세의 의사 그레이브라인은 무중력이 인체에 미치는 영향을 연구하려고 했다.

1957년 소련이 세계 최초의 인공위성 스푸트니크 1호를 우주로 쏘아 올리면서 우주에 첫발을 내딛으려는 경쟁이 시작되었다. 그와 더불어 무중력이 우주인의 신체에 어떤 영향을 미치느냐의 문제가 명확히 설명되어야 했다. 그레이브라인이 말했듯, 최초의 우주비행사가 대기권으로 재진입할 때는 출발할 때와 다른 상태일 건 확실했다. 무중력 상태를 경험하는 동안 근육이 많이 줄어들 것이다. 그렇게 약해진 우주비행사가 지구로 돌아올 때 지구 중력을 견뎌낼 수 있을까?

그 답을 알아내기 위해 우선 그레이브라인은 침대에 누워서 하는 실험을 시작했다. 그 실험에서 남자 열 명이 2주 동안 침대에 누워 지냈다. 이런 방법으로 중력을 받지 않게 함으로써 무중력 상태가 우주비행사의 몸에 미치는 영향을 하나씩 시뮬레이션해야 했다. 하지만 그레이브라인은 만족하지 못했다.

욕조 안에 누워 있는 우주비행 지원자 두에인 그레이브라인. 욕조 안에서 7일을 보냈다. 그런 방법으로 무중력이 인체에 미치는 영향을 시뮬레이션하고자 했다.

"남성 실험 참가자들은 책을 읽고 면도를 했고 침대에 앉았으며 환자용 변기를 이용하지 않으려고 몰래 화장실로 걸어갔다." 그리고 그들이 아무 것도 하지 않고 누워만 있었다 하더라도 그 시뮬레이션은 완벽하지 않았다. 우주비행사는 사실 가만히 있지 않을 것이고 무엇을 하든 중력을 전혀 느끼지 못할 것이다. 해결책이 있었다. 바로 물이었다! 지구에서 무중력 상태를 체험하기에는 물속이 가장 적절했다.

그레이브라인은 커다란 욕조를 만들어서 그 안에 침대의자를 설치했다. 우주비행사가 우주선 캡슐 안에 있는 상황을 고려해 설계한 것이었다. 그는 스쿠버 다이버가 입는 드라이슈트를 사서 입고 실험을 시작했다. 그중 가장 간단했던 실험도 그의 목숨을 거의 앗아갈 뻔했다. 일요일에 그는 혼자 실험실에 가서 드라이슈트의 방수 효과를 알아보려고 했다. 물이 슈트 안으로 들어갔기 때문에 그는 바지와 웃옷 사이에 물이 한 방울도 들어가지 않게 신경 썼다. 허리 부분이 커다란 알루미늄 링으로 되어 있는 아랫도리와 윗도

일주일 후 그레이브라인은 욕조에서
떨면서 나왔다.

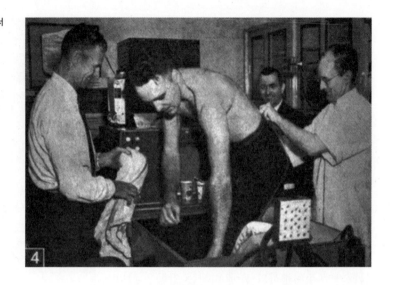

일주일 후 그레이브라인은 욕조에서
떨면서 나왔다.

리를 고무패킹에 달린 코일 12개로 꼭 압착시킨 후 물속으로 들어
갔다. 그런데 고무 패킹이 링에서 빠져나와 그레이브라인의 몸을
가공할 만한 힘으로 옥죄었다. 이미 그의 머릿속에는 월요일 아침
욕조 안에서 숨진 채 발견될 자신이 모습이 그려졌다. 그를 발견한
사람은 "이렇게 멍청한 방법으로 죽다니!"라고 말할 것이다. 결국
그는 손가락 하나를 고무 패킹 아래에 비집어 넣는데 성공했다. 그
리고 코일을 하나씩 뜯어낼 수 있었다. 이런 소란이 있은 후 몇 주
가 지날 때까지도 허리에 생긴 20센티미터 너비의 벨트 같은 혈종
이 없어지지 않았다.

그레이브라인의 실험 시간표는 다음과 같았다.

8시~12시: 정신운동 테스트(욕조 위 스크린에 특정 장면이 나타나면 특
정 키를 누른다).
12시~13시: 식사. 그레이브라인은 영양 음료 서스타젠Sustagen
만을 섭취했다.
13시~17시: 정신운동 테스트.

17시~23시: 텔레비전 시청. 오늘날 그는 "드라마가 지겨웠다"
　　　고 회상한다.

23시~3시: 정신운동 테스트.

3시~4시: 욕조 밖으로 나감. 의학적 검사. 속옷 갈아입기.

4시~8시: 욕조 안에서 취침. 놀랍게도 그레이브라인은 단 두 시
　　　간만 쉬고 나서 잠에서 깼다.

그 실험은 예상했던 결과를 보여주었다. 날이 갈수록 그레이브
라인은 욕조에서 나오기 힘들어지는 걸 느꼈다. 욕조실험이 끝나
자마자 수행한 원심분리기 테스트(정신없이 회전하는 기계 안에 탑승하여
지구 중력의 몇 배에 달하는 원심력을 견디는 테스트—옮긴이)도 실험 전에 했
을 때보다 훨씬 힘들었다.

여러 신문에서는 '욕조 선장'이라는 타이틀로 보도했다. 심지어
그레이브라인은 〈투데이 쇼Today Show〉라는 텔레비전 프로그램에
도 출연했다. 그들은 그를 잠수복과 물갈퀴를 입은 모습으로 인터
뷰하고 싶어했다. 그레이브라인은 그 요청을 거절하고 군복을 입

실험을 진행하는 두에인 그레이브라인
(유리창 뒤에 있는 얼굴). 이 추후 실험
에서는 실험 참가자들이 완전히 물속
에서 24시간을 보냈다.

★ Graveline, D. E., B. Balke et al., 「잠수로 인한 활력 감퇴가 미치는 정신생리학적 영향Psychobiologic effects of water-immersion-induced hypodynamics」, 『항공의학Aerospace Medicine』 32, 1961, pp.387-400.

겠다고 고집했다. 오늘날 그는 "내가 다시 한 번 출연할 기회가 생긴다면, 물갈퀴를 하고 나갈 것이다. 그러면 시청자들이 내가 출연한 걸 더 오랫동안 기억할 것이다"라고 말한다.

그 후 그레이브라인은 자신의 실험을 더 정교하게 만들었다. 또한 실험 참가자들은 방수 헬멧을 쓰고 완전히 물속으로 들어가 하루를 보내게 되었다.

1965년 나사는 그레이브라인을 우주비행사로 선발했다. 하지만 얼마 지나지 않아 그는 '개인적인 사정으로' 물러났다. 개인적인 사정이란 아마도 아내와의 진흙탕 싸움이 된 이혼을 의미하는 것 같다. 그 후 그는 일반의로 일했고 지금은 의학 관련된 정보를 싣는 웹사이트spacedoc.com를 운영하고 있다.

1961
아가미로 호흡하는 쥐

1987년 가을 어느 날, 요하네스 킬스트라는 이상한 전화를 받았다. 당시 킬스트라는 미국 더럼에 있는 듀크 대학의 의학 교수였다. 전화를 건 사람은 3년 전 영화 〈터미네이터〉로 흥행에 성공하며 할리우드 감독으로 크게 이름을 날린 제임스 카메론이었다. 카메론은 다음 영화 〈심연〉을 깊은 바다에서 찍어야 했기 때문에 킬스트라의 도움이 필요했다.

1950년대 말에 요하네스 킬스트라는 네덜란드 레이던 대학교에서 재직 중이었다. 신장병 환자들을 도울 수 있는 방법을 찾던 가운데 두 폐엽 중 하나를 임시 신장으로 변형해보겠다는 생각에 이르게 되었다. 그의 아이디어는 단순했다. 폐엽 하나를 액체로 채우면 폐포에서 혈액의 독소가 액체 안으로 이동하다가 씻겨 나갈 수 있으며, 이때 호흡은 다른 폐엽이 도맡아한다는 것이다. 1969년 킬스트라는 텍사스 주 갤버스턴에 있는 해양생의학연구소에서 자신의 논문 내용을 발표하며 "그 실험을 개를 대상으로 수행해보았는데, 그다지 효과가 없었다"고 말했다. 액체를 두 폐엽에 채우는 것이 더 나았을지 모르지만, 단 한 가지 문제가 있었다. 사람이 익사할 수도 있다는 점이다.

하지만 킬스트라는 액체에 산소를 많이 함유시키면 그런 문제를 예방할 수 있다고 생각했다. 산소가 액체에서 나오든 기체에서 나오든 신체에는 아무 상관이 없기 때문이다. 중요한 건 산소가 충분히 공급되는 것이다.

물은 1기압에서 공기보다 대략 40배 적은 양의 산소를 함유하고 있다. 고도 20킬로미터에 있는 공기에 함유된 산소의 양과 같다. 킬스트라는 학술지 『라이프Life』에 발표한 논문에서 "천사가 그 높이에서 생존하려면 아가미가 필요하다"고 적었다. 하지만 높은 압력을 가하면 더 많은 산소를 물에 용해시킬 수 있다. 예를 들어 8기압에서는 물 1리터에 산소 약 200밀리리터가 들어갈 수 있는데, 그 양은 1리터의 공기가 함유하고 있는 산소의 양과 같다. 그래서 킬스트라는 8기압의 압력 하에 혈액과 비슷한 염도의 식염수를 만들어 고압실에 넣은 다음, 작은 배수구를 통해 쥐를 고압실로 들어가게 했다. 창살이 수면 아래에 설치되어 있어서 쥐는 수면 위로 떠오를 수 없었다.

"성공적이었다!"고 킬스트라는 강연해서 말했다. 어쨌든 그가 보기에는 그랬다. 하지만 그의 논문 「물고기 같은 쥐에 대하여」에서 언급된 쥐 66마리는 그 실험에 대하여 다르게 생각했을 것이다. 킬스트라는 모든 쥐가 익사한 사실을 두고 "공기호흡을 수중호흡으로 전환하는 건 아직 성공하지 못했다"고 에둘러 말했다. 몇 마리는 18시간이 지난 후에 죽었는데, 이는 그들이 실제로 물속에서 호흡을 하긴 했음을 입증하는 것이었다.

그때부터 킬스트라는 신장병 문제를 해결하는 것보다 사람을 물고기로 도로 변하게 하는 것에 더 관심을 갖게 되어 네덜란드 해

쥐가 살아 있다! 이 쥐는 공기가 아닌 액체 상태의 플루오로카본을 호흡했다.

군과 함께 연구하기 시작했다. 24분 동안 수중호흡을 하고 살아남았던 첫번째 포유류는 '스니비Snibby'라는 이름의 개였다. 실험이 끝난 후 스니비는 네덜란드 잠수함 구조선 케르베로스의 승무원에게 입양되었다.

잠수 전문가와의 합동 연구는 당연한 수순이었다. 수중호흡을 하면 잠수할 때 겪는 가장 큰 어려움 중 하나가 해결된다. 잠수부가 물속으로 깊이 들어갈수록, 신체와 폐에 가해지는 압력이 더 높아진다. 폐 안에 똑같이 높은 배압이 유지된다면 잠수부는 높은 압력을 거의 느끼지 못한다. 그런 배압은 잠수부가 공기압 실린더에서 공기를 호흡할 때 자동적으로 생성된다(산소통의 공기는 평상시 호흡하는 공기와 마찬가지로 20퍼센트의 산소와 80퍼센트의 질소로 구성되어 있다). 하지만 폐 안에서 원래 호흡하던 공기의 압력이 높아지면 두 가지 심각한 문제가 발생하는데, 그 문제는 이미 수심 수십 미터에서 잠수부들이 경험한 바 있다. 우선 고압의 질소로 인해 질소중독에 걸려 환각 증세가 나타나며, 고압의 산소에 노출되면 폐에 독성이 나타날 수 있다. 또 하나의 문제로 잠수부가 너무 빨리 물 위로 올라오게 되면, 광천수 병뚜껑을 열 때 공기방울이 생기는 것처럼 고압 상태에서 혈액에 용해되어 있던 질소가 기포를 형성한다. 이는 이른바 잠수병을 불러온다. 잠수병은 특히 마비 증세를 일으키는데, 잠수병에 걸리지 않으려면 조직 내 질소가 빠져나와 숨으로 배출될 수 있도록 잠수부는 물 위로 매우 천천히 올라와야 한다. 또는 감압실에 잠시 머물러 압력을 서서히 낮춰주어야 한다.

두 가지 문제의 원인은 결국 다른 기체들처럼 호흡에 쓰이는 공기가 압축된다는 것에 있다. 그로 인해 폐에 압축된 산소와 질소가 갑작스럽게 너무 많이 몰려들고, 그다음 그 산소와 질소는 혈액 속으로 억지로 녹아 들어가서 방금 설명한 병을 유발한다.

사람이 액체호흡을 할 수 있다면 이런 모든 난점이 단숨에 해결될 것이다. 사실상 액체는 압축되지 않기 때문에, 폐가 높은 압력을 받더라도 액체에 용해되어 있는 폐 안의 산소 농도가 진해지지 않는다.

그러면 마음껏 깊이 잠수할 수 있을 것이다. 그렇지만 킬스트라는 사람이 감수해야 할 다른 산적한 문제들을 꿰뚫어봐야 했다. 예를 들어 물은 우리가 내뱉은 이산화탄소를 공기만큼 효율적으로 운반할 수 없는 데다가, 물을 호흡하려면 폐에 훨씬 많은 힘이 필요하다. 킬스트라가 대략 어림잡아 계산해보면 쥐가 공기를 호흡할 때보다 폐를 물로 채우고 비우는 데에 60배 이상의 에너지가 필요했다.

이 문제를 4년 후 릴런드 C. 클라크와 프랭크 골란이 어느 정도 완화시켰지만 끝내 완전히 해결하진 못했다. 두 연구자는 실험에 플루오로카본을 사용했다. 플루오로카본은 물보다 이산화탄소와 3배, 산소와는 30배 더 많이 결합할 수 있다. 그들의 실험에 이용된 쥐들은 실험 과정을 거치고도 건강하게 살아남았다. 하지만 필요 이상의 이산화탄소는 여전히 문제로 남았다.

제임스 카메론은 17세였던 1971년에, 전투수영을 하는 사람이자 심해 잠수부이자 스카이다이버인 프랜시스 J. 팔레이지크의 강연에 참석했을 때 이 실험들에 대하여 알게 되었다. 팔레이지크는 킬스트라의 실험 중 하나를 수행하며 한쪽 폐를 식염수로 채웠고 다른 쪽 폐로는 정상적으로 호흡했다. 그것이 사실 진정한 액체호흡은 아니었지만, 킬스트라의 말에 따르면 그 실험 과정은 불쾌감을 주지도 특별히 위험하지도 않았다. 팔레이지크는 자신의 강연에서 킬스트라의 실험에 관하여 설명하며 슬라이드와 영상을 보여

제임스 카메론이 액체호흡에 관한 킬스트라의 실험에 대하여 듣자마자 해양 스릴러소설 「심연」을 썼다. 영화에서는 실제 살아 있는 쥐를 가지고 그의 실험을 재현했다.

▶
verrueckte-experimente.de

★ Kylstra, J. A., M. O. Tissing et al., 「물고기 같은 쥐에 대하여 Of mice as fish」, 『미국 인공장기학회 저널Transactions of the American Society for Artificial Internal Organs (ASAIO)』 8, 1962, pp.378-383.

주었다.

카메론은 완전히 매료되었다. 그는 집으로 가서 단편소설 「심연」을 썼다. 그 소설은 케이맨 해구 근처의 수심 700미터에 있는 연구기지에 대한 이야기인데, 나중에 그가 제작한 영화의 골자가 되었다. 영화에서 주인공은 케이맨 해구로 잠수해야 하고 그때 액체호흡을 한다. 관객에게 액체호흡의 개념을 이해시키기 위해 카메론은 그 이전 장면에서 쥐를 이용하여 킬스트라의 실험을 그대로 모방해 보여주려고 했다. 그래서 그는 킬스트라의 도움이 필요했다.

처음에 킬스트라는 회의적이었지만, 카메론의 설득에 넘어갔다. 카메론 감독은 나중에 다음과 같이 회상했다. "저는 그에게, 17년 전 영상에서 보았던 실험을 똑같이 해보고 싶은데 제가 실제 쥐를 가지고 실험을 할 수 있겠냐고 물었습니다. 그는 그건 간단하다고 말했습니다."

그래서 〈심연〉에 나온 요하네스 킬스트라의 액체호흡은 영화의 기념비적인 명장면이 되었다. 오늘날까지 영화 관람객들은 인터넷상에서 이 장면을 두고 토론을 벌인다. 그 실험을 실제로 촬영한 것이 사실일까? 실험쥐들이 큰 고통을 받았을까? 그 쥐들은 지금 어디에 있을까? 제임스 카메론은 여러 차례 그 쥐들이 모두 살아남았다고 단언했다. 심지어 그 장면이 영국에서 상영되는 영화에서는 삭제되었고, 한편 카메론이 영화에 이용된 다섯 마리 중 한 마리를 반려동물로 여겼다는 소문이 널리 퍼졌다.

〈심연〉과 공상과학소설에 나오는 몇몇 장면들을 제외하고, 오늘날 잠수부의 액체호흡을 둘러싼 논쟁은 조용해졌다. 하지만 다른 상황에서 폐에 플루오르카본을 채워 생명을 구할 수 있다는 것은 입증되었다. 중증 폐질환 환자의 경우 정상적인 공기보다는 액체 산소를 이용해 인공호흡을 시키는 것이 효과적일 수 있다. 게다가 플루오로카본은 아직 인공혈액의 개발이 성공에 이르지 못한 가운데, 오늘날 가장 유력한 인공혈액 후보로 여겨지고 있다.

사람이 죽음의 공포를 느낄 때 어떻게 반응하는지는 다른 사람을 죽음의 공포로 밀어넣은 사람만이 알아낼 수 있다. 이런 결론에 이른 사람은 미군의 리더십 휴먼리서치 팀의 미첼 M. 버쿤이었다. 대부분의 실험에서는 심리학자가 보기에도 그렇지만 실험 참가자들도 실험 상황이 그다지 심각하지 않다는 것을 재빨리 눈치 챈다. 심리학자는 그것이 공포에 대한 반응을 연구하는 데 가장 큰 장애라고 말한다. 하지만 버쿤은 자신의 실험에서는 그런 '인지적인 방어'가 아무 문제 없이 타개되리라고 확신했다.

캘리포니아 주 포드 군수품부 소속 신병 10명은 쌍발 프로펠러기 DC-3에 오르며 '비행고도가 정신운동 수행 능력에 미치는 영향'에 관한 연구에 참여하고 있다고 생각했다. 그들은 비행 전에 소변을 제출하고, 비상시 행동 지침을 꼼꼼히 읽어야 했으며, 비행기가 2000미터 상공에 있을 때에는 사소한 질문들로 구성된 설문지를 작성했다. 비행기가 더 높이 올라가려고 했을 때 한 엔진이 멈췄고, 신병들은 인터컴을 통해 문제가 발생했다는 말을 들었다. 비행기 아래 비행장에는 소방차와 구급차가 활주로에서 왔다갔다하는 것이 보였다. 몇 분이 지나자 조종사가 더이상 비행할 수 없으니 바다에 비상착륙을 해야겠다고 알려주었다.

비행기가 기체 파손으로 인한 불시착 중이라고 믿고 있는 신병들에게 설문지 두 장을 나눠주었다. '비상상황 데이터 서식'과 '비상시 행동지침에 관한 공식 자료'였다. 첫번째 설문지는 일종의 유언이었다. 신병들이 기입해야 하는 설문지는 일부러 복잡하게 보이도록 만들었다. 데이터 서식에는 사망시에 개인적인 소유물을

죽음에 대한 공포가 인지 수행 능력에 어떤 영향을 미칠까? DC-3 탑승자에 게 비행기가 추락한다고 알려주었다.

어떻게 정리할 것인가와 같은 질문들이 있었고, 공식 자료에는 비행 전에 이미 읽었던 비상시 행동지침에 대한 12가지 질문들이 있었다. 보험회사가 안전 규정이 준수되었다는 증거를 요구할 수 있기 때문에 그 설문지를 빠짐없이 기입해야 한다고 지시했다. 그리고 신병들에게 그 설문지들을 비상착륙 전에 방수가 되는 통에 넣어 선내로 던질 것이라고 말했다.

병사들이 서식을 모두 기입하고 나면 비행기가 활주로에 안전하게 착륙했고, 그제서야 신병들은 그 실험의 본래 의미를 알게 되었다.

실험 참가자 20명—다음 날에도 같은 실험을 했으므로 참가자는 총 20명이다—중에서 5명만 속지 않았다. 나머지 사람들은 '부상이나 죽음에 대한 크고 작은 두려움'에 떨었다. 자신이 두려움을 느끼고 있음은 서식을 기입하면서 인식하게 되었다. 특히 안전 규정을 기억해내야 했을 때는 기억력이 거의 절반으로 떨어졌다.

버쿤은 마치 역사상 가장 비윤리적인 실험을 한 사람으로 확실히 기록에 남고 싶어하는 듯 추가 실험을 두 번이나 했다. 한 실험은 외따로이 떨어진 감시초소에서 이루어졌다. 신병들이 감시초소에서 기동훈련을 하고 있을 때, 실수로 그 초소가 집중 포격의 목표 지점으로 정해졌다는 말을 듣게 되었다. 이 시나리오가 실제인 것처럼 믿도록 만들기 위해 초소 주변에 폭약을 묻어놓고 타격하며 그럴싸하게 연출했다.

신병이 갖고 있는 건 복잡하게 보이는 데다 하자가 있는 무선 전신기뿐이었다. 그 무선 전신기의 작동 방식을 아는 신병은 없었다. 목숨을 구할 수 있는 방법은 기계 위에 적힌 설명서에 따라 고장난 송신기를 수리해서 헬리콥터에 구조를 요청하는 것뿐이었다. 그러려면 그 기계를 열어서 전선 몇 개를 끊고 다른 전선과 새로 이은 다음 배전판에 고정되어 있는 나사를 풀고 다시 조여야 했다. 신병이 모르는 것이 하나 있었다. 전신기 안에는 시계가 숨겨져 있어서, 신병이 기계에 손을 대면 시계가 가고 손을 떼면 멈췄다. 그 시계는 병사가 공포에 질린 상태에서 기계를 고치는 데 얼마나 오래 걸리는지를 기록했다.

위협의 형태를 약간 다양하게 만들었기 때문에 모든 병사가 포격당하는 상황에만 처하진 않았다. 방사능에 오염될 처지에 놓이게 하거나 연기 발생기로 산불에 둘러싸인 것처럼 속이기도 했다. 하지만 폭격을 가하는 경우만이 무선 전신기를 고칠 때 집중에 방해가 되었고 다른 두 상황은 신병들의 집중력에 별다른 영향을 주지 않았다.

세번째 실험에서는 15명의 병사들이 속았다. 그들은 전선 하나를 잘못 연결하여 폭발을 일으켰고 그 폭발로 동료 중 한 명이 중상을 입었다고 믿었다.

그러는 사이 버쿤의 연구는 그 당시에 수행한 다른 몇 가지 실험들(→ 154쪽)과 더불어 연구윤리 강의에서 가장 많이 거론되는 사

★ Berkun, M. M., H. M. Bialek et al., 「심리적 스트레스 상황에 관한 실험적 연구Experimental studies of psychological stress in man」, 『일반 및 응용 심리학Psychological Monographs: General and Applied』 76, 1962, pp.1-39.

례가 되었다. 버쿤의 연구는 연구윤리 규정이 어떻게 달라졌는지를 인상적으로 보여주는 증거다. 오늘날 그런 실험을 한다면 많은 사람이 격분할 테지만, 그 당시에는 무엇이 잘못인지를 거의 의식하지 못했다.

1962
동굴에서 두 달 살기

미셸 시프르는 빨간 잉크로 일기를 썼다. 그런 약간의 변화가 따분한 일상에서 기분전환이 되어주길 바랐다. 하지만 아무 효과가 없었다. "내가 도대체 여기다 뭘 하고 있는 거지?" 또는 "세상에, 어쩌자고 그런 생각을 한 거야?"라고 적었다.

1년 전 22세의 지질학자가 프랑스와 이탈리아의 국경에 있는 마르구아레 산맥에서 지하 빙하가 있는 동굴을 발견하고는 다음 해 2~3일 동안 그곳에서 캠핑을 하기로 마음먹었다. 아니, 2주는 있어야 의미가 있을까? 아니면 더 오래 머물러야 할까? 결국 시프르는 동굴 안에서 시계 없이 적어도 두 달을 보내고 자신의 자연적인 신체 리듬을 관찰하기로 결심했다.

가족들과 친구들은 그에게 계획을 모두 털어놓으라고 했다. 빙하가 있는 동굴은 좁은 협곡을 통해서만 통행할 수 있었다. 동굴에서 심각하게 다치거나 병에 걸리면, 의료 장비를 잘 갖춘 의료인에게 도움을 받을 수 없었다. 하지만 시프르는 자신의 계획을 관철시키겠다는 의지를 굽히지 않았다.

1962년 7월 16일, 그는 감옥 같은 동굴로 내려갔다. 그에 앞서 동료들이 지하 빙하 위 캠핑장에 1톤 분량의 물건들을 힘들게 운반했다. 텐트, 가스버너, 배터리, 전축, 야전침대, 침낭, 습기 방지 은박지로 포장한 옷, 책, 식량이었다. 동굴 입구까지 전화가 설치되었고, 실험 기간 동안 동굴 입구에서 두 사람이 지키고 있었다. 시프르는 일어나고, 먹고, 잠자러 갈 때마다 전화를 해서 몇 시나 되었을지를 추정해 전달했다. 두 사람은 시프르가 전화를 한 시각을 기록하고, 실제로 몇 시인지는 시프르에게 전혀 알려주지 않았다.

　그 실험에 관한 시프르의 책 『시간에서 벗어난 경험』은 마조히즘의 안내서처럼 취급되었다. 동굴은 항상 0도였고 습도는 100퍼센트였다. 텐트에는 결로가 생겼다. 야전침대는 항상 젖어 있었으며 침낭과 옷도 마찬가지였다. 신발은 스펀지처럼 얼음물을 빨아들였다. 시프르는 허리에 참을 수 없는 통증을 느꼈고, 우울해졌으며, 유언장을 써야겠다고 생각했다. 정해진 하루 일과는 없었다. 처음에는 빙하 위에서 여기저기 둘러보고 다녔다. 하지만 곧 잠자리 근처에서만 꼼짝 않고 있었다.

프랑스 지질학자 미셸 시프르는 시계 없이 동굴에서 두 달을 살았다. 밖으로 나왔을 때 그는 동굴 속에서 25일을 보낸 줄로 알았다.

　그는 동굴 속에서 얼마나 있었는지 자꾸 알고 싶었다. 전축에서 나오는 음악의 연주 시간으로부터 시간 감각을 되찾으려고 했지만, 허탕이었다. 종종 한 곡의 길이가 너무 짧게 느껴졌다. 가스버너에서 가스통 한 개를 완전히 연소시켜가며 시간을 측정하는 방법도 생각해보았다. 그는 그 가스가 다 타서 없어지려면 35시간이 걸린다는 걸 알고 있었다.

　9월 14일 동료들이 미셸 시프르에게 실험이 끝났다고 전화로 알려주었을 때, 그는 그 말을 믿으려고 하지 않았다. 자신이 추측하기에 8월 20일밖에 안 된 것 같았다. 그가 실제로 58일을 머물러 있는 동안 그의 생체시계는 25일이 뒤로 밀렸다. 정확히 말하면, 그는 평소에 익숙해 있던 24시간의 리듬(8시간 수면, 16시간 각성)을 의식하지 못한 채 살았고, 일어나고 잠자리에 들기까지 겨우 몇 시간밖에 지나지 않았다는 인상을 받았다. 그래서 동굴에 머물러 있던 전체 건강검진을 받으러가는 미셸 시프르. 어둠 속에서 약 60일을 보낸 후 밖으로 나오니 햇빛을 보기가 힘들었다.

시간을 계산할 때 완전히 착각했다.

언론은 '130미터 아래 동굴에서 베토벤을 들으며 휴가를 보낸 외로운 혈거인'에 대하여 신나게 보도했다. 실험이 끝날 때 찍힌 시프르의 사진이 전세계로 퍼져나갔다. 도우미들의 부축을 받으며 건강검진을 위해 파리행 비행기에 오르는 장면이었다. 그는 눈을 햇빛으로부터 보호하기 위해 매우 커다란 검은 안경을 쓰고 있었다. 그가 학계의 영웅이었을까? 다른 동굴 연구자들의 반응은 부정적이었다. 많은 학자가 그 실험에 학문적 가치가 있는지 회의적이었고, 시프르를 세간의 주목을 받고 싶어하는 사람으로만 여겼다.

하지만 시프르는 자신의 실험이 매우 중요하다고 확신했고, 추후에도 고립실험을 이어나갔다. 1972년에는 텍사스에 있는 미드나이트 동굴에서 혼자 205일을 보냈으며, 나사가 그 실험에 참여했

▶
verrueckte-experimente.de

★ Siffre, M., 『시간에서 벗어난 경험
Expériences hors du temps』,
Paris, Fayard, 1971.

다. 장기간의 우주여행을 위해 사람의 수면 리듬이 어떤지 잘 알아야 했기 때문이다.

새천년의 여명도 시프르는 지하에서 맞이했다. 당시 그는 60세였다. 1999년 11월 30일 남프랑스 클라무스 동굴에서 그는 두 달 동안이나 웅크리고 있었다(다른 기상천외한 수면 연구는 이 책 158쪽과 『매드 사이언스 북』 58, 61, 122쪽에서 볼 수 있다).

1964
왜 아무도 도와주지 않을까?

1964년 3월 27일, 『뉴욕 타임스』는 창립 이래 155년간 나온 기사 중 가장 충격적인 기사를 보도했다. 그 기사의 첫 문장은 다음과 같다. "법을 준수하고 사회적 존경을 받는 퀸즈 시민 38명이 큐가든에서 살인자가 어떤 여성을 괴롭히고 찔러 상해를 입히는 모습을 30분도 넘게 쳐다보기만 했다." 그 여성의 이름은 키티 제노비스였다. 28세를 일기로 그날 밤 사망했다.

독자들을 충격에 빠뜨린 건 제노비스의 죽음이 아니었다(그런 범죄는 뉴욕에서 자주 일어났다). 문제는 이웃들의 반응이었다. 신문 기사에 따르면, 그 여성이 계속 도움을 요청했지만 범죄가 벌어지는 동안 창문을 내다보던 인근 주민 중 그 누구도 경찰에 신고하지 않았다. 왜 그렇게 수동적으로 대응했는지를 묻자 나중에 한 사람이 대답했다. "나는 그런 일에 개입하고 싶지 않았다."

언론매체들이 38명의 방관자를 모두 인간 쓰레기로 표현하고, 정치인들이 미국 사회의 도덕성 붕괴를 개탄하는 동안, 두 젊은 심리학자 존 달리와 비브 라타네는 뉴욕에서 저녁 약속을 하고 만났다. 달리와 라타네는 그날 밤 내내 키티 제노비스 사건에 대하여 이야기를 나누었다. "우리는 목격자들의 반응을 사회심리학의 관점에서 바라보았다. 신문들은 그들을 괴물로 낙인찍었지만 우리는 다르게 접근했다"고 달리는 회상한다.

1964년 3월 27일자 키티 제노비스의 죽음에 관한 이 기사를 계기로 유명한 사회심리학실험이 설계되었다.

두 심리학자는 모든 구경꾼이 유독 나쁜 사람들이었다고 생각하지 않았다. 왜? 그들의 수가 많았기 때문이다. 38명! 사회심리학자인 달리와 라타네는 집단행동의 원인을 각 개인의 비정상적인 인격에서 찾아내는 해석을 근본적으로 신뢰하지 않았다. 오히려 달리와 라타네는 완전히 정상적인 집단과정으로 그날의 사건을 설명할 수 있을 것으로 생각했다. 다음 두 가지 가능성으로 의견이 좁혀졌다.

1. 책임의 분산: 현장에 다른 사람이 많을수록 도와줘야 한다는 책임감을 덜 느낀다.
2. 정의의 문제: 나보다 더 많이 알고 있는 것처럼 보이는 누군가가 나서서 돕지 않는다면 분명 위급 상황이 아닐 것이다.

하지만 이러한 가설을 어떻게 검증할 수 있을까? 그날 밤 달리와 라타네는 실험을 설계하기 시작했고, 그 실험은 나중에 그들을 가장 유명하게 만들어준 경력이 되었다. 그것에 대하여 오늘날 존 달리는 안타까워한다. "사람들이 저에 대해서 오래전에 이뤄놓은 업적 이외에 알고 있는 것이 없다는 사실을 달가워할 연구자는 없습니다."

실제로 책임분산 효과가 있었는지 알아보기 위해 그것이 정의의 문제와 중첩되지 않는 상황을 만들어야 했다. 그렇게 하지 않으면 두 효과 중 어떤 것이 방관자의 수동성에 얼마나 많은 영향을 주었는지를 알아낼 수 없기 때문이다. 달리와 라타네는 키티 제노비스의 사망 사건에서처럼 위기 상황을 만들어내는데, 그 상황에서는 실험 참가자가 다른 사람들이 있다는 사실은 알고 있지만 그들의 반응은 지켜볼 수 없어야 한다. 살인 사건의 목격자들이 창문으로 내다보는 다른 목격자들 중 누군가가 이미 조치를 취했는지 여부를 알 수 없어야 한다.

그에 부합하는 환경을 치밀하게 조성했다. 실험 참가자가 실험실로 들어가면 긴 통로가 보이고 통로 양쪽으로 몇 개의 방이 늘어서 있었다. 실험 진행자가 실험 참가자를 여러 방 중에 하나로 안내한 다음 마이크가 달린 헤드폰을 착용하라고 요청했다. 그리고 실험 참가자들에게 헤드폰을 통해서 대학 생활의 문제점에 대한 집단토론에 참여하게 될 것이라고 설명했다. 또한 많은 사람이 서로 마주 대하지 않으면 공개적으로 말하기 더 쉬워진다고 생각한다며, 다른 토론 참가자들은 옆방에 앉아 있고 서로 헤드폰과 마이크로만 소통이 가능하고 설명했다. 사실 그런 고립된 환경을 만든 건 나중에 벌어지는 위기 상황에 다른 사람들이 어떻게 반응하는지를 볼 수 없게 하려는 의도였다.

이제 실험 진행자 자신은 자유로운 토론 진행에 방해가 되지 않도록 토론에 귀 기울이지 않을 것이며 토론 과정은 자동 스위치로 제어된다고 설명했다. 모든 토론 참가자에게 순서대로 처음 2분의 시간이 주어지면 그 동안 자신이 경험한 문제를 이야기하고, 그다음 다시 2분이 주어지면 다른 사람의 말에 대하여 논평을 하게 되어 있었다. 한 사람이 말하는 동안 다른 모든 사람의 마이크는 꺼지게 된다고 알려주었다. 여기에서 실험 참가자가 모르는 사실 한 가지. 다른 모든 사람의 목소리는 미리 녹음된 테이프에서 나왔다!

첫번째로 젊은 남자의 목소리가 들렸다. 그는 뉴욕 생활에 적응하는 데 어려움이 있다고 말했다. 그는 스트레스에 시달리면 간질 발작이 생긴다고도 언급했다. (테이프로부터) 토론 참가자들의 목소리가 계속 이어졌고 마지막이 실험 참가자의 순서였다. 이어서 논평을 하는 시간으로 넘어갔을 때 첫번째 목소리의 남자가 더듬기 시작했다. "나... 애... 음... 제 생각에 저... 필요한... 애... 애... 누구... 애... 애... 애... 애... 애... 애." 말을 시작한지 약 70초가 지난 후 그 학생에게 간질 발작이 일어난 것이 틀림없었다. "누가... 애... 애... 저... 애... 도와주세...(콜록) 저... 죽어요."

실험 진행자는 실험 참가자가 말을 더듬는 소리를 듣기 시작할 때부터 도와주러 방을 나설 때까지의 시간을 측정했다. 그 결과는 놀라울 만큼 명백했다. (간질 발작을 일으키는 사람과) 단 둘이 대화하고 있다고 알고 있는 실험 참가자들은 85퍼센트가 도와주려고 했으며 방을 나서는 데에 평균 52초가 걸렸다. 함께 대화하고 있는 사람이 한 명 더 있다고 들은 실험 참가자들은 단 62퍼센트만이 방을 나섰고 평균 93초가 걸렸다. 대화에 여섯 명이 참여하고 있다고 생각한 경우, 방을 나온 실험 참가자는 31퍼센트였다. 시간은 2분이 넘게 걸렸다.

응급상황 현장에 사람이 많이 있을수록 정말로 책임감이 더 분산되는 것 같다. 상황이 역설적이다. 희생자 입장에서는 사고 현장에 사람이 많을수록 불리하다. 가급적 사람이 적은 경우가 바람직하다. 단 한 사람만 있을 때가 가장 좋다.

따라서 키티 제노비스의 사망 사건에서 그녀가 도움을 받지 못하도록 방해가 된 요소는 공교롭게도 구경꾼의 수가 많다는 사실이었다. 제노비스의 외침을 단 한 사람만 들었다면, 어쩌면 목숨을 구할 수 있었을지도 모른다. 그렇지 않은가?

『뉴욕 타임스』에 그 기사가 실리고 40여 년이 지나고 나서, 당시 기자가 그 사건을 기술할 때 특별히 정확성을 기하지 않았다는 사실이 밝혀졌다. 시간만 있으면 기존의 사실을 꼬치꼬치 따져 검증하는 걸 취미로 삼는 변호사 조지프 드메이는 기자가 작성한 내용 중 상당 부분이 잘못되었다는 결론에 이르렀다. 사실 38명의 목격자들 대부분이 아무 것도 보지 못했고, 정확히 말해서 몇몇은 무슨 소리를 들었지만 연인끼리 소리 높여 싸우는 것으로 생각했다. 또한 범인이 공격하는 모습은 대체로 창문에서는 잘 보이지 않았다. 창문이 향하는 방향과 다른 쪽에서 사건이 벌어졌기 때문이다. 뿐만 아니라 실제로는 목격자들 중 한 사람이 경찰에 신고했다. 사회심리학에서 가장 의미 있는 실험 중 하나가 『뉴욕 타임스』의 과장되고 살이 덧붙여진 기사에서 비롯된 것이다.

그렇다고 해도 깊은 인상을 남긴 실험 결과에 영향을 주지 않는다. 두번째 가설 '정의의 문제' 역시 달리와 라타네는 명확하게 입증할 수 있었다. 그 실험에서 그들은 실험 참가자들에게 설문지를 작성하게 했다. 설문지를 작성하고 있는 방의 환기구에서 갑자기 짙은 연기가 뿜어져 나왔다. 실험 참가자가 혼자 있었을 때는 75퍼센트가 그 상황을 2분 안에 외부에 알렸다. 세 명이 함께 있었을 때 실험 진행자에게 바로 신고한 사람은 13퍼센트에 불과했다.

소수의 실험에만 부여되는 영예: '방관자 효과'가 발견되고 난 후 앨범 제목으로 이름 붙여졌다.

몇몇 사람들은 방 전체가 연기로 가득 차서 설문지를 거의 볼 수 없을 때에도 조용히 앉아 있었다. 아마도 그들은 '다른 사람이 이 연기를 보고 위험하다고 생각하지 않는다면 위험한 상황이 아닐 거야'라고 생각하는 것 같았다. 다른 사람들이 위기가 아니라고 생각하면 그들이 정말 상황을 제대로 인식하는 건지 따져보지도 않고.

그렇게 무신경한 태도도 인간의 본성 중 하나다. 이런 경우 어

▶
verrueckte-experimente.de

★ Latane, B. and J. M. Darley,
『반응하지 않는 방관자—왜 도와주지
않을까?The Unresponsive By-
stander—Why Doesn't He Help?』,
New York, AppletonCentury-
Crofts, 1970.

떻게 해야 할까? 달리는 "위기에 처한 사람은 집단 구성원 중 한 사람을 지목해 도움을 요청하는 것이 좋습니다. 그렇게 하면 책임이 분산되는 걸 방지할 수 있습니다"라고 말했다. 미국에서는 수상구조사 교육과정에서 '정의의 문제'를 다룬다. 인명 구조대원은 밖에서 수영하는 사람이 정말로 위험에 처한 건지 아니면 그냥 첨벙거리며 놀고 있는 건지를 판단할 때 다른 사람들의 반응을 보고 결정해선 안 된다.

이 토막을 읽은 독자는 이미 위기 상황 때 사람들의 도움을 이끌어내는 방법 하나를 알게 되었을 거다. 달리와 라타네의 실험을 알고 있는 실험 참가자들은 위기 상황에서 다른 사람들보다 두 배 가까이 더 많이 도와주었다.

1964
사탄보다
더 센 악마

가장 오래된 알코올중독 치료법은 서기 1세기 로마 학자 플리니우스가 제안했다. 그는 알코올중독자의 잔에 거미 두 마리를 넣으라고 했다. 자신이 제안한 이 방법이 혐오치료의 기초가 될 줄은 꿈에도 몰랐다. 혐오치료는 바람직하지 않은 행동(알코올 섭취)과 불쾌한 자극(잔 속의 거미) 사이의 연결을 유도한다. 그런 연관성을 만드는 목적은 거미로부터 느끼던 혐오감을 거미가 없는 상황에서도 알코올로부터 똑같이 느끼게 하려는 것이다.

혐오치료의 가장 큰 문제점은 초기 충격이 상당히 크지 않으면 연상 작용(그리고 연상 작용으로 나타나는 알코올에 대한 거부감)이 시간의 흐름에 따라 약화된다는 것이다. 의사들은 환자가 절대로 잊을 수 없는 불쾌한 자극을 찾기 위해 술을 마실 때 전기충격을 가하거나 코를 찌르는 냄새를 이용하거나 구토를 일으키는 약을 가지고 실험했다.

1960년 캐나다 온타리오 주 킹스턴에 있는 퀸스 대학교의 S. G.

래버티가 새로운 아이디어를 고안해냈다. 실험 참가자들의 몸에 아무 위해를 가하지 않으면서도 그들에게 죽음의 공포를 불어넣는 방법이었다.

1964년 그는 환자들에게 그들이 가장 좋아하는 술을 제공하고, 술병과 잔을 들어 향기를 즐기며 조금 마셔볼 것을 권했다. 실험 전에 치료 목적이라는 평계로 혈관주사를 꽂았는데 술을 마신 직후에 그 주사를 통해 스콜린을 주입했다. 환자는 스콜린을 맞은 줄 전혀 눈치 채지 못했다.

스콜린은 근육을 완전히 마비시켜서 호흡도 정지시키기는 근육 이완제다. 환자들이 그 상태에서는 술병을 더이상 잡고 있을 수 없었다. 그러자 실험 진행자는 1분 동안 술 냄새를 맡으라고 했다. 그때 호흡이 제대로 되지 않는다면 인공호흡기의 도움을 받을 수 있었다. 나중에 실험 참가자들 대부분은 숨을 쉴 수 없었을 때 정말 죽는 줄 알았다고 말했다. 생전에 그렇게 무서웠던 적은 없었다고도 했다.

술을 마시는 즐거움과 연결된 그 불쾌한 자극은 더할 수 없이 강렬했지만, 그 결과는 한결같지 않았다. 한 알코올중독자는 바로 코앞에 보이는 술병을 벽으로 던져버렸지만, 다른 사람은 한 번도 그러지 않았다. 그 충격을 우선 위스키 한 잔을 마시며 잊어버리려는 환자도 있었고, 그 부정적인 자극과 연관성이 없는 다른 술로 바꿔 마시려는 환자도 있었다.

그 혐오치료는 예상치 못한 부작용도 있었다. 어떤 환자는 차에 부동액을 채울 때 호흡곤란을 겪었고, 어떤 환자는 아내가 술을 마시면 아내에게 키스할 수 없었다. 환자들 대부분이 어느 정도 시간이 흐르고 나면 다시 술을 마시기 시작했다.

호흡정지를 일으키는 혐오치료는 오늘날 더이상 시행되지 않는다. 그 치료 효과에 대한 의구심이 있어서만이 아니다. 실험을 위해 누군가를 속여서 죽음의 공포 속으로 몰아넣는다는 건 오늘날 생각조차 할 수 없는 일이기 때문이다. 래버티와 그의 동료들이 수행한 파렴치한 실험들은 그 시대의 다른 실험(→143쪽)과 더불어 윤리학 강의에서 단골로 등장하는 비윤리적인 사례가 되었다.

혐오치료는 알코올중독뿐 아니라 게임중독이나 식이장애, 이상성욕 치료에도 응용되었다. 동성애 남성들에게 남성의 나체 사진을 보여주면서 동시에 전기충격을 주었다. 여성의 나체 사진을 보여줄 적에는 전기충격기의 전원을 꺼두었다.

인간을 그저 재프로그래밍이 가능한 반사신경의 묶음으로 바라본 미숙한 인식이 1960년대에 혐오치료의 전성기를 이끌었다. 1962년 『시계태엽 오렌지』를 쓴 소설가 앤서니 버지스는 혐오치료를 비판적으로 분석했다. 1971년에 스탠리 큐브릭이 그 책을 영화로 만들었고, 그때부터 그런 형식의 치료는 의자에 꽁꽁 묶여서 집게로 눈이 벌려진 채로 '치료'라는 것을 받는 범죄자 알렉스의 모습과 굳게 결합되었다.

현재 앤터뷰스antabuse라는 알코올중독 치료제가 널리 쓰이고 있다. 복용하면 약물이 몸속의 알코올과 반응하여 즉시 구역질을

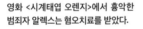
영화 <시계태엽 오렌지>에서 흉악한 범죄자 알렉스는 혐오치료를 받았다.

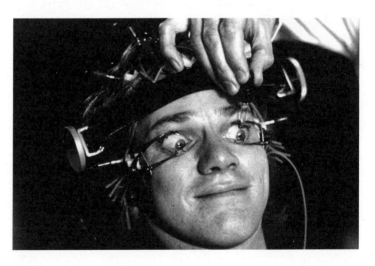

일으킨다. 두말할 필요 없이 많은 환자가 그런 치료는 곧바로 중단한다.

★ Laverty, S. G., 「알코올중독의 혐오치료Aversion therapies in the treatment of alcoholism」, 『정신신체의학Psychosomatic Medicine』 28, 1966, pp.651-666.

혐오치료의 효과에 대해선 의견이 분분하고 제3자가 겉으로 보기에는 전기충격 치료가 고문에 가까운데도 불구하고 환자들은 "다른 치료에서 경험하는 것, 즉 다른 사람이 캐묻고 해석하고 판단하는 것"보다 혐오치료를 종종 더 선호한다고, 웨스트플로리다 대학의 심리학 교수 윌리엄 미쿨라스는 자신의 책 『행동 수정Behavior Modification』에 적었다.

1964 랜디 가드너는 잠들지 않는다

1964년 1월 3일 윌리엄 디멘트는 신문에서 짤막한 뉴스를 발견했다. "지난 목요일에 랜디 가드너(17세, 포인트로마 고등학교)가 불면 세계기록 260시간에 도전하여 현재 절반을 넘겼다." 디멘트는 바로 전화기를 집어 들고 샌디에이고에 사는 랜디의 부모에게 전화를 걸었다.

정신과 의사인 윌리엄 디멘트는 캘리포니아 주 펠로앨토에 있는 스탠퍼드 대학교에서 근무했다. 수면장애 연구에서 권위자였음에도, 극심한 수면 부족이 어떤 결과를 가져오는지는 그 역시 정확히 알지 못했다. 과거에 수행되었던 오랫동안 잠을 자지 않는 실험들은 대부분 100퍼센트 재미를 위한 쇼였고 과학적인 방법이 이용되지 않았다. 랜디가 깨고 싶었던 세계기록은 5년 전 어떤 디스크자키가 하와이에서 세운 것이었다.

디멘트는 랜디 가드너의 모습에서, 의욕 충만한 실험 참가자를 통해 극단적인 불면을 연구할 유일무이한 기회가 생겼음을 알게 되었다. "그리고 연구비를 단 한 푼도 신청할 필요가 없었다"고 디멘트는 자신의 책 『수면의 약속The Promise of Sleep』에서 당시를 회상했다. 샌디에이고에 있는 랜디의 부모와 통화해서 랜디가 기록에 도전하는 동안 관찰할 수 있게 해달라고 요청했을 때, 그는 거의 승낙을 얻었다고 생각했다. 랜디의 부모는 의사가 함께 있다는 점이 기뻤지만, 마음 한 켠에 아들의 건강에 영구적인 문제가 생길까봐 걱정을 안고 있었다. 아무 근거가 없는 걱정은 아니었다. 1894년 개를 대상으로 했던 첫 실험에서 수면을 박탈당한 개들이 4일에서 6일 사이에 생명을 잃었던 것이다(『메드 사이언스 북』 58쪽). 사람은 그보다 더 오래 깨어 있을 수는 있지만, 얼마나 오래 잠을 자지 않고 버틸 수 있는지, 건강에 어떤 영향을 미치게 될지는 아무도 몰랐다.

랜디의 실험은 학교에서 주최하는 '과학전람회'에서 수행했다. 그런 과학전람회는 1950년대 이래로 미국 학교에서 필수적인 연례행사가 되었다. 전람회에서는 모든 학생이 과학 프로젝트를 하나씩 선보여야 한다. 랜디는 1963년 12월 23일 아침 6시에 일어난 후 11일 동안 잠을 자지 않겠다고 마음먹었다. 학교 친구 두 명이 그의 신기록 도전에 동행했다. 그것으로 자신이 유명해질 것이라곤 꿈도 꾸지 못했다. 어떤 동기에 의해서 그런 도전을 하게 되었느냐는 질문에 랜디는, 항상 극단적인 것에 구미가 당기고 특히 사람들이 그에게 어림없는 일이니 하지 말라고 하면 더 마음이 끌린다고 했다.

샌디에이고에 도착한 디멘트는 랜디의 집 인근 모텔에서 방을 빌렸지만 당연히 그 방에서 시간을 보낸 적은 거의 없었다. 랜디가 잠들지 않는지를 계속 지켜봐야 했기 때문이다. "제가 예상하지 못했던 한 가지 문제는 저 스스로가 점차 수면 부족에 시달려야 했다는 것이었습니다. 한번은 일방통행로에서 잘못 차를 몰아 경찰차와 거의 충돌할 뻔했습니다. 차에 타고 있던 경찰들이 몹시 화를 냈지요. 저는 그들에게 그 상황을 설명해보려고 했지만, 제가 말을 내뱉을수록 상황은 악화되기만 했습니다." 이 사건이 있은 후 그는 랜

실습 프로젝트로 시작했지만 언론의 관심을 받게 되었다. 17세의 랜디 가드너는 264시간 동안 깨어 있었다. 두 친구가 그를 밤낮으로 보살폈다(왼쪽 사진). 나중에 수면 연구 권위자 윌리엄 디멘트가 그를 관찰했다(오른쪽 사진).

디를 혼자 감시할 수 없음을 절감하고 샌디에이고에 있는 동료 조지 굴리비치에게 도움을 요청했다.

"맨 첫날부터 가장 힘들었던 시간은 항상 해가 막 뜨기 직전이었다. 마치 눈에 모래가 들어간 것처럼 항상 껄끄러운 느낌을 받았기 때문"이라고 이후에 랜디는 잠을 못 자는 동안 겪었던 고생에 대하여 말했다. 이른 아침은 랜디가 특히 더 신경질을 내고 그를 감시하는 연구자들에게 때때로 욕을 하던 시간이기도 했다.

랜디와 연구자들은 밤을 새우기 위해 윈첼 도넛을 먹으러 나가거나, 오락실에 가거나, 랜디의 집에서 음악을 들었다. 비치 보이스(1960년대 5인조 록 밴드—옮긴이)의 음악이 잠을 쫓아주지 못할 경우에는 디멘트가 랜디를 농구장으로 끌고 가서 잠깐 농구를 했다. 그 방법이 항상 효과적이었다고 디멘트는 기억한다. 언론의 어마어마한 관심이 랜디의 동기를 끌어내기도 했다. 신문들은 매일 '불면의 왕'에 대하여 보도했고, 『라이프Life』 매거진에서는 사진기자가 찾아왔으며, TV 방송국 CBS는 카메라 팀을 보냈다.

도전 시간의 반 이상이 지날 때부터 랜디의 말이 불분명해지기 시작했다. "말을 내뱉으면 이내 말끝이 흐려지기 시작했다. 그때부터 모든 것이 안 좋아졌다. 즐거움을 전혀 느낄 수 없었고 기분은 계속 최악으로만 치달았다. 누군가 내 뇌를 사포로 문지르는 것만

같았다."

1월 8일 수요일, 랜디는 아침 5시에 기자회견을 했다. 두 시간 전에 그는 디멘트와 농구를 해서 여러 차례 이겼다. 그렇게 이른 시간이었음에도 신문기자단과 카메라맨들이 모두 모여들었다. 디멘트의 기억으로는 랜디가 아무 이상 없이 행동했고 한 번도 말실수를 하지 않았다. 이어서 랜디는 발보아 공원 근방의 해군의료원으로 이송되었다. 264시간의 불면 세계기록을 세운 후 오전 6시 12분에 병원에서 잠들었다. 머리에는 뇌파를 기록하는 기계가 연결되었다.

랜디가 잠을 자는 동안 디멘트와 굴리비치에게 기자들의 질문이 쇄도했다. "랜디가 다시 깨어날까요?" "얼마나 잠을 잘까요?" 첫번째 질문에 대한 답이 두번째 질문의 답보다 더 쉬웠다. 디멘트는 나중에 "나는 그가 얼마나 오래 자게 될지 눈곱만큼도 예상할 수 없다는 걸 시인할 수밖에 없었다"고 적었다. 수요일 밤 8시 52분에 그는 그 답을 알게 되었다. 랜디는 14시간 40분 동안 수면을 취한 후에 거의 완전히 원기를 회복하고 깨어났다. 그는 샤워를 하고 인터뷰를 했다. 자정에 의식이 초롱초롱해지자, 계속 깨어있다가 내일 아침 학교에 가겠다고 마음먹었다. 가장 유명하다는 수면실험이었지만 결말은 정말 싱거웠다. 디멘트는 깜짝 놀랐다. 회복 시간이 그렇게 짧을 줄 몰랐다. 여하튼 랜디는 약 75시간의 잃어버린 수면 시간을 채우지 않았다. 겨우 15시간 정도 침대에서 휴식을 취하고 일어났다. 밤새 술을 마신 다음 잘 때도 그 정도는 잔다. 그리고 실험이 진행되는 동안 나타났던 랜디의 증상, 즉 반응능력 감소, 집중력 감퇴, 시력 저하는 더 짧은 기간 동안 수면이 부족했을 때도 이미 많이 나타났던 증상들이다. 이후 디멘트는 "1, 2주 동안 거의 잠을 이루지 못한 사람을 통해 수면이 생명에 미치는 중요한 기능에 대한 단서를 얻을 수 있을 거라는 내 기대는 실망스럽게도 허물어졌다"고 적었다.

랜디가 세운 기록은 기네스북에 실릴 수 있었지만 얼마 지나지 않아 여러 차례 깨졌다. 하지만 새로운 기록 보유자들 중 그 누구도 샌디에이고 출신 17세 소년만큼 헤드라인을 장식하지 못했다. 아마도 그러는 동안, 계속해서 불면 신기록이 세워진다고 해도 새롭게 얻어지는 지식은 별로 없다는 생각이 학계 전반에 널리 퍼졌기 때문인 것 같다. 그런 실험이 얼마나 건강에 해로운지 아직 아무도 모르기 때문에, 오늘날 기네스북은 최대한 오래 깨어 있기 부문의 기록은 더이상 등재하지 않는다(수면 연구에 관한 다른 특이한 실험들은 이 책 146쪽 및 『매드 사이언스 북』 58, 61, 122쪽을 참조).

★ Gulevich, G., W. C. Dement et al., 「264시간 수면박탈 사례에 관한 정신의학적 EEG 관찰 Psychiatric and EEG Observations on a Case of Prolonged (264 Hours) Wakefulness」, 일반정신 의학회보Archives of General Psychiatry」 15(1), 1966, pp. 29-33.

1965
의사소통의 골칫덩어리

1960년대에 해럴드 가핑클 교수의 지도를 받은 학생의 친구들은 깜짝 놀랄 일을 겪곤 했는데, 그래도 언제나 체념하고 받아들이곤 했다. 당시 가핑클은 로스앤젤레스 캘리포니아 주립대학의 사회학 교수였다. 가핑클의 학생들은 친구들에게 미리 어떤 설명을 하지도 않고 이상한 행동을 하곤 했다.

어느 금요일 밤, 한 학생의 남편이 TV 앞에 앉아 피곤하다는 말을 꺼냈다가 다음과 같은 대화에 말려들었다.

"어떻게 피곤한데요? 몸이 피곤한 거예요? 정신적으로 피곤한 거예요? 아니면 그냥 지루한 거예요?"

"잘 모르겠어요. 몸이 문제인 것 같아요."

"그러면, 근육통이 있다는 거예요? 아니면 뼈가 아프다는 말이에요?"

"뼈가 아픈 건가? 아, 너무 꼬치꼬치 따지고 들지 말아요."

잠시 숨을 돌리고 나서,

"이런 옛날 영화들에선 모두 저런 철제 침대가 나오더라"고 말

했더니,

"무슨 뜻이에요? 모든 옛날 영화에서요? 아니면 일부 옛날 영화 중에서요? 당신이 본 영화들만 갖고 말하는 거예요?"

"도대체 왜 그래요? 내 말이 무슨 말인지 알면서."

"나는 당신이 더 정확하게 말했으면 해요."

"이미 알고 있잖아요! 아, 그만둡시다."

가핑클이 학생들에게 일상 대화 중 상대에게 말을 더 정확하게 해줄 것을 집요하게 추궁하라는 과제를 주었다. 그런데 그런 식으로 대화가 이어지면 거의 언제나 싸움으로 끝나곤 했다.

"안녕, 잘 지내니?"

"무엇에 대한 근황이 궁금하니? 내 건강? 경제 상태? 학교생활? 심리 상태? 아니면 내…"

"그만해! 난 그냥 예의상 말한 거야. 솔직히 말해서 네가 어떻게 지내는지 별로 관심 없어."

가핑클은 그렇게 집요하게 추궁하는 방식으로 사람들이 말을 할 때 얼마나 대충대충 표현하는지를 명확하게 보여주려고 했다. 하지만 놀랍게도, 그렇게 대충대충 말을 해도 다들 잘 알아듣는다. 완전히 정확하게 표현하거나 상대방의 말을 꼬치꼬치 따지고 드는 건 오히려 거추장스럽게 느낀다. 가핑클은 우리가 별 탈 없이 의사소통할 수 있는 건 역설적이게도 언어가 애매모호하기 때문이라고 확신한다. 우리는 서로의 말을 완전히 정확하게 이해하지 못해도 서로 이해하고 있다고 생각한다.

사람들이 뜻이 불분명한 문장들로 견고한 의미를 만들어가는 방식을 가핑클은 '민속방법론Ethnomethodology'이라고 명명했다. 말하는 사람은 자신의 말이 애매모호하다는 생각을 전혀 하지 않는다. 오히려 실상을 객관적이고 분명하고 명쾌하게 규정하고 있다고 생각한다. 한편 그 말을 듣는 사람은 말하는 사람이 일관적이

사회학자 해럴드 가핑클이 학생들에게 가족이나 친구들을 대상으로 그들이 귀찮게 여기는 의사소통실험을 수행하라는 과제를 주었다.

고 논리적으로 구성된 말을 하고 있다는 기본적인 믿음을 갖고 있다. 가핑클은 우리가 의사소통할 때 서로 얼마나 많은 배경지식을 갖고 있는지, 얼마나 많은 암묵적인 가정을 공유하고 있는지를 보여주기 위해 '위기실험'이라는 것을 설계했다. 위기실험에선 암묵적인 인습이 지켜지지 않는다. 가핑클은 "나에게 한 가지 습관이 있다. 하루를 시작할 때 말썽을 일으킬 만한 일이 무엇이 있을지 곰곰이 생각하는 것이다"라고 자신의 책 『민속방법론 연구』에 적었다.

가핑클은 자신이 만들어낸 유명한 실험을 학생들에게 수행하도록 지시했다. 학생들은 집에서 마치 세 들어 살고 있는 사람처럼 가족 간 공동의 사회적 기억을 갖고 있다는 전제를 깨뜨리는 행동을 15분 내지 한 시간 동안 해야 했다. 그런 행동을 가족들은 상당히 불쾌하게 받아들였다.

낙담한 가족들은 그들이 왜 그런 행동을 하는지 이해해보려고 했다. 학업 스트레스가 심한가? 이성친구하고 싸웠나? 이런저런 궁리를 해봐도 뾰족한 답을 얻을 수 없게 되자 가족들은 점점 더 화가 났다. 부모들은 집에서 나가 따로 살라고까지 말했다.

가핑클의 실험은 매우 유명해서, 오늘날 미국에서 암묵적인 인습을 의도적으로 깨는 일이 있으면 "가핑클하다garfinkeling"라고 말한다.

그러나 그런 실험이 언제나 이해를 구할 수 있는 건 아니다. 한 학생이 언니에게 자신이 왜 이상하게 행동했는지 설명해주자, 언니는 "제발 그런 실험 좀 그만해. 우리는 실험실 쥐가 아니야"라고 말했다.

★ Garfinkel, H., 『민속방법론 연구 Studies in Ethnomethodo-logy』, Englewood Cliffs, NJ: Prentice-Hall, 1967.

1966
포장 예술가

스티븐 텐드리치가 이번에 맡은 업무는 이제껏 해왔던 일 중에서 가장 이상했다. 일반적으로 바퀴벌레가 주방을 뒤덮거나 흰개미가 지붕마루를 배부르게 갉아먹을 때 좌절한 마이애미 집주인들이 공영 해충구제제 업체의 해충박멸업자를 부른다. 그러면 텐드리치가 방문해서 페스트마스터 훈증제-1이나 다우 산화에틸렌을 뿌리고 그것으로 일은 다 끝난다. 그런데 1966년 봄 텐드리치를 부른 청년은 다른 부탁을 했다. 섬 전체에서 동물들을 모두 없애줄 수 있느냐는 것이었다.

에드워드 O. 윌슨은 스티븐 텐드리치에게 전화하기 전에 이미 여러 해충박멸업자에게 전화를 했다. 그런데 대부분 윌슨이 자신을 놀리고 있다고 생각했다. 그러나 윌슨의 유별난 프로젝트는 심사숙고해서 치밀하게 고안해낸 것이었다. 그 프로젝트는 가장 유명한 생태학실험으로 손꼽히게 되었고, 그 실험 결과의 해석을 두고 연구자들의 논쟁은 오늘날까지 이어진다.

윌슨은 특별히 개미를 좋아하는 하버드 대학의 생물학자였다. 그는 동물종과 식물종의 지리학적 분포를 다루는 생물지리학을 연구했다. 다른 자연과학자들과 마찬가지로 그는 세계를 여행하며 어떤 종들을 어디에서 발견했는지 기록했다. 그 일은 흥미로웠지만 어쩐지 시원찮은 구석도 있었다. 왜 어떤 종이 어디에 사는지, 얼마나 많이 더불어 살 수 있는지, 무슨 이유로 어떤 종들이 멸종하는 일이 계속 벌어지는지에 대한 이론들이 몇 안 되는 데다가, 그나마 있는 것들도 제대로 검증되지 않았기 때문이다. 저널리스트 데이비드 쾀멘은 자신의 책『도도의 노래』에서 초기의 생물지리학을 "구성이 엉성하고, 기록과 서술에 의존하고, 수량적 분석을 할 수 없으며, 이론도 없는 분야"라고 묘사했다.

윌슨은 자신이 기록한 내용의 패턴을 보고 틀림없이 어떤 이론이 있다고 확신했다. 종의 분포에 관한 이론을 세우기 위해 윌슨과 힘을 합쳐 일했던 생물학자 로버트 맥아더도 그렇게 생각했다. 그 두 사람이 1967년에 출간한 책『섬생물지리학 이론The Theory of Island Biogeography』에는 생물학자들이 이해하기 어려운 식들이 있는데, 그 식을 이용하면 인근 섬이나 대륙까지 일정한 거리를 두고 떨어져 있는 특정 크기의 한 섬에 얼마나 많은 종이 있는지를 계산할 수 있다.

종의 분포에 관한 이론을 만드는 데에 섬이 열쇠가 될 수 있음을 윌슨은 바로 깨달았다. 바다로 둘러싸여 고립되어 있는 각 섬은 하나의 완전한 작은 세계기 때문에 다른 섬들과 비교될 수 있다. 윌슨은 각 섬의 크기에 따라 그 섬에 살 수 있는 종의 최대수가 있다고 추측했다. 윌슨은 어떤 섬에 새로운 종의 개미가 이주할 때마다 이미 오래전부터 살고 있던 개미가 멸종하는 것을 관찰했다. 그렇게 자연스럽게 균형이 유지되었다.

수학에 정통한 맥아더는 이런 관찰을 통해 섬에 생물이 하나도 없을 때부터 시작하는 방정식을 공식으로 만들었다. 생물이 하나도 없는 섬에 어떤 동물종이 이주하면 곧 자리를 잡을 것이다. 원래부터 경쟁자도 없었으니까. 하지만 종이 하나둘씩 점점 섬에 자리를 잡아감에 따라 새로 들어오는 종은 자기 위치를 확보하기 어려워진다. 그래서 종이 점점 다양해질수록 이주하는 동물들의 수가 감소했다. 그리고 2차적인 효과가 있었다. 한 섬에 종이 다양해질수록 이주한 동물종이 다시 멸종할 가능성이 커졌다. 이주하는 종의 수만큼 같은 수가 멸종하게 되면서 종의 수는 평상시대로 유지되었다. 종의 수가 얼마나 큰가는 두 가지 요소—섬의 면적과 대륙까지의 거리—에 의해 좌우되었다. 섬이 클수록 그 안에서 더 많은 종이 함께 살 수 있었고, 대륙에서 멀리 떨어져 있을수록 새로 들어오는 종의 수가 적었다.

아주 멋진 이론이었다. 하지만 그 이론이 정말 옳았을까? 윌슨

과 맥아더는 이론을 검증할 자료를 찾다가 우연히 크라카타우에
가게 되었다. 인도네시아 자바와 수마트라 사이에 있는 작은 섬인
크라카타우에선 1883년에 화산 폭발로 모든 생물이 멸종했다. 이
자연재해가 발생한 후 크라카타우에 간 여행자들이 관찰한 바를
바탕으로 윌슨과 맥아더는 조류 종이 평형상태에 이르기까지의 이
주 과정을 재구성해보려고 했다. 그들의 예상은 몇 가지 점에서 크
라카타우의 상황과 일치했지만 그 외의 점에선 그렇지 않았다. 그
자료들에는 부족한 부분이 많았다. 그래서 윌슨은 분명히 깨달았
다. 자신만의 크라카타우가 필요했다. 새로운 종의 이주를 기다리
기 위하여, 기존의 모든 생명체를 박멸할 수 있는 섬이 필요했다.

하지만 어떻게 하면 될까? 평형상태에 도달할 때까지 수백 년
이 걸릴 수도 있다. 더군다나 어떤 기술로 모든 생명체를 박멸할 수
있을까? 누가 그에게 그런 실험을 허락할까? 그리고 섬들을 비교할
수 있으려면 크라카타우 같은 섬이 여럿 필요했다.

윌슨의 해법은 시스템을 작게 만드는 것이었다. 그는 플로리다
늪지대에서 범람한 강물이 빠져나간 모래톱 몇 군데를 골랐다. 그
조그마한 섬에는 한 가지 종류의 맹그로브가 자라고 있었으며, 포
유류도 조류도 살지 않았다. 하지만 곤충류, 거미류를 비롯한 절지
동물들은 매우 많았다. 윌슨은 나중에 "사슴 크기의 100만분의 1밖
에 안 되는 개미나 거미에게는 나무 하나가 숲 전체와 같다"라고
적었다.

우선 그는 자신이 선정한 섬에 어떤 종이 있는지 전부 확인하고
싶었다. 그런 다음 모든 동물을 제거하고 이주자가 그 섬에 어떻게
다시 천천히 서식하는지, 그리고 그 과정에서 이주와 멸종 사이의
균형이 이루어지는지를 관찰하려고 했다. 이 계획을 실행에 옮기
는 건 거의 윌슨의 박사과정 학생 다니엘 심버로프의 일이었다.

두 연구자가 국립공원관리공단으로부터 이런 몇몇 작은 섬들

에드워드 O. 윌슨(사진)과 로버트 맥아더가 만든 섬생물지리학 이론은 매우 복잡한 수학 공식을 이용했다. 그 이론을 검증하기 위해 윌슨과 그의 박사과정 학생 다니엘 심버로프가 플로리다의 작은 섬들에서 곤충을 박멸했다.

의 생물을 박멸해도 된다는 허가를 받아내는 일은 놀랍게도 아주 수월했다. 하지만 어려움은 바로 그 다음부터 시작되었다. 그 섬들에 있는 모든 갑충, 거미류, 개미류를 분류해줄 수 있는 전문가들이 소수에 지나지 않았다. 오랜 시간을 들여 윌슨과 심버로프가 그 일을 도와줄 전문가 54명을 모았다. 한 사람은 몸소 직접 섬으로 찾아왔고, 나머지 사람들은 그 동물들이나 사진을 받아서 각각 무슨 종인지 알려주었다.

하지만 가장 큰 문제는 다른 데 있었다. 섬 안의 곤충들을 어떻게 박멸할 수 있을까? 원래 윌슨은 자연이 그 문제를 해결해줄 것으로 생각했다. 태풍이 종종 늪지대 일부를 휩쓸고 지나갔다. 태풍이 지나가는 길에 섬들이 있다면 곤충들이 깨끗이 쓸려나가서 윌슨의 연구에 참으로 적합해질 것이다. 하지만 윌슨은 어느 구역에 그런 일이 닥칠지 미리 알 수 없기 때문에, 그 계획에서는 뒤로 물러나서 해충박멸자 스티븐 텐드리치에게 일을 부탁하게 되었다.

1966년 7월 텐드리치와 윌슨은 두 개의 섬 E1과 E2에 살충제 파라티온을 살포했다. 그중 한 섬에는 수염상어가 있어서 텐드리치의 직원들이 물속으로는 들어가지 않겠다고 했다. 결국 윌슨이

에드워드 O. 윌슨은 종의 분포에 관한 자신의 이론의 검증 비용을 최소화하고 싶었다. 그는 섬 위의 모든 동물을 박멸하기 위해 플로리다의 작은 섬들을 포장했다.

스스로 물이 허리까지 오는 데에 서서 막대기로 상어를 쫓아냈고, 그제야 직원들이 일을 진행했다. 당연히 살충제 살포 작업은 성공하지 못했다. 정확히 말하면, 살충제가 표면에 있는 동물들은 모두 죽였지만 맹그로브 나무 깊숙한 곳에 숨어 있는 유충들은 살아남았다.

살충제 살포만으론 충분하지 않다는 것이 드러났다. 연기를 피워 모든 동물을 몰아내야 했다. 마이애미에서는 흰개미가 집안에

침입하면, 집 위에 공기가 통하지 않는 나일론 텐트를 치고 독가스를 집 안으로 들여보내는 것이 통상적으로 하는 일이었다. 그런 일을 섬에서도 해야겠다고 윌슨은 생각했다. 불가리아 미술가 크리스토가 섬을 여러 천으로 둘러싸는 예술로 유명해지기 훨씬 전이었던 1966년 10월 10일, 윌슨은 텐드리치와 두 명의 일꾼과 함께 플로리다키스 제도의 맹그로브 섬으로 달려가 섬을 포장했다. 방수포가 너무 무거워서 나무 위에 직접 올려놓을 수 없었다. 그래서 첫번째 섬에서는 구조물을 지은 다음 섬의 중앙에 기둥을 세우고 그 기둥 위에서 천막을 펼쳤다.

텐드리치는 브로민화메틸의 적정량을 알아보기 위해 작은 나무와 가지들에 미리 시험을 해보았다. 동물은 모두 죽일 수 있어야 하지만 맹그로브에 함께 해를 입히지 않을 만큼의 양이어야 했다. 그런데 첫번째 실험에서 한 나무가 독을 뿌린 텐트 안에서 세 시간 만에 손상되었다. 그건 독 때문이 아니라 텐트 안의 높은 온도 때문이었다. 그때부터 밤에 작업이 이루어졌고, 성공적이었다. 가스 살포 후에 윌슨과 심버로프는 살아남은 동물을 사실상 하나도 발견하지 못했다.

이제 심버로프의 일이 시작되었다. 그는 1년 동안 정기적으로 네 개의 섬으로 차를 타고 가서 동물들의 이주를 관찰했다. 250일이 지나자 가장 멀리 떨어져 있는 섬을 제외하고 섬들에서 발견되는 동물종의 수에 거의 변화가 없었다. 대략 멸종시키기 전의 값으로 적정치를 회복했다. 실제로 섬의 크기와 종의 생존 사이에 관련이 있는 것이 분명했다. 2년이 지난 후 섬에 사는 종들이 새롭게 정해졌다. 종의 수는 거의 변함이 없었지만 새로운 종들이 더해지고 과거의 종들은 사라졌다. 그것으로 윌슨과 맥아더가 제안한, 생물종이 역동적인 균형을 이룬다는 아이디어가 증명되었다.

섬생물지리학이 다소 생소한 학문분야였지만, 그 실험은 금세 유명해졌다. 한편으로는 그 실험이 기술과학(descriptive science: 가설을 검증하기보다는 사실을 설명하는 과학—옮긴이)을 실험과학으로 만들었고, 다른 한편으로는 그 실험 결과가 섬에만 국한되지 않았기 때문이다.

윌슨과 맥아더는 그들의 책『섬생물지리학 이론』에서 물이 둘러싸고 있는 땅은 섬의 한 가지 형태만을 보여주고 있음을 이미 언급했다. 외부와 차단되어 한가운데 위치한 곳은 어디나 섬이 될 수 있었다. 열대우림의 벌목으로 인해 외따로이 남겨진 잔재도 해당된다. 1975년 미국 자연과학자 재레드 다이아몬드는 자연보존이 무엇을 의미하는지에 관하여 자신의 의견을 밝혔다. 그가 내린 가장 중요한 결론은 커다란 자연보호구역 하나가 여럿으로 나누어진 작은 구역들보다(총 면적이 같더라도) 더 많은 종이 살 수 있는 바탕이 되기 때문에 더 낫다는 것이다.

이 주장을 둘러싸고 1970년대 말에 이례적으로 격렬한 논쟁이 불붙었다. 그 논쟁은 '큰 지역 하나가 낫냐, 작은 지역 여럿이 낫냐 Single Large Or Several Small'의 앞글자만 딴 SLOSS로 알려졌다. 반대 의견은 예상치 못한 쪽에서 나왔다. 반대자는 윌슨과 맥아더의 '지구 생물의 다양성 보호에 관한' 이론이 적용될 수 있다는 글을 조금 전에 썼던 다니엘 심버로프였다. 그때 심버로프는 맹그로브 섬 실험 결과로부터 큰 지역 하나가 자연보호에는 더 도움이 된다는 주장이 입증될 수 있을지 확신하지 못한 것 같다. 무엇이 심버로프의 견해에 갑작스러운 변화를 가져왔는지는 오늘날까지 확실히 알려져 있지 않다. 어쩌면 맹그로브 섬에서 새로운 자료를 얻었는지도 모른다. 어쨌든지 간에 맹그로브 섬의 자료를 통해서는 커다란 하나의 맹그로브 섬에 여러 작은 섬들에서보다 더 많은 종이 살고 있다는 것을 분명히 알 수 있었다.

심버로프와 같은 견해를 가진 여러 학자는 자연보호운동의 검

★ Wilson, E. O., and D. S. Simberloff, 「섬의 실험동물지리학: 박멸과 모니터링 기술 Experimental zoogeography of islands: defaunation and monitoring techniques」, 『생태학Ecology』 50, 1969, pp.267-278.

은 양으로 낙인찍혔다.

　아마존에서 대규모 실험을 진행하여 무엇이 낫냐는 질문의 명확한 답을 얻으려고 했지만 실패로 돌아갔다. 주변 나무들을 넘어뜨려 다양한 크기의 밀림 섬들을 만들었지만, 실험 결과는 예상했던 것보다 훨씬 복잡했다. 이런저런 반론들이 난무하는 가운데 SLOSS 문제의 명확한 답은 얻을 수 없었다.

1967 거짓말탐지기의 거짓말

1967년 봄, 60명의 실험 참가자들이 맞닥뜨린 기계는 매우 인상적이었다. 네 개의 커다란 상자가 테이블의 두 귀퉁이에 두 개씩 포개져 있었다. 그들의 정면에는 어지러운 회로도가 보이고 수십 개의 소켓에서 나온 전선이 이리저리 어지럽게 책상 위의 다른 기계들—테이프 레코더, 전압계, 핸들이 돌출되어 있는 검은 상자—로 이어졌다. 그 기계를 두고 오늘날 해럴드 시걸은 "공포영화에나 나오는 컴퓨터처럼 보였다"고 말한다.

　현재 메릴랜드 대학 심리학 교수인 시걸은 당시에 뉴욕 인근에 있는 로체스터 대학교에서 연구했다. '전자 근운동 기록기'—근육의 수축 같은 미세한 운동 반응을 기록할 수 있다고 알려졌으므로 그렇게 불렸다—에는 실험 참가자들이 모르는 놀라운 특징이 있었다. 그 기계는 작동하지 않았다! 로체스터 대학의 지하실에 있던 것은 시걸의 동료 리처드 페이지가 물리학과에서 주워 모은 전자 폐기물 더미나 다름없었다. 하지만 시걸이 계획한 그 획기적인 실험에서는 작동하고 못하고 따위는 중요하지 않았다. 중요한 건 단 하나, 실험 참가자들이 그 기계가 작동한다고 믿는 것뿐이었다. 심리학이라는 학문이 생긴 이래로 연구자들은 사람들의 영혼을 직접 들여다볼 수 있기를 꿈꿔왔다. 그러나 일반적으로 사람들은 숨김없이 마음을 터놓고 말하지 않기 때문에, 간접적인 방식을 통해서만 사람들의 내면을 헤아릴 수 있었다. 예를 들어 다음과 같이 질문했다. 지금 방금 무슨 생각을 하셨습니까? 어떻게 느끼나요? 이런저런 일이 일어난다면 어떻게 할 것입니까? 그런 질문을 받은 사람들이 진실을 답했는지를 알아낼 수 있는 방법은 사실상 없다.

시걸, 페이지, 그리고 연구에 참여한 세번째 심리학자 에드워드 E. 존스는 인간의 마음 깊숙한 곳으로 곧장 연결하는 통로를 발견했다고 생각했다. 그 실험을 진행하려면 작은 거짓말을 해야 하기 때문에, 존스는 그 실험을 '보거스 파이프라인Bogus Pipeline'(즉, '가짜 통로')이라고 불렀다.

당시 심리학실험에서는 속임수를 많이 쓰곤 했다. 그런 '더러운 술책' 같은 것을 존스와 시걸은 중요한 아이디어로 끌어왔다. 그 실험에서는 참가자가 자신의 신체 변화에 대하여 거짓된 피드백을 받았다. 예를 들어 실험 진행자는 여성의 반나체 사진 열 장을 남성 실험 참가자들에게 보여주며 동시에 각자의 심장박동 소리를 스피커를 통해 들려주었다. 그 남자들은 적어도 그 말을 믿었다. 사실은 테이프를 틀어 녹음된 심장박동 소리를 들려줬을 뿐이다. 실험 참가자들은 다섯 장의 그림을 보는 동안 심장박동 소리가 점점 커지는 걸 듣고는 그 소리가 자신의 소리인 줄로 알았다. 이어서 여성들의 매력도를 평가하라고 했을 때 그 다섯 장의 그림을 상위에 두었다. 아무래도 그 실험 참가자들은 거짓된 피드백으로부터 상당히 영향을 받았던 것 같다.

시걸과 존스는 이런 아이디어를 계속 확장시켰다. 실험 참가자에게 마음 속 답을 예측할 수 있는 기계가 있다고 믿게 만들 수 있다면, 그런 믿음이 그들의 행동에 영향을 준다는 걸 입증할 수 있을까? 시걸은 그럴 거라고 생각했다. "그들은 거짓말을 하지 않으려 할 겁니다. 기계에 의해서 거짓말쟁이로 드러나는 걸 아무도 원치 않으니까요."

그래서 그는 페이지에게, 강렬한 인상을 주면서도 기능은 하나도 없는 기계를 고안해내라고 했고 그것으로 사람들을 어떻게 속일 수 있을지를 곰곰이 생각했다. 확실히 해야 할 건, 그 실험 방법을 검증하기 위해선 사람들이 정직하게 대답하기 어려운 질문을 하는 것이었다.

소위 근운동 기록기에는 놀라운 특징이 있다: 고장난 전자 폐기물 더미나 다름없지만 실험 참가자들이 그 사실을 모르기 때문에 놀라운 기능이 있는 줄 안다.

1960년대 말, 설문조사 연구를 통해 수년 간 백인 미국인의 흑인에 대한 태도가 더 긍정적으로 변화했다는 결과를 얻었다. 시걸이 추측건대 설문지를 작성한 사람들 대다수가 편견을 적게 갖고 있다는 건 사실이 아닌 듯했다.

그래서 시걸과 페이지는 백인 학생 60명에게 미국 백인과 흑인의 특성에 관한 설문지를 작성하게 했다. 학생들은 '음악성이 있다'에서부터 '게으르다'에 이르기까지 총 22개의 특성에 대하여 각 그룹이 그 특성을 얼마나 갖고 있는지를 –3부터 +3까지의 척도로 평가했다. 실험 참가자의 절반은 전자 근운동 기록기를 착용했다. 시걸은 실험 참가자의 팔뚝에 전극을 부착하고 팔을 핸들에 올려놓으면 근운동 기록기가 팔근육의 무의식적인 움직임을 파악하고 각 질문의 답변(–3에서 +3까지)을 그때그때 읽어낼 수 있다고 설명해주었다.

이어서 시걸은 실험 참가자들에게 영화, 음악, 스포츠, 자동차에 관한 몇 가지 평범한 질문을 하며 그 기계의 정확성을 보여주었다. 그 질문들은 실험 참가자들이 조금 전 대기실에서 작성했던 설문지에 있었던 것들이다. 그때 그들은 아무도 그 설문지를 보지 않는다고 생각했지만, 사실은 실험 도우미가 그 응답을 몰래 복사했다. 그리하여 시걸이 질문을 하면, 실험 참가자가 핸들을 돌리지 않아도 전압계 바늘이 항상 실험 참가자가 아까 설문지에 표기한 값으로 움직였다.

그때 전압계를 조종하는 사람은 페이지였다. 페이지는 옆방에서 복사한 답을 앞에 놓고 앉아 있었다. 실험 참가자들에게 그 기계가 실제로 그들의 답을 예측할 수 있는 것처럼 보여줘야 했다. 다음으로 시걸은 미국 흑인과 백인의 특성에 관하여 질문했다. 그는 전자 근운동 기록기가 질문에 반응하는 근육의 움직임을 통해 답을 읽어낼 것이라고 실험 참가자들에게 설명했다. 그런 다음 시걸은 '사람들이 자신의 감정을 얼마나 잘 느끼고 있는지'를 알고 싶다고 덧붙였다. 그는 기계에 나타난 수치를 가리고 실험 참가자들에게 각 질문에 기계가 어떤 값을 가리켰을지 맞추라고 요청했다. 그러자 사람들은 기계에 의해 거짓말이 발각될까봐 계속 전전긍긍해야 했다. 두번째 그룹은 전자 근운동 기록기를 부착하지 않았고, 따라서 그들의 솔직한 생각이 분명하게 드러날지도 모른다는 걱정을 할 필요가 없었다.

시걸이 예상했던 것처럼, 두 그룹의 응답은 서로 달랐다. 전자 근운동 기록기를 부착했던 사람은 통제받지 않고 답을 제출할 수 있었던 사람들보다 자신의 태도를 솔직하게 드러냈다. 그들은 흑인이 확실히 더 게으르고, 신뢰할 수 없으며, 더럽고, 어리석다고 평가했다.

실험이 끝날 즈음에 시걸은 그 기계가 가짜라는 사실을 실험 참가자들에게 알려주었다. 시걸의 기억에 따르면, 실험 참가자들은 깜짝 놀라며 재미있다고 했지만 전자 근운동 기록기가 없었더라도 똑같이 대답했을 것이라고 주장했다고 한다.

그 방법이 효과가 있었던 건 실험 참가자들이 전자 근운동 기록기가 50년 전에 발명된 거짓말탐지기와 비슷하다고 생각했기 때문이다. 시걸은 『심리학회지』에서 보거스 파이프라인 실험 방법에 대하여, "사람들이 거짓말탐지기에 대하여 많이 알고 있었고 범죄수사에 거짓말탐지기가 쓰이고 있기 때문에, 우리가 하는 일이 한결 손쉬웠다"라고 적었다. 거짓말탐지기의 기능이 믿을 만하다고 과학적으로 입증된 바는 없지만(오늘날까지도 증거가 없다), 기계 장치가 그럴싸하게 보였고 거짓말탐지기를 도입해 좋은 성과가 있었다는 몇몇 보도들이 있었기 때문에, 많은 사람에게 강한 인상을 남겼다.

과학사학자 켄 애들러가 자신의 책 『거짓말탐지기』에서 썼듯이, 거짓말탐지기의 성공 원인은 시걸의 보거스 파이프라인에서와 같은 원리에 있었다. 거짓말탐지기 테스트를 받는 사람은 진심을 들키게 될까봐 두려워했고, 종종 차라리 스스로 고백하는 것이 낫겠다고 생각했다. 존스와 시걸은 보거스 파이프라인 방법을 개발했을 때, 1930년대에 뉴저지 고등학교 교장이 가짜 거짓말탐지기를 이용해 학생들에게 잘못을 시인하게 만들었고 경찰도 이미 비슷한 방법을 사용했었단 사실을 모르고 있었다.

보거스 파이프라인 방식은 사람들을 정직하게 만드는 세련된 속임수다. 그 방식은 사람들이 말을 불분명하게 할 것으로 예상되는 연구에 이용된다. 예를 들어 편견이나 식습관에 대한 연구라든가, 남성들에게 무엇을 무서워하는지 묻는 경우가 이에 해당한다.

그런 연구에서 항상 거짓말탐지기가 필요한 건 아니다. 10대들의 흡연 행태에 관한 어느 연구에서 실험 참가자에게 사람의 타액으로 흡연 여부를 알아낼 수 있다고 설명해주는 영화를 보여주었다. 이어서 실험 참가자가 설문지를 작성하기 전에 타액 샘플을 제출하게 했다. 하지만 그 타액을 실험실에서 분석할 필요는 없었다.

보거스 파이프라인 방식이 특별히 자주 동원되지는 않는다. 한편으로는 그 방식이 상당히 번거롭고, 다른 한편으로는 실험을 망칠 가능성을 스스로 안고 있기 때문이다. 너무 많은 사람이 모든 것이 쇼에 불과하다는 걸 알게 된다면, 그런 거짓말을 믿을 사람을 찾기는 하늘의 별 따기가 될 것이다.

★ Jones, E. E., and H. Sigall, 「보거스 파이프라인: 감정과 태도 측정의 새로운 방법론The Bogus Pipeline: A New Paradigm for Measuring Affect and Attitude」, 『심리학회지Psychological Bulletin』 76(5), 1971, pp.349-364.

1968
마시멜로
두 개를 먹으려면
오래 기다려라

네 살짜리 어린이의 미래를 예언해야 한다고 가정해보자. 그 아이가 나중에 학교에서 좋은 성적을 거둘지, 교우관계가 원만할지, 약물에 중독될지, 화목한 부부관계를 유지할지, 간단히 말해서 안정적이고 만족스러운 인격을 발달시키게 될지. 어떻게 하면 그것을 알 수 있을까?

아이를 전문가가 관찰해야 할까? 지능검사를 받으면 될까? 아이의 뇌를 스캐너로 읽어낼까? 그 답은 훨씬 더 간단하다. 마시멜로 테스트를 하는 것이다. 눈앞의 마시멜로를 당장 먹는다면 하나를 먹을 수 있고 2분을 기다리면 마시멜로 두 개를 먹을 수 있다고 아이에게 설명한 다음, 무엇을 선택할 것인지 물어본다(마시멜로 대신 초콜릿으로도 할 수 있다). 아이가 마시멜로 두 개를 먹겠다고 더 오래 기다릴수록 자신의 삶을 더 잘 통제할 것이다.

그런 종류의 간단한 실험이 매우 효과적이라는 사실은 그 실험을 발명한 월터 미셸에게도 놀라움을 안겼다. 심리학자 미셸은 그 실험의 놀라운 예측 정확성을 거의 우연히 발견했다. 그가 이러한 만족지연delayed gratification에 관한 첫번째 실험을 하고나서 20년 만이었다.

1955년 여름 미셸이 처음으로 카리브해의 섬 트리니다드를 여행했을 당시 스물다섯 살이었다. 그곳에서 그는 세 번의 여름을 더 보냈다. 당시 아내는 현지의 풍습과 예식을 연구하고 있었고 그는 그런 아내를 수행했다. 하지만 곧 자신이 할 일을 찾았다.

그는 섬 원주민들과 대화하는 동안 각자 상대방을 어떻게 생각하는지 알게 되었다. 인도에서 온 이주민의 눈에는 아프리카계 트리니다드인들이 '즐기는 것을 좋아하고 특히 지금 이 순간을 살며 미래에 대하여 고민하지 않는 것'처럼 보였다. 반대로 아프리카인들은 인도인들을 '매트리스 밑에 돈을 숨기느라 오늘을 즐길 줄 모르는 일중독자'로 생각했다.

과연 더 높은 목표를 위해 자신의 욕구를 바로 포기하거나 지연하는 것이 당장의 욕구를 만족시키는 것보다 더 나은가라는 질문이 그의 관심사가 되었던 건 우연이 아니었다. 1938년 여덟 살 때 가족과 함께 나치를 피해 빈에서 미국으로 도피한 후부터 그는 자신의 많은 욕구를 억눌러야 했다. "중산층 가정에서 태어났지만 미국에서는 극심한 가난에 시달렸다. 어려운 환경에서 어떻게 하면 출세할 수 있을까라는 생각이 내 인생에서 가장 중요한 화두가 되었다."

심리학자 월터 미셸은 자신의 실험에 놀라운 예측력이 있음을 우연히 알게 되었다.

스스로 자제하며 만족을 지연시키는 능력이 인간의 성숙을 이루는 데 중요한 바탕이 된다는 건 이미 오래전부터 진실로 받아들여졌다. 돈 절약하기, 식이요법 엄수하기, 외국어 배우기, 기타 등등 어디에나 그런 능력이 필요했다. 하지만 아무도 그것을 과학적으로 실험해보진 않았다.

그래서 미셸은 트리니다드의 어린 학생들에게 설문지를 작성하게 한 후, 다음과 같이 말했다. "여러분에게 맛있는 과자를 주려고해요. 그런데 지금 큰 과자가 조금밖에 없어서 오늘은 여러분이 작은 과자를 받을 수 있어요. 오늘 작은 과자를 받지 않을 사람은 다음 금요일까지 기다려야 해요. 그러면 금요일에 큰 과자를 받게 될 거예요."

그 실험을 통해, 예를 들어 아버지 없이 자란 아이들은(아프리카계 아이들 중에서는 흔했다) 더 큰 보상을 기다리는 걸 원치 않곤 했다는 결과가 나왔다. 아프리카계 아이들 중 다수가 근본적으로 백인 실험 진행자가 실제로 큰 과자를 갖고 나타날지 믿을 수 없었기 때문에 당장 보상을 받는 것이 낫다고 생각했다.

1962년 미셸은 자신의 두번째 부인과 함께 캘리포니아의 서해안으로 이사했다. 팰로앨토에 있는 스탠퍼드 대학교가 그에게 일자리를 제안했기 때문이다. 그곳에서 그는 세 어린 딸들의 도움으로 위대한 발견을 하게 되었다.

1966년 스탠퍼드 대학교는 캠퍼스에 빙 너서리 스쿨이라는 유아원을 설치했고 이는 미셸의 연구에 큰 도움이 되었다. 1968년부터 1974년까지 그곳에서 미셸은 만족지연의 기제에 관한 그의 가장 유명한 실험을 수행했다.

실험에 참가한 어린이들은 트리니다드의 실험 참가자보다 더 어렸다. 네 살에서 여섯 살 사이의 어린이가 유아원 사랑방 책상 앞에 혼자 앉았다. 그 방의 한쪽에는 일방투명경(한쪽에서는 빛이 투과되어 반대쪽이 보이고, 반대쪽에서는 빛이 반사되어 거울로 보이는 유리—옮긴이)이 있어서 들여다볼 수 있었다. 미셸은 미리 두 가지 보상을 준비했고 종을 책상 위에 올려놓았다. 그리고 아이에게 다음과 같이 설명했다. "선생님이 방을 나가서 조금만 있다가 돌아올게. 선생님이 돌아올 때까지 혼자서 잘 기다리면 커다란 과자를 받게 될 거야. 그런데 너무 오래 기다려서 선생님이 필요하다는 생각이 들 때는 종을 울리면 된단다. 그러면 선생님이 바로 돌아올 테지만 대신 작은 과자를 받게 될 거야."

실험 과정이 정말 간단해 보이지만, 양을 정확하게 판단하기 어려운 것들을 많이 생각해봐야 했다. 아이가 유혹에 무너지지 않았음을 알 수 있는 정도에서 최대한 얼마나 오랫동안 실험 진행자가 기다려야 할까? 예비실험에서 몇몇 아이들이 한 시간 동안이나 방에서 혼자 기다렸다. 결국 미셸은 기다리는 시간을 20분으로 제한했다.

아이들이 얼마나 오래 기다릴 준비가 되어 있는지는 당연히 보상에 따라서도 크게 좌우되었다. "한번은 엠엔엠즈 초콜릿 하나와 엠엔엠즈 한 봉지를 나란히 두었더니 대부분의 아이들이 한 봉지를 받겠다고 끝도 없이 기다렸다"고 미셸은 회상한다. 하지만 보상의 크기가 비슷하면 아이들은 당연히 기다리지 않고 바로 작은 보

사랑방에서 만족지연 능력 테스트를 받고 있는 아이. 보상을 더이상 기다리고 싶지 않으면 책상 왼쪽에 놓인 종을 울려 실험 진행자를 부를 수 있다.

상을 선택했다. 예비실험에서 보상의 가치는 아이들이 대략 0에서 20분 사이를 기다릴 수 있는 정도로 조정했다. 그 실험에서 미셸이 사용한 건 마시멜로였기 때문에 '마시멜로 테스트'라는 이름으로 알려지게 되었다.

미셸은 아이들이 유혹을 견디기 위해 어떤 전략을 사용하는지 일방투명경을 통해 관찰했다. 몇몇 아이들은 손으로 얼굴을 가리고 보상을 쳐다보지 않으려고 했다. 어떤 아이들은 스스로를 설득했다. "조금만 더 기다리면, 그걸 받을 거야. 아저씨가 분명히 곧 올 거야." "틀림없어. 아저씨가 꼭 올 거야." 그 아이들은 다시 노래를 하기 시작하거나 손과 발로 장난을 쳤다. 잠을 자려고 하는 아이들까지 있었다. 그렇다고 실제로 잔 건 아니었다.

미셸은 아이들이 머릿속으로 어떤 생각을 하고 있는지 알아내려 했으며, 기다림을 더 쉽게 만들거나 어렵게 만드는 조건을 연구했다. 미셸의 딸들도 빙 너서리 스쿨을 다니고 있었기 때문에, 그 아이들도 마찬가지로 실험 참가자였다. 그것은 큰 행운이었다. 실험 이후 몇 년이 지나서, 당시 실험에 참가했던 아이들이 어떻게 지내는지에 관한 소식을 딸들로부터 들을 수 있었기 때문이다. "저는 종종 아이들에게 물었습니다. '수지는 어떻게 지내니?' 또는 '조지는 뭐하고 지내?' 저는 아이들의 대답을 받아 적었고, 실험 결과와 딸들의 견해 사이에서 깜짝 놀랄 만한 관련성을 발견했습니다." 마시멜로 테스트에서 인내심이 있다고 입증된 아이들은 성적이 더 좋았고 학교생활에도 더 잘 적응하는 것 같았다.

그래서 그는 첫 실험에 참여한 아이들을 13년 후에 다시 조사해봐야겠다는 생각을 하게 되었다. 조사 결과는 큰 화젯거리가 되었다. 4세에서 6세 사이의 아이들을 대상으로 한 마시멜로 테스트는 10년 후 아이들의 특성을 깜짝 놀랄 만큼 정확하게 예상했다. 단 하나의 측정치, 즉 아이가 몇 초를 기다렸느냐에 따라 나중에 아이가 원만하고 협동적일지, 자발성을 보일지, 어떤 성적을 받아올지를 추론할 수 있었다. 오랜 시간이 흘러 어른이 되었을 때에도 과거의 테스트 결과는 자신감과 스트레스 저항성을 예측할 수 있는 자료가 되었다.

마시멜로 테스트에 대하여 심리학계 밖의 사람들은 1995년에 발간된 대니얼 골먼의 베스트셀러 『EQ 감성지능Emotional Intelligence』을 통해 알게 되었다. 골먼은 장기적인 목표를 위하여 단기적인 유혹을 단념하는 능력을, 힘든 인생을 극복하는 데 있어서 중요한 능력의 하나로 꼽았다. 미셸은 "그런 능력은 가치중립적입니다. 마피아 보스가 되고 싶든 간디가 되고 싶든, 여하간 그 능력은 필요합니다"라고 말한다.

미셸의 깨달음이 담고 있는, 아무나 생각할 수 있는 문제를 누군가 실제로 연구하기까지는 놀랍게도 거의 40년이나 걸렸다. 그 테스트에서 좋은 성적을 보인 아이들이 전반적으로 더 나은 삶을 산다면, 그 능력을 개발시켜줄 수는 없을까? 만약 가능하다면 어떤 방법으로 해야 할까? 그러면 그런 교육이 정말로 이후의 삶에 긍정적인 영향을 미칠까? 혹은 만족지연 능력도 유전적으로 타고난 것일 수 있다.

현재 그에 관한 연구가 진행 중이다. 그 연구 결과는 향후 심리학이 교육 방면에서 얻게 될 가장 중요한 성과가 될 것이다.

마시멜로 세 개와 스톱워치로 네 살배기의 미래를 점치기 전에 경계할 것이 하나 있다. 아이의 좋은 삶을 보장하는 대기 시간이 어느 정도라고 나타내줄 수 있는 공식이나 표는 없다. 대기 시간은 실험 규정과 보상의 종류에 따라 달라지고, 아무튼 통계적 추세로만 이해되어야 하기 때문에 개개인의 미래를 정확히 예상하기에는 적합하지 않다.

나는 그런 사실이 한없이 기쁘다. 나의 네 살배기 아이는 조금도 주저하지 않고 작은 보상을 취한 다음, 엄마에게 더 커다란 보상도 내놓으라며 끝까지 오래도록 떼를 쓰기 때문이다.

★ Mischel, W. 「만족지연 과정 Process in Delay of Gratification」, 『고급 실험사회심리학Advances in Experimental Social Psychology』, L. Berkowitz. New York, Academic Press. 7, 1974, pp.249-292.

1968
노란 뿔이 달린 누

행동생태학자 한스 크루크는 누의 뿔에 노란색을 칠해서 진행한 실험을 그다지 의미 있다고 보지 않았기 때문에 발표하지 않았다. 그런데도 30년 후에 수백만 명의 사람들이 그 실험에 대하여 알게 되었는데, 그건 모두 미국 베스트셀러 작가 마이클 크라이튼 덕분이었다. 크라이튼의 과학 스릴러 『먹이』를 보면, 중심인물들만이 위험한 나노 입자들로부터 벗어난다. 오직 그들만 크루크의 실험을 기억했기 때문이다.

크라이튼의 공상과학소설에서는 한 무리의 사람들이 나노 입자의 공격에서 벗어나려고 한다. 이 미세 로봇들은 공중에서 떼를 지어 다니고, 생물학적 진화 모델을 기반으로 항상 새로운 추격 전략을 개발한다. 그들이 인간 쪽으로 다가오면, 다섯 명의 중심인물은 작은 무리를 이루어 일렬로 서서 정확히 동시에 움직인다.

크라이튼의 소설 속 인물들 중 하나가 크루크의 실험을 기억했

마이클 크라이튼의 나노기술 스릴러 『먹이』에서 주인공들만 위기를 모면할 수 있었다. 그들 중 한 명이 과거의 나노스웜 실험을 알고 있었기 때문이다.

다. 30년 전 크루크는 세렝게티에서 하이에나를 연구했는데, 어떤 누를 색칠해 표시를 해놓으면 반드시 다음번에 하이에나의 공격을 받아 죽게 되는 반면에 누의 겉모습이 모두 똑같으면 사냥꾼은 제물을 골라내기 어려워진다는 것을 알아냈다.

소설 속 나노 입자들도 작은 인간 무리를 만났을 때 정말로 어찌할 바를 몰랐다. 누구를 습격해야 할지 확실히 모르기 때문이다. 결국 소설 속 인물 중 하나가(약간 움직였을 것이다) 공황 상태에 빠져 도망치다 죽임을 당했다.

크루크는 크라이튼이 어떻게 해서 자신의 실험에 대하여 알게 되었는지 모른다. 그는 그 실험을 탄자니아의 응고롱고로 국립공원에서 수행했다. 나중에 어떤 누인지 확인할 요량으로 누에게 색을 칠했던 한 연구자가 하이에나는 바로 그 색칠된 누들만 우선적으로 공격한다고 그에게 설명해주었다. 그런 현상은 크루크의 흥미를 자극했다. 그는 한 살짜리 누 32마리를 마취시키고 그중 16마리의 검은 뿔을 밝고 진한 노란색으로 칠했다. 그런 다음 한 마리씩 무리에게로 돌려보냈다. 마취된 적은 있으나 뿔이 검은색인 누는 아무 어려움을 겪지 않았지만, 뿔이 노란색인 누는 다른 누들에 의해 무리에서 추방되어 다음 날 혼자 지내게 되었다. 크루크는 그 누들을 더 오랫동안 추적할 수 없었다. 하이에나가 그 누들을 더 공격하는가를 관찰할 수 있었다면, 그 원인을 두 가지로 생각할 수 있었을 것이다. 노란 뿔 자체가 원인일 수도 있고, 노란 뿔 때문에 외톨이가 되어버렸기 때문일 수도 있다.

크라이튼의 소설 속 인물들은 크루크의 실험을 수박 겉핥기식으로 알고 있었다. 그들이 목숨을 구할 수 있었던 건 그 실험을 잘 알고 있어서라기보다는 작가의 보호의 손길 덕분이었다. 작가는 271쪽에서 벌써 중심인물의 반을 나노 입자에게 먹이로 던져주면 앞으로 100쪽 가까이 남은 부분을 전개해나갈 수 없었던 것이다.

★ Crichton, M. 『먹이|Beute』, Blessing, München, 2002.

1969년 10월 31일, 뉴욕에서 초등학생 여덟 명이 아주 특별한 핼러윈 파티에 참석했다. 초대받은 아이들은 모두 8세에서 10세 사이였다. 오후에 여러 가지 놀이가 계획되어 있으며 핼러윈 복장은 파티장에 준비되어 있으니 챙겨올 필요가 없다는 말을 들었다. 아이들은 도착하자마자 커다란 이름표를 받았다. 성인 감독관들은 항상 그 이름으로 아이들에게 말을 걸었다. 핼러윈 복장은 보이지 않았다. 감독관 중 한 명이 핼러윈 복장이 아직 도착하지 않았다고 아이들에게 거짓말했다. 그래서 아이들은 평상시 옷을 입고 놀이를 시작했다.

여덟 가지 놀이 중에서 선택할 수 있었다. 놀이는 거실과 거실 옆방에서 했는데, 네 가지는 나무판자 위에서 균형잡기 같은 조용한 놀이였고 나머지 네 가지는 어른 얼굴에 물풍선 던지기 같은 시합 놀이였다. 아이들은 열심히 놀이에 집중했다. 놀이를 잘하면 쿠폰을 받을 수 있고 쿠폰은 파티가 끝날 때 장난감과 교환할 수 있었기 때문이다.

방은 잘 꾸며져 있었고 스피커에서는 음악이 나왔으며 형형색색의 전구는 파티 분위기를 조성했다. 노란색 등 중 하나가 정확하게 20초마다 반짝였고, 그때마다 어른들 중 두어 명이 아이들 눈에 띄지 않게 무언가를 종이에 휘갈겨 적었다.

한 시간 후, 핼러윈 복장이 도착했다고 아이들에게 설명했다. 사실은 KKK단(백인우월주의 비밀 단체―옮긴이)이나 입는 것 같은 의상이 이미 오래전부터 준비되어 있었다. 하지만 실험에 앞서 아이들이 의상을 입지 않고 노는 과정이 필요했다.

모든 아이가 핼러윈 복장을 뒤집어썼을 때 누가 누군지 서로 알아볼 수 없었다. 아이들이 각자 외떨어진 한 방에서 옷을 갈아입어서만이 아니라, 핼러윈 의상이 모두 똑같아 보였기 때문이었다. 발까지 오는 하얀 케이프에는 팔이 나오는 구멍과 머리를 덮는 후드가 있었다. 어른들도 그 옷으로 분장했다. 어른들이 후드 안으로 색안경을 쓰고 있다는 사실을 아이들은 몰랐다. 그 안경의 컬러 필터를 통해서 케이프에 쓰인 보이지 않는 숫자를 읽을 수 있었기 때문에 어른들은 아이들이 누군지 식별할 수 있었다.

이 실험을 고안해낸 심리학자 스콧 프레이저는 "그들을 보고 있으면 작은 유령들을 보는 환각을 경험하는 것 같았다"고 회상한다. 프레이저는 박사논문을 준비하는 중이었다. 그의 지도교수는 나중에 스탠퍼드 감옥실험(『매드 사이언스 북』 241쪽)으로 유명해진 필립 짐바르도였는데, 그는 당시에 사람들이 집단에서 익명성 속에 가려졌을 때 행동이 어떻게 달라지는지에 관심을 갖고 있었다.

그런데 짐바르도의 실험 중 하나는 걱정스러운 결과를 가져왔다. 실험 참가자들은 다른 사람에게 전기충격을 가하라는 지시를 받았을 때, 가면과 큰 케이프를 뒤집어쓰고 서로 누군지 모르는 경우에는 변장하지 않고 이름표를 달고 있는 경우보다 두 배나 더 오래 전기충격을 가했다. 그런 효과를 '탈개인화'라고 부른다. 탈개인화가 되면 집단 속 사람들은 한 개인으로서는 절대로 할 수 없는 일을 태연히 저지른다.

프레이저는 그런 효과가 실험실 밖 자연스러운 환경에서도 증명될지 궁금했다. 그때 핼러윈 파티를 이용하자는 아이디어가 떠올랐다. 11월 1일 전날 밤에 변장을 하는 핼러윈 전통이 탈개인화 실험에 이상적일 것 같았다. 그래서 그는 그 실험 진행을 도울 연구 보조원과, 아이들을 자신의 파티에 보낼 부모들을 모집했다.

프레이저는 실험 결과가 어떨지 이미 예상하고 있었지만, 실험이 진행되는 과정에서 깜짝 놀랐다. 모두 핼러윈 복장을 입었을 때 단숨에 공격적인 분위기가 확산되었기 때문이다. 게다가 아이들이 경쟁적인 놀이를 하는 경우에는 몸싸움을 벌이는 놀이를 더 많이 선택했다. 대다수가 더이상 놀이를 하지 않고, 모욕하며 밀어내고 사방에서 소리를 지르거나 서로를 때렸다.

　노란색 불은 여전히 20초마다 깜박였다. 이 주기에 따라 연구보조원은 어느 아이가 방금 공격적으로 행동했는지를 기록했다. 그 자료를 바탕으로 이후에 프레이저는 코스튬으로 익명성이 보장될 때 집단 내 공격성이 증가하는지를 알아내려고 했다. 하지만 아이들이 상대에게 물풍선을 던져 공격하고, 균형잡기 게임용 널빤지를 무기로 사용하는 통에 연구를 진행하기 어려워졌다.

　이전 단계와 마찬가지로 이 단계 역시 한 시간이 걸려야 했다. "하지만 우리는 그 상황을 더이상 통제할 수 없게 되었습니다. 이미 아이들의 안전을 책임지는 건 능력 밖의 일이 되고 말았으며, 내 연구보조원의 안전에 더 신경쓸 수밖에 없었습니다"라고 프레이저는 말한다. 그래서 그는 이 단계를 조기에 종료했다.

　코스튬을 다른 파티에서 또 사용해야 한다는 핑계를 대고 아이들에게 코스튬을 벗게 했다. 다음 마지막 단계에서는 게임을 한 시간 더 하며 쿠폰을 모았다. 코스튬이 없어지자마자 아이들은 다시 평화로워졌다. 아이들이 획득한 쿠폰을 세보니 공격적인 행동이 불리하게 작용했다는 결과가 나왔다. 코스튬을 입었을 때는 각 아

집단 내 익명성에 가려져 있으면 쉽게 감정이 폭발한다. 심리학자 스콧 프레이저는 아이들을 핼러윈 파티에 초대했다. 첫번째 물풍선이 그의 귀 옆으로 날아왔을 때 그는 그 실험이 성공했다고 생각했다.

이가 평균적으로 31장의 쿠폰을 모았고, 코스튬을 입기 전 단계에서는 58장을 모았으며, 심지어 마지막 단계에서는 79장을 모았다. 쿠폰의 수가 적은 것을 보아서 알 수 있듯 공격성이 각 개인의 이익과는 근본적으로 상반되었지만, 집단 내 익명성이 공격성을 부추겼다. 이후에 필립 짐바르도는 "공격성 자체가 보상이 되었다. 다른 목표, 즉 미래에 속하는 목표는 당장 '노는 동안의 재미' 뒤로 밀리게 되었다"고 적었다.

스콧 프레이저는 뉴욕에서 시애틀의 워싱턴 대학교로 옮기고 난 후 다시 핼러윈실험의 '희생자'를 찾았다. 그 실험은 뉴욕에서 했을 때처럼 한 집에서 하지 않고 시애틀 내 27개의 집에서 동시에 진행했다. 사전에 협의를 거쳐 사용 허가를 받은 이 집들의 입구를 모두 똑같아 보이게 만들었다. 테이블 위에 접시 두 개가 있었는데 한 접시에는 과자가, 60센티미터 떨어진 다른 한 접시에는 동전이 있었다. 이웃에 사는 아이들이 집집마다 문을 두드릴 때마다 안으로 들어오라고 말해주었다. 한 낯선 부인이 아이들에게 "각자 과자를 하나씩 가져가도 된단다. 나는 저 방으로 다시 일하러 들어가야 해"라고 말했다.

이제 아이들은 혼자 남아서 과자를 마음대로 가져갈 수 있었다. 어떤 아이들은 어른이 시키는 대로 과자를 하나만 가져갔고, 어떤 아이들은 두 개를 가져가거나 동전이 있는 그릇으로 손을 뻗었다. 그때 프레이저의 연구보조원이 옷장 안에 숨어서 열쇠 구멍을 통해 그들을 관찰하고 있다는 사실은 아무도 눈치 채지 못했다.

집단 내 익명성의 효과가 다시 나타났다. 부인이 방을 떠나기 전 아이들의 이름을 물은 경우는 21퍼센트의 아이들이, 이름을 묻지 않은 경우는 57퍼센트의 아이들이 허락받지 않은 것을 훔쳐갔다. 거기에서 더 나아가 그 부인이 무리 안에 있는 한 아이를 지목하며 "무언가가 없어지면 네 책임이다"라고 말했을 때는 80퍼센트의 아이들이 도둑질을 했다.

한 사람씩 있을 때 익명성이 주는 효과는 훨씬 적었다. 혼자 방문했는데 부인이 이름을 묻지 않은 경우 20퍼센트의 아이들만 허락받지 않은 접시에 손을 댔다.

프레이저의 실험에서 별 생각 없이 규범을 위반하는 행위는 중대 범죄의 축소판이다. 19세기 초 미국에서 있었던 흑인 사형집행, 1938년 나치 독일에 의한 유대인 학살, 오늘날 정치적 시위 도중 일어나는 좌우익의 폭동에 이르기까지, 집단 내 익명성은 중요한 역할을 했고 지금도 여전히 중요하다. 거기에서 익명성이 형사소추를 피할 수 있게 해주어서만이 아니라, 사람들이 자기 자신과 관계없다고 생각하며 자제력을 잃기 때문이다. 그때 두어 사람이 우선 폭력적인 행동을 시도하기만 하면, 바로 연쇄반응이 일어난다.

프레이저는 나중에 학생들과 함께 핼러윈 실험을 두어 번 더 수행했다. 집과 많은 연구보조원이 필요했기 때문에 대부분의 실험에 많은 노력과 비용이 소요되었다. 그 실험들 중 몇 가지는 오늘날 심리학의 고전으로 인정받고 있다. 프레이저가 제일 먼저 한 연구―뉴욕에서의 핼러윈 파티―는 단순한 이유로 고전에 속하지 못했다. 그 연구는 정식으로 출간된 적이 없다. 필립 짐바르도의 심리학 교재 『심리학과 삶Psychology and Life』에는 설명되어 있지만, 학술지에 등장한 적은 없다. 프레이저는 "당시에 다른 할 일이 매우 많았습니다. 아니면 그냥 게을러서 그 논문이 쓰기 싫었던 것 같습니다"라고 말한다. 그 연구논문의 출간은 이제 물 건너간 일이 되었다. 1996년에 화재가 나는 바람에 모든 자료가 재가 되고 말았기 때문이다.

★ Fraser, S. C. 「탈개인화: 익명성이 아동의 공격성에 미치는 영향Deindividuation: Effects on Anonymity on Aggression in Children」, University of Southern California (미출판원고), 1974.

1970
돌고래와
40명의 나체 여성

돌고래의 수영 기술에 대하여 더 많이 알아내기 위해서, 러시아 생체공학자 유 알레예프는 가능한 한 돌고래와 비슷한 동물들을 찾으려고 노력했다. 그는 17세에서 28세 사이의 수영선수 40명을 찾아냈고, 그들은 나체에 유량계를 부착한 채 물속으로 케이블 윈치를 끌고 들어가며 고속카메라로 사진을 찍었다.

"여성들은 중형 돌고래와 크기가 비슷합니다." 이 말로 알레예프는 돌고래와 여성의 공통점을 열거하기 시작해서, 바로 "여성들의 몸매는 돌고래의 몸처럼 매끈하다"로 이어갔다. 그것은 두꺼운 지방층과 관련되어 있다. 여성은 1~4센티미터의 지방층을, 돌고래는 3~6센티미터의 지방층을 갖고 있다. 그는 "여성의 피부는 충분히 가까운 곳에서 보면 털이 없는 것으로 간주될 수 있습니다. 이것도 돌고래의 전형적인 특징입니다"라고 덧붙였다.

연구자들이 돌고래에 대하여 풀지 못하는 수수께끼 중 하나는 엄청나게 빠른 수영 속도였다. 대략적인 측정치가 시속 38킬로미터였다. 1936년 동물학자 제임스 그레이는 돌고래가 그렇게 수영하려면 실제보다 일곱 배 많은 근육이 있어야 할 것이라고 추정했다. 나중에 근육량에 대한 그레이의 계산이 틀렸음이 밝혀졌지만, 돌고래가 어떻게 그렇게 빨리 물속을 미끄러지듯 나아가는지는 여전히 설명하기 어려웠다. 일부 학자들은 돌고래가 완전히 특별한 수영 기술을 갖고 있다고 생각했다. 그들은 돌고래가 피부에서 층류laminar flow를 유지하는 것 같다고 추측했다.

돌고래의 몸이 물에서 얼마나 많은 저항을 받는지는 물이 돌고래 피부에서 어떻게 움직이는지에 달려 있다. 물이 그냥 마사지하듯 스치게 되면(그것을 연구자들은 층류라고 부른다), 저항이 작아진다. 하지만 소용돌이 물살이 형성되면 저항이 커진다. 이것은 난류turbulent flow라고 불린다.

잠수함 건조자의 이상은 잠수함의 전체 표면에 층류의 상태를

빨리 헤엄치면 돌고래의 피부에 돌기가 생긴다. 추측하건대 그것이 돌고래가 받는 물의 저항을 줄여준다.

가능한 한 유지하는 것이다. 하지만 실제로는 각 선체를 가장 유선형을 이루게 만들어도 결국 어딘가에서 난류가 생성된다. 그럼 돌고래의 몸에서는 다를까?

1950년대에 빠르게 헤엄치는 돌고래를 사진에 담을 수 있게 되자, 사진을 통해 돌고래의 몸 여기저기에 난 파도 모양의 돌기를 볼 수 있었다. 이내 많은 과학자는 난류가 발생해서 물의 저항이 증가하는 것을 방지하기 위해 돌고래가 그 돌기들을 자발적으로 만들어내는 것 같다고 생각했다. 이 가설을 알레예프가 나체의 여성 수영선수 40명과 검증해보길 원했다.

그가 수영을 하거나, 다이빙을 하거나, 케이블 윈치에 매달려 있는 여성들을 촬영해보았더니, 여성들의 피부에 돌고래의 피부에 있는 것과 상당히 비슷한 돌기가 생겼다. 하지만 알레예프는 해부학적으로 사람의 근육에서 그런 돌기가 저절로 만들어질 수 없다고 생각했다. 피부의 돌기는 단순히 강한 물살이 피부를 잡아당겨서 생겼을 뿐이라고 생각했다. 정말로 물살 때문에 그런 현상이 일어나는지를 확인해보기 위해, 그 여성들에게 땅에서 수영을 시뮬레이션하게 했다. 가정용 운동기구와 고문기구를 엮어놓은 것처럼 보이는 장치를 사용했다. 여성들은 손으로 링에 매달려서, 다리는 물속에서 수영하는 것처럼 움직였다. 발은 밧줄과 연결되어 있었는데, 이 밧줄은 물의 저항 역할을 했다. 예상했던 대로 이런 희한

오늘날까지도 돌고래의 빠른 수영 속도를 학문적으로 설명하기 어렵다. 그렇게 빠르게 헤엄치려면 돌고래가 실제로 가진 것보다 더 많은 근육이 필요할 것이다.

★ Aleyev, Y. G., 『유영동물Nekton』, The Hague, Dr. W. Junk., 1977.

한 연습을 하는 동안 피부 돌기는 전혀 생성되지 않았다. 뿐만 아니라 돌기는 오히려 물속 저항을 크게 만들었다. 그것으로 알레예프는, 돌고래에게서도 그 돌기는 빠르게 헤엄칠 수 있게 해주는 비장의 무기가 아니라 물이 빠르게 스치고 지나가기 때문에 생긴 것이라는 결론을 내렸다.

오늘날까지도 과연 돌고래의 피부에 빠른 수영을 도와주는 성질이 숨겨져 있는지는 명확하게 설명되지 못했다. 그런 성질이 있다고 생각하는 사람은 교토 공대의 공학자 요시미치 하기와라다. 그는 수족관을 방문했을 때 우연히 돌고래의 희한한 특성을 알게 되었다. 두 시간마다 표피가 벗겨진다는 점이었다! 하기와라는 아무 이유 없이 그렇게 될 리가 없다고 생각했다. 그는 계속 피부에서 떨어져 나오는 작은 피부 조각들이 커다란 소용돌이가 생기는 것을 막아주어서 빠르게 나아가는 데 도움이 된다고 생각한다.

알레예프와 달리 하기와라는 자신의 이론을 검증하는 데 여성 참가자들을 동원하지 않았다. 그는 실리콘으로 돌고래 피부를 만들어 물속에서 실리콘에 가해지는 흐름저항(flow resistance: 유체 속에서 운동하는 물체에 거스르는 작용을 하는 힘—옮긴이)을 측정했다. 몸에서 피부 조각이 어떻게 떨어져 나가는지를 시뮬레이션하기 위해 실리콘 돌고래에 수용성 아교로 반짝이를 붙였다. 첫번째 측정치들은 그의 가설을 입증한 것 같았다.

옥스퍼드 대학교 창고 어딘가에 이상한 기계가 있다. 나무 상자 윗부분에 작은 구멍이 있고 그 구멍으로 뜨개질바늘의 끝이 튀어나와 있다. 상자 앞쪽에 레버가 있어서 그 손잡이로 바늘 끝을 앞뒤로 움직일 수 있다. 내막을 전혀 모르는 사람은 이 조야한 기계가 발을 간질이는 기계라는 걸 짐작조차 할 수 없을 것이다. 이 기계는 1970년에 심리학자 로렌스 바이스크란츠가 두 명의 학생과 함께 만들었다.

바이스크란츠가 최초로 간지럼을 연구한 사람은 아니다. 아리스토텔레스나 프랜시스 베이컨, 찰스 다윈 같은 위대한 사상가들이 이미 간지럼에 대하여 논했다. 계속해서 등장하는 질문 중 하나는 '왜 사람은 스스로를 간질일 수 없는가?'였다. 그 질문에 다윈은 "아이가 스스로를 간질일 수 없다는 사실로 비추어볼 때, 아이는 정확하게 어디를 간질여야 웃음이 나오는지 모른다는 결론에 이르게 된다"고 적었다. 그 말을 바이스크란츠는 완전히 옳다고 생각하지 않았다. "대부분의 아이들이 언제 어디서 간지러운 자극이 오는지 알더라도 간지럼을 탄다." 그는 연구실습 시간에 두 명의 학생에게 그 문제를 자세히 연구해볼 것을 제안했다.

"우선 우리는 사회적으로 용인되는 한에서 간지럼을 태울 수 있는 신체 부위를 정했습니다. 가장 좋은 부위는 발바닥이었습니다"라고 바이스크란츠는 회상한다. 다양한 실험 조건에서 그 결과를 비교해보려면, 간지럼 자극을 표준화해야 했다. 표준화를 위해선 기계가 필요했다. 1밀리미터 두께의 뾰족한 바늘이 발바닥에

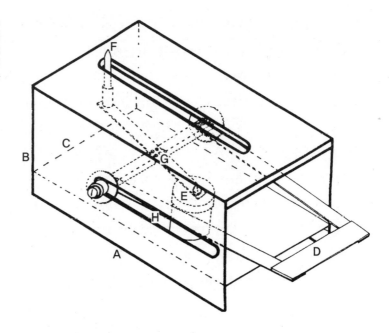

로렌스 바이스크란츠의 간지럼 기계: 실험 참가자들이 발을 상자 위에 올리면 플라스틱 바늘 F가 발바닥을 간질였다. 플라스틱 바늘을 레버 D로 움직일 때 추 E는 일정한 압력을 유지하는 역할을 한다.

17그램의 일정한 압력으로 자극을 줄 수 있도록 기계를 제작했다. 간질이는 자극을 만들기 위해 플라스틱 바늘과 연결된 레버를 4초 동안 10센티미터씩 앞뒤로 밀었다. 메트로놈이 정확한 타이밍을 알려주었으며, 1초마다 방향을 전환했다.

그 실험에 참가한 (그리고 미리 발을 씻은) 학생들 30명은 모두 똑같이 반응했다. 어떤 낯선 사람이 레버를 조종했을 때 스스로 조종했을 때보다 훨씬 간지럼을 탔다. 무엇보다도 흥미로운 건 실험을 약간 변형시켰을 때였다. 변형된 실험에서는 실제로 다른 사람이 레버를 조종했지만 실험 참가자들이 레버를 손으로 잡고 있었기 때문에 간질이는 기계가 어떻게 움직이고 있는지 직접 피드백을 받을 수 있었다.

그런 경우에 실험 참가자들의 간지럼 민감도가 감소했지만, 실험 참가자가 직접 레버를 조종했을 때보다는 여전히 더 크게 나타났다. 그 결과로부터 바이스크란츠는 다윈의 추측과는 달리, 언제

어디에 간지럼을 태울지 알고 있다고 해도 간지럼을 완전히 참기 어렵다는 결론에 이르렀다. 간지럼을 당할 때 스스로 자신의 감정과 행동을 완전히 통제할 수 있는 경우에 한해서 간지럼을 참을 수 있었다.

「스스로 태우는 간지럼에 대한 예비관찰」이라는 제목으로 권위 있는 저널 『네이처』에 실렸던 바이스크란츠의 연구는 많은 신문에 게재되었다. 심지어 영국 카바레 연예인이 발 간지럼 기계를 무대에서 시연해보고 싶어했다. 바이스크란츠는 허락하지 않았다.

간지럼 로봇과 뇌 스캔을 이용한 추후 연구를 통해, 오늘날 우리는 뇌의 어떤 영역에서 신경 신호를 제어하여 우리가 스스로를 간질일 수 없게 만드는지를 알게 되었다. 하지만 사람이 도대체 왜 간지럼을 타는가라는 훨씬 더 근본적인 질문은 여전히 수수께끼로 남아 있다. 일부 연구자들은 간지럼이 아이와 어른의 애착관계를 증진한다고 추측한다. 반면에 어떤 연구자들은 아이들이 몸을 부대끼며 노는 경우 간지럼은 몸싸움을 계속하게 하면서도 아이들에게 위험한 상황이 벌어지지 않도록 방지하는 역할을 한다고 생각한다. 또한 배우자를 선택하는 과정에서도 간지럼이 역할을 한다고 여겨진다.

하지만 간지럼에 대한 사회적인 해석에 의구심을 갖는 연구자들이 있다. 1999년 미국 심리학자 크리스틴 R. 해리스는 다음과 같은 질문을 제기했다. 사람들이 혼자 있을 때에도 간지럼을 탈까? 간지럼 로봇을 이용하여 해리스는 그 답을 찾아냈다(→256쪽).

◆ Weiskrantz, L., J. Elliott et al. 「스스로 태우는 간지럼에 대한 예비 관찰Preliminary observations on tickling oneself」, 『네이처Nature』, 230(5296), 1971, pp.598-9.

1972
제일 빨리 달리면 1등으로 도착하지

과거의 많은 심리학 이론은, 사람이 눈과 귀를 열고 세상을 살아가며 자신이 보고 들은 것에 어느 정도 합리적이고 상식적으로 반응하며 행동한다는 암묵적인 가정에서 비롯되었다. 1970년대 초, 모두가 그렇게 당연히 여기는 가정을 뒤집어놓는 데에 심리학자 엘런 랭어에게 필요했던 건 복사기와 아무 영문을 모르는 실험 참가자 두어 명뿐이었다. 랭어는 "당시 연구자들은 주로 인간의 사고 과정이 어떤 방식으로 진행되는지를 밝혀내는 일에 열중했습니다. 그래서 저는 우선 사람들이 도대체 생각을 하는지부터 증명해야 한다고 생각했습니다"라고 회상한다.

사람들은 생각을 하지 않는다! 그 결론을 랭어는 뉴욕 시립대학교 대학원의 복사기에서 수행한 기발한 실험을 통해 보여줄 수 있었다. 1972년 한 주 동안 랭어의 연구보조원은 복사를 시작하려고 종이를 막 복사기 위에 올려놓은 사람들에게 말을 걸었다. "실례지만, 다섯 페이지만 하면 되는데요. 제가 먼저 복사기를 써도 될까요? 이걸 급히 복사해야 해서요." 그런 말을 들은 사람들 중에서 한 명을 제외한 14명이 그 연구보조원에게 순서를 양보했다. 하지만 연구보조원이 복사기를 써야할 이유를 말하지 않았을 때의 반응은

심리학자 앨런 랭어는 놀라울 정도로 단순한 실험을 통해 사람들이 얼마나 자주, 생각하지 않고 정해진 시나리오에 따라 행동하는지를 보여주었다.

완전히 달랐다. "실례지만, 다섯 페이지만 하면 되는데요. 제가 먼저 복사기를 써도 될까요?" 그러자 15명 중 9명만 허락해주었다.

이 안에 놀라운 사실이 숨어있다는 게 처음에는 분명히 다가오지 않는다. 하지만 랭어는 여기에서 어떤 이상한 행동이 나타났는지를 바로 파악했다. 자, 연구보조원이 처음에는 진정한 이유를 전혀 알려주지 않았다. "제가 먼저 복사기를 써도 될까요? 이걸 복사해야 해서요." 그래, 알았어. 그래서 뭐가 어쨌다고!?

랭어는 그런 거짓 이유를 '플라세보 정보'라고 불렀고, 그 말을 들은 사람들이 종종 그것을 진짜 이유로 받아들였음을 밝혀냈다. 랭어의 실험에서 거짓 이유는 진짜 이유만큼이나 효과가 있었다. "제가 먼저 복사기

를 써도 될까요? 이걸 급히 복사해야 해서요." 그런 요청을 랭어의 연구보조원은 영문을 모르는 16명에게 했고 그중 15명이 순서를 양보했다.

랭어는 일상에서 우리의 행동 중 대다수가, 겉으로는 의식적인 결정에 따른 것처럼 보일지 몰라도 사실은 정해진 시나리오에 맞춰 생각 없이 되풀이될 뿐이라고 주장한다. 친절을 베풀어줄 것을 부탁받은 사람은 그렇게 해야 할 이유가 있어야 한다고 생각한다. 그런데 그것이 사소한 문제라면 그 이유의 타당성을 검증하는 일에 별로 신경쓰고 싶지 않을 것이다. 하지만 더 큰 희생이 요구된다면 그 상황은 다르게 느껴질 것이다. 연구보조원이 5장이 아닌 20장을 복사하길 원하자, 부탁을 받은 사람의 뇌는 빠르게 돌아가기 시작했다. 이제 실험 참가자는 그 이유에 주목하고, 그 이유를 들었다고 더 양보하진 않았다. 하지만 급하다는 말은 여전히 효과가 있었다.

랭어의 주장에 따르면, 생각 없이 행동하는 걸 제일 잘하는 사람은 스포츠 기자다. 그들은 "빠르게 운전했기 때문에 목표 지점에 더 빨리 도달했습니다" 또는 "다른 팀이 골을 더 많이 넣었기 때문에 우리 팀이 졌습니다" 처럼 인터뷰 상대가 아무런 판단 없이 하는 말들을 그대로 받아 적어 기사에 실었다. 한편 컴퓨터 이용자들 역시 그런 내용을 전혀 의식하지 않고 지나치는데, 희한할 정도로 주의력이 부족해 보인다(→274쪽, 280쪽, 283쪽).

★ Langer, E., A. Blank et al., 「겉보기와 달리 무심코 하는 행동: 대인관계에서 플라세보 정보의 역할 The mindlessness of ostensibly thoughtful action: The role of *placebic* information in interpersonal interaction」, 『성격 및 사회 심리학지 Journal of Personality and Social Psychology』 36, 1978, pp.635-642.

1972 지하철을 탄 겁쟁이

가장 단순한 심리학실험에 주는 상이 있다면, 아마도 스탠리 밀그램의 이른바 '지하철 연구'가 가장 유력한 수상 후보가 될 것이다. 그 실험은 혼자서 아무 때나 해볼 수 있다. 빈자리가 없는 지하철에서 앉아 있는 사람 아무에게나 가서 말한다. "실례합니다만, 제가 앉아서 가면 안 될까요?" 그것이 전부다.

바로 그런 실험을 1972년 몇 주 동안 밀그램의 학생들(여학생 4명과 남학생 6명)이 수행했다. 30년 후에 『뉴욕 타임스』에서 그들에게 인터뷰를 요청했을 때 그들은 그때를 아주 생생하게 기억했다. 많은 이에게 매우 충격적인 경험이었기 때문이다. 재클린 윌리엄스는 "그 자리에 없었던 사람은 그 경험을 절대로 이해할 수 없을 거예요"라고 말했다. 캐스린 크로그는 자신의 상황을 다음과 같이 설명했다. "저 자신을 내려놓기가 무서웠어요."

밀그램은 장모님과 이야기를 나누던 중 그런 실험을 착안하게 되었다. 한번은 장모님이 밀그램에게 왜 버스나 지하철에서 젊은이들이 머리가 하얀 할머니에게 자리를 양보하지 않는지를 물었다. 그 할머니가 자리를 비켜달라고 부탁한 적이 있느냐고 밀그램이 반문하자, 장모님은 그런 생각은 말도 안 된다는 듯이 사위를 쳐다봤다. 아마도 지하철에는 '다른 사람에게 자리를 비켜달라는 요구는 무조건 하지 말라!'는 불문율이 지배하고 있는 것 같았다.

밀그램은 한 수업에서 그런 불문율을 깨뜨리고 바로 실행에 옮길 것을 제안했다. 하지만 학생들은 선뜻 하려고 들지 않았다. 그때 한 학생이 과감히 실행해보았더니 20번 시도해서 14번 자리에 앉을 수 있었다. 흥미를 느낀 밀그램은 스스로 실험을 해보았다. 하지만 좌석에 앉은 승객 한 명을 마음으로 정하고 옆으로 가까이 다가갔을 때 얼어붙고 말았다. 그는 나중에 『사이콜로지 투데이 Psychology Today』와의 인터뷰에서 "목구멍이 탁 막혀서 말이 밖으로 나오지 않았다"고 말했다. 그는 속으로 자신을 '천하의 겁쟁이'라고 생각했다.

그래도 그 다음에 용기를 내 말을 꺼냈고, 한 승객이 자리를 내주자, 매우 놀라운 감정을 경험하게 되었다. "내가 그 사람의 자리에 앉고 나자 내 요구를 정당화해줄 수 있는 행동을 해야 한다는 강

심리학자 스탠리 밀그램은 학생들을 보내서 지하철에 앉아 있는 사람들에게 자리를 양보해달라는 부탁을 하게 했다. 대부분에게 그 과제는 공포 체험이 되었다.

한 충동이 불끈 솟아올랐습니다. 머리를 무릎 사이에 박았고 핏기가 없어지는 것 같았습니다. 내가 연기를 한 건 아니었습니다. 저는 바로 쓰러질 것 같은 느낌을 받았습니다."

다음 학기에 그는 자신이 가르치는 학생 10명을 보내 다양한 방식으로 시도해보게 하였다. 첫번째 질문은 "실례지만, 저에게 자리를 양보해주실 수 있겠습니까?"였다. 놀랍게도 3분의 2의 사람들이 자리에서 일어났다. 나중에 밀그램이 논문에서 썼듯 "상식이 있는 사람이라면 그냥 물어보는 것만으로 좌석을 얻는다는 건 불가능하다고 생각했을 텐데, 사실은 달랐다." 하지만 그 질문이 "실례지만 저에게 자리를 양보해주실 수 있겠습니까? 서 있으니까 책을 읽을 수가 없어서요"였을 때는 3분의 1이 넘는 사람들이 자리에서 일어났다.

요청을 받은 동승자들이 처음에는 갑자기 기습을 당했다고 느꼈고 거절하는 답변을 생각해내는 것보다 자리를 내주는 게 더 쉽다고 판단한 듯하다고 밀그램은 추측했다. 그 추측이 맞는지 알아보기 위해 그는 학생들에게 다른 시나리오로 시도해보게 했다. 두 학생이 다른 사람에게 자리를 양보해달라고 부탁해도 괜찮을지에

★ Milgram, S., and J. Sabini,
「도시 규범의 유지에 관하여
On Maintaining Urban Norms」,
『고급 환경심리학Advances in
Environmental Psychology』,
A. Baum, J. E. Singer and S.
Valins. Hillsdale, NJ, Lawrence
Erlbaum. 1, 1978, pp.31-40.

관하여 모든 사람에게 들리도록 큰 소리로 이야기했다. 그런 다음 둘 중에 한 명이 자리를 부탁했다. 그 부탁을 받은 승객은 그들의 대화 내용을 이미 알고 있었다. 그러자 이번에는 3분의 1의 사람들만 자리를 양보했다.

마지막 실험에서 밀그램은 부탁하는 내용을 방식에 따라 나누기로 했다. 학생들은 승객에게 다가가 "실례합니다"라고 말하고, "실례지만, 저에게 자리를 양보해주시겠습니까? 제발 앉고 싶습니다"라고 적힌 쪽지를 건넸다. 밀그램은 이제 더 적은 수의 사람들이 자리를 비켜줄 것으로 추측했다. 글로 요청하면 말로 하는 것보다 심리적으로 거리감을 느낄 수 있기 때문이다. "실례합니다"라고 말했으므로 분명 언어장애인도 아닌 사람이 자신에게 쪽지를 건네며 자리를 요청했다. 그런 상황을 50퍼센트의 승객이 매우 이상하다고 느꼈고, 그래서 자리를 얼른 떠났다.

실험 결과보다 더 놀랍고 교훈적인 것은 이미 앞에서 언급했듯 학생들이 완전히 낯선 사람들에게 자리를 부탁하며 겪는 어려움이었다. 그런 어려움은 불문율이 집단의 질서를 유지하는 데 얼마나 도움이 되는지를 뚜렷하게 보여주는 것이라고 밀그램은 생각했다.

1975
왜 칠판을 긁으면 소름이 돋을까?

과학자 데이비드 J. 일리는 자신의 실험이 얼마나 무자비한지 잘 알고 있었다. 그는 어떤 각주에 다음과 같이 적었다. "필자는 이 기사를 읽는 독자가 느끼게 될 고통에 대하여 용서를 구하고 싶다." 용서를 구해야 할 만한 이유가 충분히 있었다. 그의 출판물은 '칠판 긁기의 상상 및 소리 효과의 강화'를 중심 주제로 삼고 있었다.

칠판을 손톱(또는 분필)으로 긁을 때 나는 소음을 많은 사람이 소름끼치게 싫어한다는 건 이미 오래전부터 알려져왔다. 하지만 왜 그런지는 아무도 몰랐다. 한 가지 확실한 건 그것이 대단히 이상한 효과라는 것이다. 칠판 긁는 소리가 그런 효과를 이끌어내기 위해 특별히 클 필요는 없다. 귀를 아프게 하는 다른 큰 소음들과는 달리, 칠판을 긁어 나오는 소음은 완전히 다른 신체 반응도 유발한다. 소름과 식은땀 등등.

일리의 목표는 소박했다. 그 소음이 어떻게 만들어지는지를 상상한다면 그 효과가 강화되는지 확인해보고 싶었을 뿐이었다. 그것을 확인해보고자 하는 이유는 더 깊은 데 있었다. 소음 자체보다도 그런 소리가 날지를 상상하는 것이 소름과 식은땀의 원인이지 않을까 추측하고 있었다.

일리는 가엾은 실험 참가자 16명을 자신의 직장인 캘리포니아 주 포터빌에 있는 포터빌 주립병원으로 모집했다. 그는 그들에게 칠판을 긁어서 나는 소리로 가락을 연주하며 그들의 피부 저항을 기록했다. 피부 저항이 흥분 상태의 척도로 간주되기 때문에 그 소음에 대한 신체 반응을 측정할 수 있었다.

그는 실험 참가자 중 일부에게 어떤 소리가 날 텐데 그건 손톱으로 칠판을 긁는 소리라고 미리 알려주었다(사실은 일리가 손톱이 아닌 플라스틱 자로 칠판을 긁었다). 반면 다른 실험 참가자들은 어디에서 그런 소리가 나는지 몰랐다. 그 결과는 무척이나 종잡을 수 없었다. 어떤 때에는 피부 저항이 한 집단에서 더 높았고, 그 다음 번에는 다른 집단에서 더 높았다. 그럼에도 일리는 자신의 주장이 입증되었다고 생각했다. (물론 이해하기 어려운 근거들을 바탕으로) 칠판을 긁는 손톱을 상상하는 것이 해당 소음의 효과를 더 강화했다고 보았다.

다른 과학자 세 명이 실험 참가자들을 충분히 많이 모집해서 칠판 긁기에 관한 추후 실험을 수행하기까지 10년이 더 걸렸다. 그들의 논문 제목은 「소름끼치는 소리의 음향심리학」(→214쪽)이다.

★ Ely, D. J. 「통증 없는 불쾌한 자극: 칠판 긁기의 상상 및 소리 효과의 강화Aversiveness Without Pain: Potentation of Imaginal and Auditory Effects of Blackboard Screeches」, 『심리작용학 회보 Bulletin of the Psychonomic Society』 6(3), 1975, pp.295-296

1977
아프리카 여성들의 완벽한 보행

1977년 노먼 헤글런드가 원래 아프리카를 여행했던 목적은 아프리카 여성의 보행을 연구하고 싶어서가 아니었다. 하버드 대학교 생물학과 학생이었던 노먼은 거대한 동물이 운동할 때의 에너지 소비를 연구하려고 했다. 그것을 연구하는 가장 쉬운 방법은 동물이 산소마스크를 쓰고 산소 섭취량을 측정하는 하는 것이다. 산소 섭취량은 에너지 소비량과 정비례하기 때문이다.

헤글런드는 6개월 동안 케냐의 수도 나이로비 근처에 있는 무구가에서 살았다. 그곳에서 그는 동료와 함께 가건물 안에서 러닝머신과 산소 측정기를 설치했다. 그들이 버펄로, 영양, 가젤로 첫번째 테스트를 하는 동안, 루오족과 키쿠유족 여성들이 무거운 짐을 머리 위에 쉽게 이고 다니는 모습을 보게 되었다. 그들은 정말 다른 사람들보다 더 쉽게 그 짐을 일 수 있는 걸까? 그는 아프리카의 연구보조원에게 그들의 아내들이 실험에 참여해줄 수 있는지 물었다. "처음에는 부인들이 그 실험을 한다는 걸 약간 쑥스럽게 여겼지만, 우리가 창문을 신문지로 붙여 가리고 난 후에는 실험을 도와주었습니다."

다섯 명의 여성들이 실험실로 들어와 헤글런드의 지시를 따랐다. 그들은 산소마스크를 착용한 다음 머리 위에 서로 다른 무게의 짐을 이고 몇 분 동안 러닝머신 위를 걸었다. 러닝머신의 속도는 다섯 단계로 변화되었다.

헤글런드가 그 실험으로부터 어떤 놀라운 결과가 나왔는지를 알게 되기까지 꼬박 8년이 걸렸다. 그 여성들의 산소 소비량은 얻어낸 측정치로 이런저런 계산만 하면 알 수 있었지만, 헤글런드에게는 시간이 부족했다. 그는 박사논문을 끝마쳐야 했다. 그후 그는 밀라노로 이주하여 밀라노 대학의 유명한 보행 연구자 조반니 카바냐 밑에서 연구했다.

1985년이 되어서야 하버드로 돌아온 그는 그 측정치들을 다시 찾아 뒤적거렸다. 그러다 알게 된 사실은 골머리를 앓게 만들었다. 여성들은 머리 위에 놓인 짐이 그들 몸무게의 20퍼센트 이하인 경우, 아무 짐 없이 걸을 때와 같은 양의 산소를 소비했다. 예를 들어 몸무게가 70킬로그램인 여성은 아주 조금의 에너지도 추가로 소모하지 않고 14킬로그램의 짐을 일 수 있었다. 그것은 헤글런드가 알고 있는 동물들의 에너지대사에 관한 모든 지식과 모순되는 결과였다. 사람, 말, 개, 쥐를 대상으로 한 보행실험 결과, 몸무게의 20퍼센트에 이르는 짐을 지는 경우 에너지 소비도 20퍼센트 높아졌다. 미국 병사들의 행군을 측정한 결과도 마찬가지였다. 아프리카 여성의 능력은 훈련받은 병사의 능력을 훨씬 능가했다.

아프리카 여성들은 머리 위에 짐을 이었지만 병사들은 등에 짐을 졌다는 차이가 있었다. 하지만 그런 차이 때문에 희한한 결과가 빚어지지는 않았다는 걸 확인하기 위해, 헤글런드는 유럽인에게 납봉이 장착된 헬멧을 씌우고 실험을 수행했다. 그 결과로 얻어낸 건 목이 뻣뻣하게 뭉친다는 사실과 등이든 머리든 아무 차이가 없다는 깨달음이었다. 헤글런드는 막막해졌다.

그가 당시에 그럴 법하다고 생각했던 여러 이유는 나중에 모두 거짓임이 증명되었다. 헤글런드는 그 여성들이 몸의 무게중심을 항상 같은 높이로 유지하면서(마이클 잭슨이 문워크를 할 때처럼) 에너지를 아끼는 건 아닐까, 또는 어려서부터 무거운 짐을 인 여성들에게 에너지 소모를 줄여줄 수 있는 해부학적 변화가 일어난 건 아닐까 생각했었다.

헤글런드는 자신이 발견한 실험 결과의 원인을 몰랐지만, 그 원인을 어떻게 찾아낼 수 있는지는 알았다. 이른바 힘판이라는 압력판을 이용하는 것이다! 이것은 일종의 복잡한 욕실 체중계로서, 그 위에 가해지는 힘의 시간당 변화를 기록한다. 1989년 헤글런드는 짐 속에 그 기계를 넣어 다시 케냐로 떠났다.

노먼 헤글런드는 아프리카 여성의 에너지 소비량을 측정한 후 수수께끼가 생겼다. 어떻게 루오족 여성은 더 많은 에너지를 소모하지 않고도 자신의 몸무게의 20퍼센트에 달하는 짐을 머리에 일 수 있을까?

그는 아프리카 여성들에게 그 힘판 위에서 걸으라고 했고, 그것으로 각 발걸음의 정확한 추이를 추적할 수 있었다. 발이 힘판에 닿는 순간부터 떨어지는 순간까지! 그 추이를 유럽인의 발걸음과 비교할 생각이었다. 그 차이에 수수께끼의 열쇠가 있는 것이 틀림없었다.

헤글런드는 카바냐와 연구했을 때 보행이 진자의 반복적인 움직임과 비슷하다는 점을 알게 되었다. 보통 진자에는 움직이지 않는 회전축이 위에 위치하지만 보행에서는 회전축이 아래에 있다. 발을 땅에 딛고, 상체와 함께 다리가 앞으로 나아간다. 그리고 다른 발이 땅을 디디면 다시 앞으로 나아가기 시작한다. 지팡이를 이용하여 개울 위로 훌쩍 난다면, 발 또는 지팡이가 땅에 닿을 때 속도가 가장 빠르다. 그다음 속도가 감소하면서 몸의 무게중심이 높아진다. 속도(운동에너지)가 높이(위치에너지)로 바뀌는 것이다. 몸이 가장 높은 지점에 이르면(무게중심이 이제 발이나 지팡이와 수직을 이룬다), 다시 몸이 축적된 에너지를 앞으로 나아가는 과정에 이용한다. 몸의 높이가 낮아지는 동시에 속도가 빨라진다.

운동에너지가 위치에너지로, 또 그 위치에너지가 운동에너지로 지속적으로 완벽하게 변환된다면, 보행에 아무 힘도 필요하지 않을 것이다. 하지만 헤글런드는 걸어가는 사람이 완벽한 진자가 아니라는 것을 알고 있었다. 일반적인 사람은 변환된 에너지의 약 65퍼센트만 도로 이용할 수 있었다.

힘판으로 측정된 힘의 변화 과정을 비교한 결과, 루오족과 키쿠유족 여성들에게는 거의 완벽한 에너지 변환이 가능했다. 물론 아무 짐도 들지 않고 걷는 경우에 한했다. 두 발이 동시에 바닥을 딛고 있다면 그들도 유럽인들처럼 걸음의 시작과 끝에서는 에너지를 잃는다. 그것을 방지할 방법은 없다. 추시계에서처럼 진자운동이 정지되지 않게 하려면 걸어갈 때 지속적으로 약간의 추진력이 필요하다.

그런데 시작과 끝 외에 에너지가 손실되는 지점이 또 하나 있었다. 바로 운동의 한가운데 지점이었다! 몸의 무게중심이 가장 높은 곳에 위치할 때 그 위치에너지가 15밀리초 동안 완벽하게 운동에너지로 변환되지 않았다. 즉, 무게중심이 낮아질 때 속도가 그에 비례하게 증가하지 않았다. 사람이 지팡이를 딛고 개울 위를 뛰어서 지날 때, 지팡이의 가장 높은 지점에서 약간 아래로 미끄러져 내려온다. 그렇게 높이가 낮아지지만 속도는 증가하지 않는다.

노먼 헤글런드가 힘의 변화 과정을 비교해본 결과, 짐을 이는 아프리카 여성들은 이런 불필요한 에너지 손실을 줄일 수 있다는 걸 알게 되었다. 그들은 더 나은 진자 같았다. 높은 곳에서 저장된 에너지를 거의 완벽하게 운동에너지로 변환시킬 수 있었다. 그래서 그들은 걸을 때 손실되지 않은 위치에너지를 몸무게의 20퍼센트에 이르는 무게를 이는 데 보탤 수 있었다.

주말에 쇼핑을 하면서 수많은 짐에 짓눌리는 가정주부와 행군을 하는 미국 병사도 그러한 기술을 배울 수 있을까? 헤글런드는 회의적으로 보았다. 그는 그 능력이 타고나는 것이 아니지만 혹시 어릴 때부터 계속 짐을 인다면 습득하게 될지도 모른다고 보았다. 걸음걸이의 차이는 너무 작아서 육안으로는 인지할 수 없었다.

1990년대에 헤글런드는 네팔로 갔다. 네팔의 셰르파는 자기 몸무게의 두 배나 되는 짐을 산비탈 위로 나른다. 그는 셰르파도 예상보다 훨씬 적은 에너지를 사용한다는 사실을 알게 되었다. 아프리카 여성들과는 달리 그들은 몸무게의 20퍼센트 정도의 무게에 힘을

★ Maloiy, G. M., N. C. Heglund, et al. 「짐 운반 시 에너지 소비: 아프리카 여성은 경제적인 방법을 알고 있을까?Energetic cost of carrying loads: have African women discovered an economic way?」, 『네이처Nature』 319(6055), 1986, pp.668-9.

네팔의 셰르파는 자기 몸무게의 두 배나 되는 짐을 진다. 그러면서도 유럽인이 그 정도의 짐을 지는 데에 필요한 에너지의 절반만큼을 소모한다.

소모했다—그 특별한 진자운동은 평면에서만 가능하기 때문이다. 대신 그들은 더 큰 짐을 효과적으로 들 수 있었다. 셰르파가 자기 몸무게와 같은 무게의 짐을 질 때, 유럽인들이 그 절반 정도의 무게를 질 때 드는 에너지만큼만 소모한다. 어떻게 셰르파가 그런 일을 할 수 있는지 헤글런드는 모른다. 아직까지는 그렇다.

1979
술을 주문하는 인형들

1979년 여름 헨리 L. 베넷은 열띤 토론에 뛰어들었다. 심리학계에서는 오랫동안 확고한 사실로 인정받고 있는 어떤 이론을 그대로 받아들일 수 없었기 때문이다. 당시 베넷은 캘리포니아 대학교 데이비스 캠퍼스의 의과대학생으로서 기억에 관한 세미나를 듣고 있었다. 세미나에서는 단기기억의 용량이 정보단위(chunk: 하나의 의미를 가지는 말의 덩어리—옮긴이) 7±2개라고 알려주었다. 이는 수많은 실험실 실험을 거쳐 얻어진 결과다.

"웨이트리스는 모두 일곱 가지 이상을 기억할 수 있어"라고 베넷은 주장했다.

"어림없어"라고 한 학우가 대답했다.

"내가 장담하지."

"말도 안 돼."

"내가 그걸 증명해 보이겠어."

그렇게 호기롭게 장담한 후, 그는 몇 년 동안 그 연구에 매달리며 웨이트리스의 놀라운 기억력을 확실히 보여주었다.

그는 첫번째 연구 방법 때문에 틀림없이 대학 인근 음식점에서 가장 달갑지 않은 손님이 되었을 것이다. 한 테이블에 8명의 친구들과 함께 앉은 다음 각자 다른 음식과 음료를 주문했다. 웨이트리스가 주방 쪽으로 사라진 후 그 학생들은 서로 자리를 바꿨다. 베넷은 웨이트리스가 얼마나 많은 주문을 기억할 수 있는지뿐만 아니라 어떻게 식사와 음료를 기억하는지도 알아보고 싶었다. 웨이트리스는 자리를 기억할까, 아니면 얼굴을 기억할까?

그런 실험을 몇 차례 하고 나서 베넷은 그 실험 방법이 그렇게 좋은 방법은 아니라는 걸 깨달았다. 음식점에서의 상황들이 매번 매우 달라서 필요한 말을 다 할 수 없는 경우가 있었다. 게다가 몇몇 웨이터는 주문을 받아 적었다. "그래서 음식점 말고 술집으로 가기로 했습니다." 현재는 뉴욕 세인트루크 병원에서 마취의사로 근무하는 베넷은 당시를 그렇게 회상한다. 술집에서는 음료 주문을 받을 때 대개 메모하지 않는다.

각 웨이트리스에게 정확하게 같은 과제를 부여하기 위해 그는 결국 기괴한 아이디어를 냈고, 그 아이디어가 그의 실험을 전설로 만들었다. 그는 장난감 가게에서 손가락 크기의 플라스틱 인형 33개를 구입한 후, 여러 밤을 고생해서 각각 다른 옷을 입히고 머리카락을 다른 색으로 염색했다. 그리고 의자가 딸린 둥근 테이블 모형 두 개를 손으로 만들어서 서빙 쟁반 크기의 나무판에 고정시켰다. 이런 모형을 준비한 그는 오후 4시 반, 아직 한가한 시간에 정기적으로 바에 들어가서 웨이트리스에게 실험에 참여할 의향이 있는지를 물었다. 그들이 베넷을 지방의 인형 페티시즘 집단의 일원으로 생각했을 수도 있지만, 41명 중 40명이 그 이상한 놀이에 참여하겠다고 했다.

베넷은 동료와 함께 7개, 11개, 15개 음료를 주문하는 목소리를 녹음한 카세트테이프를 가져왔다. 웨이트리스가 주문을 받으려고 할 때 그는 그 테이프를 틀어주었다. "마르가리타 한 잔 주세요." (2초 쉬고) "저는 버드와이저요." 기타 등등. 주문하는 목소리가 나올 때마다 베넷은 그 목소리에 해당하는 인형을 흔들었다.

베넷의 연구보조원이 카운터 뒤에서 음료를 준비하는 동안(연구보조원이 준비한 건 깃발이 꽂힌 고무캡이고 깃발에 음료 이름이 적혀 있었다), 베

★ Bennett, H. L., 「주문 음료 기억하기: 칵테일 웨이트리스의 기억술Remembering Drink Orders: The Memory Skills of Cocktail Weitresses」, 『인간 학습 Human Learning』 2, 1983, pp.157-169.

넷은 웨이트리스와 짧은 인터뷰를 진행했다. 그런 방식으로 그는 웨이트리스가 속으로 계속 되뇌며 암기하지 못하게 방해했다. 그런 다음 웨이트리스는 인형들 앞 테이블에 미니 음료를 올려놓았다. 같은 테스트를 받은 학생들과 비교하여 웨이트리스는 실제로 더 나은 성적을 보였다. 40명 중 6명은 총 33개의 주문을 모두 제대로 서빙했고, 9명은 단 하나만 실수했다.

단기기억의 용량(정보단위 7±2개)이라는 건 인위적인 구성개념으로 실제 생활에서는 거의 의미가 없다는 베테트의 추측이 증명된 것 같았다. 베테트의 보고에 따르면, 웨이트리스들이 50가지 주문을 기억했고 한 웨이트리스는 150가지 주문을 기억했다. 하지만 그들이 어떻게 암기하는지를 알아내기는 어려웠다. 종종 "제가 어떻게 음료를 기억하는지 몰라요"라고만 말했다. 더 자세하게 물어본 결과, 테이블에 앉는 손님의 위치는 그들에게 중요하지 않았다. 대부분의 웨이트리스에게 중요한 단서는 손님의 얼굴과 겉모습이었다.

몇몇 웨이트리스는 음료와 연관 지을 수 있는 어떤 특징을 찾는다고 보고하기도 했다. 예를 들어 스트로베리 다이키리는 뺨의 홍조와 연관 지었다. 가장 뛰어난 기억력을 보여준 웨이트리스 세 명은 아주 놀라운 설명을 해주었다. "조금만 지나면 손님의 얼굴이 주문받은 음료처럼 보이기 시작합니다."

1980
새치기의 불문율

대부분의 사람들에게 줄서기란 지루함과 아픈 발이 한데 합쳐진, 우리 문명이 낳은 괴로운 경험이다. 하지만 대기줄을 연구하는 사람에게 줄서기는 '사회시스템'이고, "그 사회시스템이 유지되는 건 사람들이 그 상황에 적합한 행동 방식을 잘 알고 있는가에 달려있다." 이 말은 스탠리 밀그램이 「새치기에 대한 반응」이라는 연구에서 쓴 말이다. 핫도그를 먹겠다고 줄에 서는 사람은 고유의 규범이 있는 소규모 사회에 발을 들이는 것이다. 본인이 원하느냐 아니냐 는 상관없다. 1980년대 초 스탠리 밀그램은 줄서기 규범을 연구하기 시작했다.

그 규범을 연구하는 가장 간단한 방법은 새치기를 할 때 무슨 일이 벌어지는지를 관찰하는 것이다. 밀그램은 뉴욕에 있는 자신의 학생들에게 어디서든 대기줄에 서면 새치기를 하라고 지시했다. 당시 심리학과 학생이었던 조이스 웨큰헛에게 그 실험은 생생한 기억으로 남아 있다. 이론적으로는 실험 과정이 매우 간단하게 보였다. 웨큰헛이 줄을 무시하고 세번째 사람과 네번째 사람 사이로 향하며 말했다. "죄송합니다. 여기 좀 서도 될까요?" 그리고 네번째 자리에 밀고 들어갔다. 하지만 그 실험을 실제로 수행하는 건 생각했던 것과는 완전히 달랐다. "그렇게 하려면 힘이 엄청나게 많이 들었습니다"라고 웨큰헛은 회상한다. 다른 학생들에게도 매우 힘든 일이었다. 몇몇은 새치기할 용기를 내기까지 30분 동안 초조하게 이리저리 종종거렸다. 어떤 학생들은 몸이 안 좋아지거나 현기증이 났다.

줄에 서 있는 사람들의 반응은 다양했다. 아무 말 없이 참아주는 사람이 있는가하면 화를 내며 욕을 퍼부어대는 사람도 있었다. "우리가 항만청에서 대기줄을 비집고 들어갔을 때 한 사람이 총을 꺼내 들었습니다. 우리는 걸음아 날 살려라하고 전속력으로 도망쳤습니다"라고 웨큰헛은 이야기한다. 학생들은 충분한 자료를 모을 때까지 총 129번 새치기를 했다.

대기줄의 상황과 반응이 각기 달랐다. "그랜드 센트럴 터미널의 매표소 앞에 늘어선 줄은 앞으로 빠르게 나아갔습니다. 그곳에서 새치기를 한다고 해서, 빠듯한 점심시간에 영화관 매표소 앞에서 새치기를 할 때만큼 자주 신고를 당하고 벌금형에 처해지진 않

대기줄은 자체 규범을 갖고 있는 작은 세계다. 새치기를 하려는 사람은 그 규범을 이해해야 한다.

았습니다"라고 웨큰헛은 회상한다.

새치기에 거세게 항의했던 사람들 중에서 4분의 3은 웨큰헛의 뒤에 있었다. 그들이 화내는 건 당연했다. 웨큰헛은 뒷사람들에게 직접적인 피해를 주었다. 하지만 4분의 1에 해당하는 사람들은 그의 앞에 서 있었다. 그 사실로 볼 때, 자신이 뒤로 하나 밀렸다는 것 이외에 대기줄에서 문제가 더 있는 것 같다. "사람들을 화나게 만드는 건 자리와 시간을 빼앗겼다는 사실만이 아니다. 규범이 지켜지지 않았다는 것만으로도 화나게 만들기 충분하다"고 밀그램은 적는다.

새치기를 한 사람 뒤에 있는 사람들이 모두 자신의 비용편익분석을 하진 않은 것 같았다. 규범이 위반되었다는 점에 똑같이 불편을 느꼈기 때문에, 원래는 모두 그 사건에 개입해야 할 똑같은 이해관계 당사자였을 것이다. 하지만 새치기한 사람을 나무라는 일은 우선적으로 그 사람 바로 뒤에 있는 사람에게 넘겨졌다. 바로 뒷사람들 중에 새치기에 항의하는 사람은 60퍼센트 정도였다. 그 사람이 아무 반응을 보이지 않았다면 그 사람 바로 뒷사람이 차례가 되지만, 그들 중에서는 20퍼센트만 항의를 했다. 대체로 다른 위치에 있는 사람들은 적극적이지 않았다. 따라서 새치기하는 사람 바로 뒤에 있는 사람에게 상당한 책임이 지워진다. "우리 뒤에 있는 사람이 우리를 제지하지 않으면 종종 사람들은 우리에게 화를 내지 않고 그 사람에게 화를 냈습니다"라고 웨큰헛은 회상한다.

새치기를 할 생각이 있다면 연구 결과에 따른 다음과 같은 요령을 알아둘 필요가 있다. 줄을 잘 살펴보고 수줍음을 가장 잘 탈 것 같은 사람을 찾은 다음 그 사람 앞에 선다. 반대로 줄에 서 있는데 누군가가 바로 앞에 끼어들어온다면, 꼭 명심해야 한다. 줄서기의 불문율에 따르면 그 사람을 제지하는 것이 당신의 의무다.

★ Milgram, S., H. J. Libety et al., 「새치기에 대한 반응Response to Intrusion Into Waiting Lines」, 『성격 및 사회 심리학회지Journal of Personality of Social Psychology』 51(4), 1986, pp.683-689.

1984
성경 이야기(3) : 침실에서 하는 십자가형

경험 많은 법의학자를 놀라게 만드는 일이 쉽진 않지만, 1984년 1월 『캐나다 법과학 저널』에 실린 논문의 9쪽에 인쇄된 그림은 그러고도 남을 만했다. 그림에는 커튼이 쳐 있고, 널빤지가 설치된 어두운 침실이 있었으며, 그 방에는 반바지를 입은 젊은이가 십자가에 매달려 있었다. 팔뚝에는 혈압계의 커프스를 장착했고, 가슴에는 전극판을 붙였으며, 그 전선들은 기록계에 연결되었다. 의사 가운을 입은 수염 난 노인이 그 옆에 서 있었고 청진기로 젊은이의 숨소리를 청진했다.

설마 그럴 리가 없다고 생각하면서, 침실 안 남자가 예수의 십자가형을 그래도 따라하고 있는 건 아닌가하는 생각을 억누를 수가 없다. 그렇다. 그것이 바로 그가 하고 있는 일이었다. 그 논문의 제목은 「십자가상의 죽음」이었다.

맨해튼의 북쪽에 위치한 로클랜드 군에 사는 법의학자 프레더릭 쥬기브는 특이한 전문분야를 선택했다. "저는 십자가형에 관한 권위자로서 세계적으로 인정받고 있습니다"라고 현재 80세가 된 병리학자 쥬기브는 얼마 전 과학 잡지 『차이트 비센Zeit Wissen』

법의학자 프레더릭 쥬기브는 어렵지 않게 실험 자원자를 모집할 수 있었다. 인근의 자유교회 교인들은 얼른 매달리고 싶어 기다릴 수 없을 지경이었다.

의 인터뷰에서 말했다. 그는 스무 살 때 처음으로 '예수의 육체적 고통'에 대한 논문을 읽었다. 그 이후로 십자가형의 고통에 관한 자신의 이론을 정립했다. 흔들림 없는 사실을 바탕으로 하지 않는 이론은 아무 가치가 없기 때문에, 그는 말씀의선교 수도회의 웨일런드 신부에게 부탁하여 2.3미터 높이의 십자가를 만들었다. 그리고 그 십자가를 집에 설치하고 수백 명의 실험 참가자들을 매달았다.

십자가형에 관한 학문적 보고서는 대부분, 참으로 올바르게 판단하려고 했지만 의학적 지식이 부족한 사람들이나 종교적인 열정으로 근거도 부족한 결과를 이끌어낸 사람들에 의해 쓰여졌다고, 쥬기브의 십자가형 연구에서 소개하고 있다. 쥬기브 자신 역시 독실한 가톨릭 신자였지만, 그래도 과학자인지라 다른 저명한 십자가형 전문가 피에르 바르베의 이론은 말이 안 된다는 것을 바로 알 수 있었다. 바르베는 1930년대에 자신이 수행한 실험을 통해, 십자가에 매달린 자세가 호흡정지를 유발해서 예수가 질식사했음을 증명했다고 생각했다(→83쪽). 쥬기브는 자신의 실험 자원자들 중에서 숨쉬기 힘들었던 사람은 아무도 없었다고 확신한다.

게다가 십자가형실험에 자원하는 참가자를 찾기 어려울 거라는 생각은 완전히 오산이다. 거의 100명에 이르는 첫번째 실험 참가자들은 지역 종교 공동체의 일원들이었다. "그들은 나에게 돈을 지불하고 싶어했습니다. 십자가형이 어떤 느낌인지 알고 싶으니 높이 매달아달라고 했습니다"라고 쥬기브는 매리 로치 기자에게 말했다. 로치는 시체에 관한 자신의 책 『인체재활용-Stiff』에서 한

장壯을 십자가형에 할애했다.

쥬기브는 스코틀랜드에 있는 고대 로마 요새에서 얻는 로마시대의 쇠못을 갖고 있었지만, 실험 참가자들을 십자가에 못 박지는 않았다. 손을 넣을 수 있는 커프스를 제작해서 가로대에 대못으로 고정시키고 그 안에 손을 넣었다. 발은 세로 각목에 달린 벨트에 끼웠다. 실험 참가자들은 그런 자세로 5분에서 45분 동안 견뎠다. 쥬기브는 그들의 심장박동을 체크하고, 체내 산소 함량을 측정하고, 숨소리를 청진하고, 혈액 샘플을 채취했다. 실험 참가자들은 근육통과 경련을 호소했고, 어떤 이들은 땀을 흘리며 당황했다. 그들은 언제든지 실험을 중단할 수 있었으며, 위급 상황을 대비해 심장 제세동기와 인공호흡기가 준비되어 있었다. 하지만 그 기계들이 필요한 적은 없었다고 쥬기브는 말한다.

더 확장된 실험을 몇 차례 한 후 그는 최종적으로 예수의 사망원인을 밝혀냈다고 생각했다. 예수는 과다 출혈과 외상성 쇼크로 인한 심정지 및 호흡정지로 사망했다는 것이다.

★ Zugibe, F. T., 「십자가상의 죽음 Death by Crucifixion」, 『캐나다 법과학 저널Canadian Society of Forensic Science Journal』 17(1), 1984, pp. 1-13.

1984 욕구를 채워주는 실험

앤 캐럴 슐스터는 자신의 몸을 실험 대상으로 삼았다. 자신이 실험 참가자가 된 실험 중에서 유사 이래 가장 즐거운 실험이었다. 몬트리올 로열 빅토리아 병원의 의사인 슐스터는 1984년 2월 한 학술지에서 태아의 건강이 산모의 오르가슴에 의해 위협받을 수 있다는 이야기를 읽었다. 그 논문의 저자들은 산모가 절정에 이를 때 태아의 맥박이 느려진 과거 실험을 바탕으로 그런 결론을 내렸다.

임신 중이었던 슐스터는 그 말을 믿을 수 없었다. 임신 38주차에 그는 자신을 스미스클라인 심박 모니터에 연결하고 오르가슴에 이르게 했다. 측정 결과 태아의 맥박은 전혀 느려지지 않았다. 2주 후 건강한 딸이 세상에 태어났다.

★ Schulster, A. C., 「성교가 태아에게 안 좋은 영향을 주는가 Does Coitus Embarrass the Fetus」, 『랜싯The Lancet』 2(8401), 1984, 514.

1986
월경주기의 동기화

제네비브 M. 스위츠는 대학 시절에 특별한 재능을 발견했다. 자신과 함께 셰어하우스에서 사는 여성들이 두어 달만 지나면 월경주기가 자신과 같아진 것이다. 그런 재능으로 서커스 공연을 할 수는 없지만, 학문적으로 흥미로운 주제인 것 같았다.

친밀한 관계에 있는 여성들의 월경주기가 서로 같아진다는 건 1960년대 말 매사추세츠 주 웰즐리 대학교의 학생 마사 매클린톡이 증명했다. 매클린톡은 막 스무 살이 되었을 때 어떤 토론회에서, 어떻게 페로몬—화학 통신 물질—이 쥐들의 배란을 조절하여 모든 쥐의 난자가 동시에 성숙하게 하는지에 관해 과학자들이 나누는 이야기를 들었다.

그와 똑같은 일이 여성들에게도 벌어진다고 매클린톡은 말했다. 하지만 과학자들—모두 남자다—은 그 말을 믿으려고 하지 않았다. "그들은 제 말을 우습게 생각하는 것 같았습니다. 증거가 어디 있냐고 물었습니다."

마사 매클린톡은 그 증거를 제시하고 싶었다. 그는 대학생 시절 1년 동안 기숙사에 사는 동료 135명에게 지난 월경일이 언제였는지를 물었다. 그 자료를 분석한 결과, 같은 방을 쓰는 친구들 사이에서는 여름방학 직후 월경주기의 차이가 평균 6.5일이었고 일곱 달 후에는 4.5일이 되었다.

2일 더 근접했다는 결과는 저명한 과학 잡지 『네이처』에 게재될 만한 증거로 충분했다. 1971년 매클린톡은 그 연구를 발표했다. 페로몬이 인간에게도 중요한 역할을 한다는 점을 최초로 언급한 것이었다. 그러면 알파걸이 월경주기를 결정했을까?

제네비브 스위츠는 1977년 샌프란시스코 대학교에서 유기화학을 공부했고 그곳에서 냄새를 통한 의사소통에 관심이 있는 마이클 J. 러셀을 만났다. 스위츠가 다른 여성의 월경주기에 영향을 주었으므로 그는 러셀의 실험 도우미로 적합했다. 더 정확히 말하면 스위츠의 땀이 실험에 적합했다. 정말로 페로몬이 월경 동기화 현상을 일으킨다면, 다른 여성이 스위츠의 땀 냄새를 정기적으로 맡았기 때문에 생리 시기가 달라졌던 것이 틀림없었다.

스위츠는 땀을 솜에 모아야 했으므로 솜을 겨드랑이 밑에 붙이고 있었다. 하루에 한 번 솜뭉치를 교체했고, 알코올 네 방울을 뚝뚝 떨어뜨린 후 네 조각으로 나누어 꽁꽁 얼렸다. 스위츠에게는 향이 나는 비누를 사용하는 것, 겨드랑이를 면도하거나 씻는 것도 금지되었다.

마사 매클린톡은 여성들의 월경 주기가 동기화된다는 놀라운 현상을 맞닥뜨리게 되었다.

실험 참가자들이 그 솜뭉치를 무엇으로 생각했는가는 그 연구 논문에서 설명하지 않는다. "실험 참가자들에게 윗입술 위에 어떤 냄새가 나는 것을 올려놓겠다며 양해를 구했다"는 설명만 있다. 넉 달 동안 스위츠의 땀 냄새는 절반의 실험 참가자 콧속으로 들어갔다. 나머지 절반은 통제집단으로서 알코올만 묻어 있는 솜뭉치를 받았다.

실험 결과, 스위츠의 냄새가 묻은 솜을 받은 여성 다섯 명의 월경주기가 넉 달 후에 스위츠와 3, 4일 정도 차이를 보였다. 실험을 시작하기 전보다 6일이 줄어든 것이었다. 통제집단에 속하는 여성 여섯 명의 월경주기는 차이가 전혀 줄어들지 않았다.

명확한 결과처럼 보이는데도, 오늘날 많은 전문가가 과연 월경주기의 동기화 현상이 존재하는지 의구심을 갖는다. 추후에 베두인 여성에서부터 여자 농구선수, 레즈비언 커플에 이르기까지 온갖 종류의 여성 집단을 대상으로 연구를 하였지만 명쾌한 결론을 얻지 못했다. 몇몇 집단에서는 매클린톡 효과가 나타났지만 다른 집단에서는 그렇지 않았다. 비평가들은 매클린톡 효과가 나타난 원인은 실험 방법의 결함에 있다고 생각한다. 그럼에도 많은 여성

★ Russel, M. J., G. M. Switz et al.,「인간의 월경 주기에 후각이 미치는 영향Olfactory Influences on the Human Menstrual Cycle」,『약리생화학 및 행동학회지 Pharmacology Biochemistry & Behavior』 13, 1980, pp.737-738.

이 그 효과를 믿는 이유는 월경주기가 우연히 겹치는 걸 종종 경험하기 때문이다.

매클린톡은 여전히 페로몬의 존재와 효과에 대하여 확신한다. 하지만 실제로 그 문제는 예상보다 복잡하다. 그렇게 화학물질이 항상 동기화시키는 효과를 발휘하진 않았고, 특별히 어떤 주기를 결정해주는 사람도 없는 것 같다. 월경주기의 동기화 현상이 어떤 기능을 하는지 또한 과학자들은 암중모색 중이다.

양 진영이 의견 일치를 보는 건 불가능한 것 같다. 자연과학적 논쟁을 페미니스트적 논쟁이 뒤덮고 있기 때문이다. 여성들이 동시에 생리를 할 때, 그것을 어떤 사람들은 여성 연대의 생물학적 표현으로 생각한다.

1986
끼이익~ 모종삽으로 석판을 천천히 긁을 때

1980년대 중반에 과학자 린 핼펀, 랜돌프 블레이크, 제임스 힐렌브랜드는 손톱으로 칠판을 긁는 것에 관한 궁금증을 해결하고 싶었다. 왜 손톱으로 칠판을 긁으면 소름이 돋는 걸까? 이제까지 이 주제에 관한 유일한 연구(→ 198쪽)는 별다른 성과가 없었으므로, 이 세 과학자가 그 현상을 근본적으로 파헤쳐보려고 했다.

우선 일련의 소리를 임의대로 배열했다. 그들은 24명의 실험 참가자들에게 16가지 소리를 들려주었고, 그 소리를 평가하게 했다. 종소리, 물 흐르는 소리, 연필깎이 소리, 믹서 돌아가는 소리, 스티로폼 두 개를 문지르는 소리, 기타 등등. 트루밸류 회사의 피스메이커라는 원예삼지창으로 석판을 천천히 긁는 소리가 최악의 평가를 받았는데 당연한 일이었다. 그런 설명을 읽는 것만으로도 이미 "모든 실험 참가자에게 소름이 돋았다"고 논문에서 밝히고 있다. 0(기분 좋다)에서 15(불쾌하다)까지의 척도에서 그 소음의 점수는 13.74였다. 연구자가 석판 긁는 소리를 택한 이유는 그 소리가 손톱으로 칠판을 긁는 소리와 비슷하면서도 더욱 쉽게 만들어낼 수 있기 때문이었다.

이어서 과학자들은 원예삼지창으로 내는 소음을 인공 디지털 버전으로 만들어냈다. 원음을 녹음하는 것보다 더 쉽게 여러 가지 소리를 만들어낼 수 있기 때문이다. "꺼림칙한 마음으로 실험에 자원한 몇 명"이 그 인공 소음을 "똑같이 불쾌하다"고 평가했다. 이제 무엇 때문에 그 소음이 그렇게 참기 힘든지를 알아내는 문제만 남았다.

고주파가 원인이라는 가정 하에, 연구자들은 그 소음을 음향 필터에 통과시켜 고음을 약화시켰다. 그럼에도 실험 참가자 12명이 듣기에 그 소리의 불쾌감은 조금도 나아지지 않았다. 놀랍게도 음향 필터를 반대로 작동시켰을 때 긁는 소리의 소름 돋는 느낌이 사라졌다. '원예삼지창으로 석판을 천천히 긁을 때 나는 소리'에서 저음이 약화되었을 때, 그 소리를 실험 참가자들은 확실히 더 편안하게 느꼈다.

이 결과가 의미하는 바에 당황했던 핼펀, 블레이크, 힐렌브랜드는 그 논문의 결론 부분에서 거의 대부분을 원예삼지창의 소음이 그렇게 강한 반응을 일으키는 이유에 대한 고찰에 할애했다. 누구에게 물어보느냐에 따라 천재적이라 할 수도, 또는 허무맹랑하다고 할 수도 있는 그들의 아이디어는 다음과 같았다. "그 소음은 마카크(긴꼬리원숭잇과)의 경고음과 비슷하다. 진화론적으로 볼 때, 식은땀과 소름은 지금에는 아무 소용이 없는 과거 도피반응의 잔재인 것 같다."

칠판 긁는 소리가 동물이 내는 경고음처럼 들린다는 주장은 오늘날까지 이 사람 저 사람이 소름이 돋는 이상한 현상에 대한 설명이라며 언급하고 있다. 연구자 중에서는 랜돌프 블레이크가 아직 증명되지도 않은 그 주장을 여전히 설득력 있다고 본다. 하지만 제

★ Halpern, D. L., R. Blake et al., 「소름끼치는 소리의 음향 심리학Psychoacoustics of a chilling sound」, 『지각 정신물리학 Perception Psychophysics』 39(2), 1986, pp.77-80.

임스 힐렌브랜드는 그렇게 확신하지 않는다. 2006년 그 논문이 특별히 기발하고 엉뚱한 연구를 재미로 기념하는 이그노벨상을 획득한 후 힐렌브랜드는 한 기자에게 말했다. "저는 그 아이디어를 말도 안 된다고 생각했습니다." 칠판 긁는 소리에 대하여 나타나는 신체반응은 '독특해서', 위험한 동물과 마주칠 때 나타나는 반응과 비교될 수 없다는 것이다. 힐렌브랜드는 그런 신체반응을 일으키는 건 그 소리 자체가 아니라고 생각한다. 손가락으로 칠판을 긁을 때 손가락에 전해지는 느낌을 상상하는 것이 그런 극심한 반응과 관련 있나고 추측한다. 10년 전 칠판 긁기에 관한 연구를 했던 데이비드 일리David J. Ely는 이미 그런 의문을 갖고 있었다.

칠판을 긁는 소음과 촉감이 동시에 나타나기 때문에 인간의 뇌가 둘 사이의 관계를 만들어낸 것 같다. 그래서 그 소음만 들리더라도 소름이 돋는다. 종소리 자체가 먹이와 관계 없지만 종소리만으로 침을 흘리는 파블로프의 개와 같은 것이다(『매드 사이언스 북』 75쪽). 그러면 '삼지창으로 석판을 천천히 긁을 때' 나타나는 강한 신체반응은 고전적 조건화에 해당할 것이다.

I987
하얀 곰을
생각하지 마세요

자, 다음 과제를 해보자. 이제 절대로 하얀 곰을 생각하지 마세요! 이 과제가 어려운가? 그렇다면 지금 방금 1987년 『성격 및 사회 심리학지』의 한 논문에서 설명한 '사고 억제의 역설적 효과'를 경험하고 있는 것이다. 이 연구에서 34명의 학생들에게 5분 동안 하얀 곰을 생각하지 말라고 했다. 실험 결과, 학생들은 평균적으로 6.78회 하얀 곰을 생각했다.

전혀 놀랍지 않다. 생각을 의식적으로 억누르려면 제3의 뇌 활동이 필요하다. 하얀 곰을 생각하지 않기로 마음먹은 사람은 그 결심을 했다는 생각도 다시 지워야 한다. 그렇지 않으면 바로 하얀 곰을 생각하지 말아야 한다는 생각을 하기 때문이다.

어떤 생각—예를 들어 헤어진 여자친구나 다음에 피울 담배 생각—을 머릿속에서 내몰겠다는 바람이 머릿속에 꽉 차 있을 때, 잊으려는 노력은 아무 소용이 없다. 생각을 완전히 억누를 수 없을 뿐 아니라, 오히려 그 생각이 더 강하게 다가온다. 한 집단의 학생들에게 하얀 곰을 생각하지 말라고 한 후 의식적으로 하얀 곰을 생각하라고 요청하자, 이전에 하얀 곰에 대한 생각을 억누르는 노력을 하지 않은 집단에서보다 하얀 곰에 대한 생각이 더 강하게 일었다.

다른 무언가를 생각하는 것도 별로 도움이 되지 않는다. 학생들에게 하얀 곰 대신에 빨간 폭스바겐을 생각하도록 지시했을 때 그들의 눈앞에 계속 곰이 떠올랐다. 물론 폭스바겐도 함께 떠올랐다. 곰이 핸들을 잡고 있었는지, 조수석에 앉아 있었는지는 물론 논문에 나와 있지 않다.

★ Wegner, D. M., D. J. Schnieder et al., 「사고 억제의 역설적 효과 Paradoxical effects of thought suppression」, 「성격 및 사회 심리학지Journal of Personality and Social Psychology」 53, 1987, pp.5-13.

1987
다이어트에 도움이 되는 남자

살을 빼려는 여성은, 여행을 좋아하고, 사진에 관심이 있고, 운동을 하고, 독서를 많이 하고, 법률을 배우고 싶어하고, 싱글인 남성과 데이트를 해야 한다. 그리고 텔레비전 시청과 파티 이외에 취미가 없고, '돈을 버는 것' 말고는 직업적 목표가 없으며, 인생의 반려자가 있는 남자들을 피해야 한다.

그런 두 가지 유형의 남자들을 테네시 주 내슈빌에 있는 밴더빌트 대학교의 여학생들이 만나게 되었다. 각 그룹당 12명의 여학생들이 이성교제에 대한 실험을 한다는 말을 듣고 참가했다. 학생들은 서로 만나기 전에 취미, 관심사, 직업적 목표에 관한 설문지를 작성해야 했다. 그런 다음 그 설문지를 남자 파트너가 작성한 것과 서로 교환했다. 그 남자는 실험을 돕는 실험보조원이었다. 남자 파트너의 설문지는 두 가지였다. 하나는 그를 매력적인 미혼으로, 또

★ Mori, D., S. Chaiken et al., 「'소식'과 여성성의 자기 표현"Eating Lightly" and self-presentation of femininity」, 『성격 및 사회 심리학지 Journal of Personality and Social Psychology』 53, 1987, pp.693-702.

하나는 그를 지루하고 쓸모없는 사람으로 보이게 했다.

단 둘이 대화를 나눌 수 있는 방으로 인도한 후, 엠엔엠즈 초콜릿과 땅콩이 들어있는 접시를 하나씩 손에 쥐어주었다. 그리고 '연구실 파티를 하고 남은 것'이라며 원하는 만큼 먹어도 된다고 말해주었다.

여성들에게 알려주지 않은 것이 있었다. 그 접시들 안에는 정확히 250그램의 과자가 있었고, 만남 후에 실험자가 과자의 무게를 다시 측정했다. 여성이 호감을 느낄 수 있게 묘사된 남성을 만난 여성들의 경우 과자가 평균적으로 6.37그램 줄어들었고, 재미없는 남성을 소개받았다고 생각한 여성들이 먹은 과자는 평균적으로 25.24그램이었다. 네 배나 많은 양이었다.

논문의 저자는 이를 다음과 같이 해석한다. '조금 먹는 것'은 전형적인 여성의 특성으로 간주되고, 탐낼 만한 파트너가 눈앞에 있는 경우 여성들은 가능한 한 여성적으로 보이려고 노력한다.

물론 앞에 있는 그 잠재적인 파트너는 살과 피를 가진 존재여야 한다. 모든 사람의 경험에 따르면, 비디오 속 가상세계에나 등장하는 휴 그랜트는 동일한 효과를 발휘하지 못한다.

1988
검은 유니폼을 입은 선수가 더 강하다!?

마크 프랭크는 오래전부터 검은색이 사람에게 매우 특별한 영향을 미친다고 생각했다. 광적인 스포츠 팬인 그는 미식축구나 아이스하키 경기를 볼 때 검은색 유니폼을 입은 팀이 다른 색을 입은 팀보다 더 공격적으로 경기하고 파울을 더 많이 한다는 인상을 지울 수 없었다. 셰퍼드와 시베리안 허스키가 섞인 자신의 개를 데리고 산책을 해도 이런 추측이 증명되었다. "저의 개가 아주 순한데도 사람들은 언제나 개를 피했습니다. 그와 반대로 제 친구의 개는 흰색과 회색이 섞인 털을 갖고 있어서 아무도 무서워하지 않았습니다. 그 개가 저의 개보다 훨씬 공격적인데도 말입니다"라고 심리학자 마크 프랭크는 회상한다.

프랭크는 그런 착각을 자아내는 건 검은색이라고 확신했다. 하지만 그의 생각에는 자신의 용감한 개가 사람들이 피할 때 더 도발적으로 변하는 것 같았다. 검은색이 사람들에게 두려움을 느끼게 할 뿐 아니라 개를 공격으로 만든다는 것, 그런 게 가능할까?

프랭크는 이 문제를 뉴욕 주 코넬 대학교에서 자신의 지도교수 토머스 길로비치와 이야기했고 두 사람은 그 문제를 깊이 연구해보기로 결정했다. 우선 그들은 프랭크의 관찰 결과가 옳은지를 밝혀내야 했다.

첫번째 실험에서 실험 참가자 25명에게 프랭크가 갖고 있던 아이스하키팀과 미식축구팀의 유니폼 사진을 보여주었더니, 그들은 실제로 LA 레이더스, 피츠버그 스틸러스, 밴쿠버 캐넉스, 필라델피아 플라이어스의 모습을 가장 공격적이라고 평가했다. 모두 유니폼이 검은색이었다.

다음으로 프랭크는 팀의 파울 통계를 살펴보았다. 파울에서도 검은색은 영향을 미쳤다. LA 레이더스와 필라델피아 플라이어스는 다른 팀보다 더 많은 파울을 범했다. 그리고 검은색을 입은 나머지 팀들도 파울 횟수에서 많이 앞서 있었다.

검은 옷을 입으면 공격적으로 변할까? LA 레이더스 소속 미식축구선수 라일 알자도는 '검은 옷을 입은 나쁜 남자'의 전형이다.

하지만 특별히 의미심장한 건 다음 사례였다. 피츠버그 스틸러스(미식축구)와 밴쿠버 캐넉스(아이스하키)가 조사 기간에 잠시 다른 색의 유니폼을 입었고, 그 후에 다시 검은색을 입고 경기를 했다. 그러자, 보라! 곧바로 그들은 파울을 더 많이 했다. 문제는 도대체 그 이유가 무엇이었냐는 것이다. 검은색을 입은 그들이 더 공격적으로 경기를 한 걸까,

아니면 심판이 프랭크의 개를 마주친 사람들처럼 착각을 해서 그들을 더 공격적으로 인식한 걸까?

그 질문의 답을 얻어내기란 상당히 까다로울 것 같았다. 똑같은 경기 장면을 담은 사진이 두 장 필요했고, 거기서 항상 두 팀이 번갈아 검은 옷을 입어야 했기 때문이었다. 똑같은 장면에서 공격성의 정도가 서로 다르게 평가받는다면, 그것은 검은색이 가져온 착각임에 틀림없다.

그래서 프랭크는 몸싸움이 격렬한 경기 장면을 촬영해 두 가지 버전으로 새로 만들었다. "우리는 선수들의 윤곽을 OHP 필름에 모사했습니다[당시는 파워포인트와 포토샵을 사용하는 시대가 아니었다]. 그런 다음 우리는 그 사진들을 복사해서 공격수의 유니폼을 한번은 검은색으로, 한번은 빨간색으로 칠했습니다." 하지만 실험 참가자들은 그 그림들을 갖고는 공격성을 판단할 수 없다고 했다. 프랭크는 공격성을 평가하려면 움직이는 영상이 필요하다는 것을 깨달았다. 하지만 움직이는 동일한 경기 장면을 OHP와 사인펜으로는 만들어낼 수 없었고, 경기 장면을 편집해 짧은 비디오 영상을 제작하는 건 당시 기술로는 너무 많은 노력과 비용이 들었다. 프랭크는 친구들에게 도움을 요청했다.

이미 오래전부터 그는 매년 남성주간(men's weekend: 며칠 동안 함께 생활하며 일, 성경 공부, 토론 등을 하고 자신을 돌아보는 프로그램—옮긴이) 동안 뉴욕 인근 인터라켄의 별장에서 그 친구들을 만났다. "저는 그 친구들에게 몸을 던지는 미식축구를 하며 격렬한 경기 장면을 그대로 따라해준다면 맥주 두 상자를 사겠다고 약속했습니다." 프랭크는 카메라 여러 대를 설치하고 경기장 바닥에 표시를 했다. 그런 다음 유니폼을 바꿔 입어가며 경기 장면을 정확하게 똑같이 반복했다. 마지막에 그는 촬영분에서 가장 똑같은 경기 장면을 골라 축구 팬과 심판들에게 보여주었다. 그리고 실제로 축구 심판들은 검

검은 유니품을 입은 선수는 공격적으로 인식되고, 행동도 좀더 공격적으로 한다.

은 옷을 입은 팀에 더 많은 파울을 선언했고 축구 팬들은 그 팀이 더 공격적으로 경기를 한다고 느꼈다.

또한, 사람들이 자신의 개를 무서워하면 그에 대한 반응으로 개가 더 도발적인 모습을 보인다는 프랭크의 관찰은 옳았을까? 검은 옷을 입은 사람이 더 공격적으로 보일 뿐 아니라 공격적이라고 보는 상대방의 인식이 그 사람을 더 공격적으로 변화시킨다는 두 가지 효과가 동시에 작용할 수 있을까?

프랭크는 72명의 실험 참가자에게 검은색이나 흰색 티셔츠를 골라 입은 다음 게임 목록에 제시된 12가지 게임 중에서 하고 싶은 게임 5가지를 선택하라고 요청했다. 검은 옷을 입은 실험 참가자는 더 공격적인 게임을 골랐다. 이 결과는 사람의 성격이 의미 없는 겉모습에 영향을 받지 않을 만큼 안정적이라는 직관을 흔들어놓는다. 인정하고 싶지 않더라도 우리가 겉모습에 영향을 받는다는 것은 엄연한 사실이다.

프랭크 연구가 1988년에 발표된 후, 연구자들은 그 연구 결과가 팀의 승률을 전혀 설명하지 못한다는 점을 급히 서둘러 언론에

★ Frank, M. G., and T. Gilovich, 「자아 지각과 사회적 지각의 이면: 스포츠에서 검은 유니폼과 공격성 The dark side of self and social perception: Black uniforms and aggression in professional sports」, 「성격 및 사회 심리학지 Journal of Personality and Social Psychology」 54, 1988, pp.74-85.

분명하게 밝혀야 했다. 그들이 그렇게 서두르지 않았더라면 다음 시즌에 모든 팀이 검은 유니폼을 입고 경기를 했을 것이다.

자신의 유니폼 색깔을 정말로 과학적인 기준에 따라 선택하고 싶은 사람은 오히려 빨간색을 입어야 한다. 2004년 하계올림픽 때 네 가지 격투 종목에서 양측이 빨간색과 파란색 중에서 어느 옷을 입을지 제비를 뽑아 결정했는데, 승부를 분석한 결과 빨간 옷을 입은 선수가 더 자주 이겼다.

축구 전문가는 격투 종목에서 유효한 사실이 축구에도 어느 정도 들어맞는다고 해도 별로 놀라지 않을 것이다. 2004년 유럽 축구 챔피언십에서 빨간 유니폼을 입은 팀이 더 많은 승리를 거두었다. 영국 더럼 대학교의 진화인류학자 러셀 힐과 로버트 바턴이 팀의 경기력을 분석한 결과, 크로아티아, 체코 공화국, 영국, 라트비아, 스페인 팀이 빨간 유니폼을 입었을 때 다른 색을 입었을 때보다 평균적으로 0.97골을 더 넣었다(모든 팀이 두 가지 유니폼을 갖고 있으며 상대편과 구별되도록 유니폼 색을 바꿔 입는다).

빨간색이 이와 같은 영향을 미치는 이유는 분명하지 않다. 연구자들은 그런 효과가 계통발생과 관련된 유산이라고 생각한다. 많은 동물에게 빨간색은 우월성을 나타낸다. 그러니까 아이스하키 경기장의 13번째 선수는 우리에게 끊임없이 인간의 유래를 상기시키는 다윈임에 틀림없다(축구에 관한 다른 실험은 281쪽을 참조).

1989
라스푸틴이 좋아지려고 해

그리고리 라스푸틴에 대하여 긍정적인 측면을 말하긴 너무 어렵다. 미래에 심령치료사와 순회목사가 된 그는 이미 열일곱 살 때 알코올중독과 성희롱, 절도로 고발당했다. 나중에 차르의 왕궁을 드나들 때에도 그는 방탕한 생활을 이어갔다. 라스푸틴은 자신의 많은 약점을 숨기고 러시아 귀족의 종교적 측근이 되어 자신의 위치를 악용했던 사기꾼으로 자주 묘사된다.

그럼에도 불구하고 심리학자 존 F. 핀치와 로버트 B. 치알디니는 라스푸틴에게 약간이라도 호감을 갖게 만드는 간단한 방법을 발견했다. 그들은 라스푸틴의 이력서를 학생들에게 나누어주고 그의 성격 특성 중 네 가지를 평가해줄 것을 부탁했다. 당연히 언제나 결과는 부정적이었다. 하지만 이력서 표지에 적힌 라스푸틴의 생일을 평가자의 생일로 고쳐놓자 결과가 달라졌다. 생일이 같다는 이유만으로 호감지수가 거의 25퍼센트나 뛰어올랐다.

서로 간의 유사성이 상대에 대한 호감으로 이어지게 되는 것은 이메일을 이용해서도 증명할 수 있다(→284쪽). 심지어 레스토랑 서빙 직원은 이를 이용해 돈을 벌 수 있다(→298쪽).

라스푸틴은 역겨운 사람이었다. 하지만 사소한 심리학적 조작만으로 그에 대한 인상이 좀더 나아질 수 있다.

★ Finch, J. F., and R. B. Cialdini, 「긍정적인 (자아) 이미지 관리(Self-) Image Management: Boosting」, 『성격 및 사회 심리학지Personality & Social Psychology Bulletin』 15(2), 1989, pp.222-232.

1991
옥토버페스트에서 해야 하는 연구

하이코 헤흐트는 9월 말 옥토버페스트가 열리는 뮌헨의 중심지 테레지엔비제가 자신의 실험 장소로 세상에서 가장 적합하다고 생각했다. 그의 실험 참가자들은 옥토버페스트에서가 아니더라도 평소에 음료가 유리잔 속에서 어떤 상태로 있는지 잘 알고 있어야 했다. 음료를 마시러 온 사람들보다는 천막에서 서빙을 하는 사람이 그 실험 조건에 적합했다. 그래서 그는 1991년 옥토버페스트 기간에 오후마다, 기울어지고 빈 유리잔이 그려진 설문지를 들고 천막 맥줏집들을 돌아다니며 웨이트리스에게 유리잔 안에 수면을 그려넣어줄 것을 부탁했다. 그는 그 실험이 서빙하는 사람들의 전문성에

잔 속 맥주는 어떤 형태로 들어 있을까? 그것을 웨이트리스는 몰랐다.

큰 타격을 줄 것이란 사실을 당시에는 예상하지 못했다.

헤흐트는 웨이트리스에게 다가가, 스위스 교육학자 장 피아제가 1930년대에 개발한 그 유명한 수면과제(→99쪽)를 제시했다. 피아제는 그 과제를 이용한 실제 사례를 통하여 아동의 공간개념 발달 과정을 보여주었다. 기울어진 유리잔 속의 수면을 그대로 따라 그리라는 과제가 주어졌을 때, 5세 아동들은 언제나 수면을 유리잔의 벽면에 수직이 되도록 그렸다. 6세나 7세 아동들은 그것이 틀렸다는 건 알았지만 물을 여전히 기울어지게 그렸다. 약 9세가 되어서야 피아제가 구분한 발달단계 중 최고 단계에 이르러서 정답을 맞혔다. 수면은 언제나 수평을 이룬다. 즉 테이블판과 평행이 된다.

심리학자 프레다 레벨스키가 30년 후에 심리학과 학생들을 대상으로 그 실험을 반복했을 때, 놀랍게도 많은 성인이 피아제가 말한 최고 단계에 이르지 못하고 어린 아이와 똑같은 실수를 저지른다는 사실을 깨달았다. 실험 참가자 중 거의 3분의 2가 수면을 적어도 5도 기울어지게 그리는 실수를 했다! 일부는 정말 이상하게 착각해서 90도 넘게 그린 것이 분명히 맞다고 했다. "20세 청년이라면 잔을 기울여 물을 마시는 경험을 무수히 했겠지만, 이 과제를 할 때 아마도 그 경험을 되살리지 못하는 것 같다"며 당시에 레벨스키는 과학 논문에 흔히 쓰이는 절제된 표현을 사용했다.

얼마나 큰 실수를 했는지 구체적으로 따져보기 위하여 여기에서 잠깐 계산을 해보자. 20세 청년이 이제까지의 삶에서 매일 음료를 세 잔씩만 마셨다고 한다면, 그는 잔을 기울였을 때 음료의 수면이 수평을 유지하고 있는 것을 바로 눈앞에서 약 2만 번 보았다. 그런데 그에게 수면을 그리라고 하니 어떻게 했는가? 그는 수면이 지면과 수평이라는 생각을 해본 적이 없다.

하지만 그것이 전부가 아니었다. 그날 레벨스키의 연구는 훨씬 나쁜 결과를 하나 더 가져왔다. 그것에 대하여 하이코 헤흐트는 "그런 건 말하지 않는 것이 좋겠다"는 입장을 보였다. 그 결과란, 여성들이 수면과제에서 훨씬 나쁜 성적을 보였다는 것이다! 그 결과가 알려지고 난 후, 많은 심리학자가 그 연구에 달려들었고 오늘날까지 100개도 훨씬 넘는 연구가 발표되었다. 하지만 그렇게 많이 연구되었는데도 성차는 사라지지 않았다. 예를 들어 1995년에 발표된 한 전형적인 연구의 결과를 보면, 남성들 중 50퍼센트는 매우 좋은 성적을, 20퍼센트는 매우 나쁜 성적을 보였고, 여성들 중 25퍼센트는 매우 좋은 성적을, 35퍼센트는 매우 나쁜 성적을 보였다.

그런 성차의 원인은 X 염색체에 있는 열성유전자, 남녀의 평형감각기관의 차이, 남자아이들이 여자아이들보다 블록 장난감을 더 많이 가지고 논다는 사실 등에 있을 거라고 추측된다. 수면과제를 거의 80년 가까이 연구한 결과를 한마디로 요약하면, 사람들이 왜 그렇게 그 과제를 못하는지 모르겠고 왜 여성들이 남성

문제: 그림에서 유리잔은 정지해 있다. 따라서 그 안의 물도 흔들리지 않는다. 잔 속에 수면을 그려넣으시오. 선은 유리잔 오른쪽 벽면에 있는 점에 이르러야 한다(해답은 뒤쪽에 있다).

들보다 더 못하는지도 모르겠다. 그리고 지금 '하이코 헤흐트가 옥토버페스트에서 어둠 속을 비춰줄 희미한 빛을 던져주었더라면'하고 기대하는 사람은 실망하게 될 것이다. 그는 이상한 결과들로 상황을 더 혼란스럽게만 만들었다.

하이코 헤흐트가 그 실험에 관한 아이디어를 떠올렸을 때는 미국 버지니아 대학교에서 막 박사학위 논문을 끝냈을 때였다. 당시에 그는 전문성이 무엇을 의미하는지, 그리고 어떻게 전문가가 되는지에 대한 문제를 곰곰이 생각하고 있었다. 한 동료의 주연구 과제가 수면과제였고 헤흐트는 심리학 연구를 하러 뮌헨의 막스플랑크연구소로 옮기려던 참이었기 때문에, 양손에 맥주잔을 다섯 개씩 들고도 한 방울도 흘리지 않고 천막 안을 바쁘게 오가는 웨이트리스의 모습이 갑자기 머릿속에 떠올랐다. 그는 "유리잔 속 맥주가 어떤 상태로 있는지 그들은 분명 알 것이다. 그들이 그 과제에서는 전문가다"라고 생각했다.

헤흐트의 박사과정 지도교수 데니스 프로핏도 수면과제에서 어떻게 전문가를 구분해내는가에 관심이 있었다. 그가 학술지『사이언스』에서 밝혔듯, 1970년대에 그는 '그 문제를 맞히지 못한 박사학위 소지자'를 처음 만난 이후로 경험이 수면과제 풀이에 어떤 영향을 미치는지 알고 싶었다. 문제를 틀린 그 박사는 바로 '하루종일 시험관을 흔드는 일에 가장 많은 시간을 보내는' 약리학자였다.

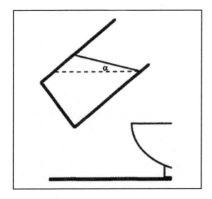

(앞쪽 문제의 해답) 점선이 정답이다. 테이블 면과 평행이 되어야 한다. 실선은 일반적인 오답을 나타낸다.

헤흐트는 옥토버페스트 때 천막 맥줏집 웨이트리스 20명에게 기울어진 잔 속에 수면을 그려넣어줄 것을 부탁했다. 이후에 바텐더, 가정주부, 버스 운전사, 학생 각 20명을 대상으로 실험을 이어갔다. 그 결과는 놀라울 만큼 분명했다. 웨이트리스와 바텐더는 다른 집단에 비해 확실히 오답을 많이 그렸다. 그들 중 정확히 3분의 1만 5도 정도의 오차를 보이며 수면을 그리는 데 성공했다. 평균적인 기울기는 약 21도였다. 그뿐만이 아니었다. 오답을 제시한 모든 실험 참가자 중에 정답을 보고 가장 많이 깜짝 놀란 사람은 웨이트리스와 바텐더였다. 종종 헤흐트가 유리잔을 가져와 잔을 기울이면서 어떤 현상이 벌어지는지 보여주기까지 해야 그들은 수평을 정답으로 받아들였다. 그 사실 때문에 수면과제와 관련하여 풀리지 않는 궁금증이 하나 더 생겼다. 경험을 쌓을수록 실수할 확률도 높아진다는 게 어떻게 가능한가?

헤흐트와 프로핏은 이 과제의 경우 경험으로 인해 그 '전문가'들이 유리잔을 좌표계로 여기게 된 것 같다고 추측했다. "바텐더와 웨이트리스는 반드시 음료를 흘리지 말아야 합니다. 그러려면 음료의 윗면과 잔의 가장자리 사이의 간격을 신경 써서 조절해야 합니다." 잔에 집중하다 보면 수면과제를 풀 때도 유리잔을 기준으로 삼게 될 수 있다. 원래는 그 주변 환경이 기준이 되어야 하는데도 미처 생각해보지 못했을 것이다.

하지만 이런 아이디어는 그 문제를 둘러싸고 제기된 많은 가설 중 하나에 불과하다. 헤흐트와 프로핏이 연구 결과를 발표하고 2년이 지난 1997년, 다른 학자가 정확히 반대되는 연구 결과를 발표했다. 그 연구에서는 미국 바텐더와 웨이트리스가 회계 담당자와 판매원보다 그 과제를 더 잘 수행했다.

그 수수께끼 같은 문제의 연구 결과가 아직 충분치 않다고 생각한다면 하나 더 소개하겠다. 최근의 발견에 의하면, 한자에 통달한 사람이 수면과제에서도 더 나은 수행을 보였다.

★ Hecht, H., and D. R. Proffitt, 「전문기술의 대가: 경험이 수면 과제에 미치는 영향The Price of Expertise: Effects of Experience on the Water-Level Task」, 「심리과학Psychological Science」 6(2), 1995, pp.90-95.

1991
온실 안에서 벌어진 생존경쟁

1991년 9월 26일 오전 8시에 여성 4명과 남성 4명이 애리조나 사막에 위치한, 완전히 밀폐되어 외부 세계와 격리된 온실로 들어갔다. 2년 후 그 온실을 떠날 즈음에 몇몇은 더이상 대화를 하지 않을 정도로 그들은 서로에게 적대적이었다. 그 거대한 온실에는 '바이오스피어 2'라는 이름이 붙여졌다. 바이오스피어biosphere, 즉 지구를 모방해 만든 축소판이어야 했기 때문이다(바이오스피어는 지구에서 생물이 살고 있는 범위[생태계]를 뜻하며, 바이오스피어 1은 지구 자체를 말한다—옮긴이).

1961년에 이미 구소련 학자 유제니 세빌리오가 24시간 동안 공기가 통하지 않는 강철통 안에 갇혀 있었다. 클로렐라가 그가 내뱉은 이산화탄소를 흡수해 다시 산소로 바꾸었다. 추후 실험에서는 기간을 길게 잡고 폐쇄된 공간에서 식량을 생산해보려고 했다. 장래의 목표는 오랜 기간 동안 자급자족할 수 있는 작은 세계를 만드는 것이었다.

하지만 바이오스피어 2만큼 기발한 실험은 그 어느 때도 없었다. 축구장의 두 배 반 정도 되는 면적에 세워진 바이오스피어 2의 천장은 6500개의 유리창으로 덮었다. 바닥에는 무게가 500톤이나 되는 강철통을 설치하여 유리 안의 세상을 밀폐했다. 검사 결과, 그 시설은 우주 왕복선보다 두 배 정도 더 강하게 밀폐되어 있는 것으로 나타났다.

아무 것도 들어가지 말고 아무 것도 나오지 말기. 그것이 2년간의 임무에서 가장 중요한 원칙이었다. 어쨌든 그 어떤 물질도 허용되지 않았다. 바이오스피어 2가 운영되는 데 필요한 600만 킬로와트의 에너지는 온실 밖 자체 발전소에서 생산되었다.

생태계 자체와 그 안에서 살게 될 여덟 사람의 생명을 유지시키는 생태계가 만들어질 수 있도록, 온실 안에 들일 동물군과 식물군을 잘 선택해야 했다. 식물과 동물의 수를 최소화했던 이전의 실

그 당시 세상은 여전히 평화로웠다. 1991년 9월 26일 여덟 명이 거대한 온실 바이오스피어 2에서 2년 동안 살기로 계획하고 들어갔다. 하지만 곧 다툼이 일어났다.

험들과 달리, 바이오스피어 2는 작은 에덴동산이었다. 23가지 지형 중에는 열대우림, 사바나, 늪, 자갈사막, 모래사막 등이 있었다. 미니어처 세계에는 폭포와 산호가 있는 바다도, 염소, 돼지, 닭이 있는 농업 구역도 있었다. 여기에 실험실, 작업장, 컴퓨터실, 도서관이 더 들어섰다.

언론에서는 실험 시작 전에 실험에 대하여 대대적으로 보도했다. 과학 잡지 『디스커버Discover』는 그 실험이 "달 착륙 이후 가장 흥미진진한 과학 프로젝트"라고 적었다. 그러나 실험이 시작되고 반 년도 채 지나기 전에 한 기자는 그 프로젝트에 참여한 사람들 중에 이견을 갖는 부류가 생겼다고 주장했다. 그들은 이 모든 게 완전히 비과학적이라고 보았다.

사실 그 실험에 대한 구상은 뉴에이지 운동 신봉자들이 1960년대의 반문화 정신을 호흡하던 환경에서 나왔다. 그들이 설립한 생태공학연구소는 '자연과 기술 사이의 전반적인 갈등'을 해소시키겠다는 목표를 갖고 있었다. 그들의 지도자 존 앨런은 비트족(1950년 미국의 경제적 풍요 속에서 개인이 거대한 조직의 부속품이 되는 것에 저항하여 민속음악을 즐기고 전원생활을 하던 사람들—옮긴이)처럼 옷을 입었고 항상 지나친 허세가 가득 찬 말을 했다. 바이오스피어 대원들이 메릴린 먼로의 유명한 플레어스커트를 디자인한 윌리엄 트라빌라의 유니폼을 입었고 그 안에서 〈스타트랙〉의 승무원처럼 보였다는 말도 별로 믿기지 않았다. 그 사업의 재정적 지원은 텍사스의 젊은 억만장자 에드 바스가 도맡았고, 그는 뉴에이지 신봉자들과도 밀접한 관계가 있었다.

온실 안에서의 생활은 현대적이면서 동시에 시대에 뒤떨어졌다. 여덟 명의 실험 참가자는 각각 스테레오, 텔레비전, 비디오가 갖추어진 고급스러운 방을 갖고 있었다. 라디오, 컴퓨터, 현대적인 주방은 있었지만 화장실 휴지는 없었다. 온실에서 종이가 생산되지 못했기 때문이었다(화장실에는 휴지 대신 워터 제트가 있었다). 모든 물질의 순환이 그 안에서 완결되어야 했다. 물은 정화되고, 배설물은 퇴비로 만들어졌으며, 사람이 내뱉은 이산화탄소는 식물이 흡수해서 다시 산소로 방출되었다.

바이오스피어 대원들이 온실로 들어서고 에어로크(주로 우주선에 있는 공기 폐쇄식 출입구—옮긴이)가 닫히자마자, 그들은 허기에 시달리기 시작했다. 고지방과 고단백 위주의 식사 대신 섬유질이 풍부한 채소로 배를 채우는 건 너무 힘들었다. 게다가 대부분의 시간을 농장에서 힘든 육체노동을 하며 보냈고, 그러자니 칼로리 소비가 늘었다.

설상가상으로 대두 수확량이 빈약했다. 콩과 작물이 버섯을 죽게 만들었고, 감자는 진드기가 먹었다. 헤어드라이어로 진드기를 죽이겠다는 시도는 실패로 돌아갔다. 미니어처 환경에서 적어도 고구마 농사는 잘 되는 것 같았다. 실험 참가자들이 고구마를 너무 많이 먹었더니 베타카로틴 색소 탓에 손이 오렌지색으로 변했다.

더 큰 어려움은 대기 조성을 어느 정도 안정적으로 유지하는 것이었다. 공기의 가장 중요한 구성 성분은 78퍼센트의 질소, 21퍼센트의 산소, 약 0.04퍼센트의 이산화탄소다. 원래 이 비율은 식물과 동물이 적절하게 어우러진 환경에서만 유지될 수 있다. 하지만 첫 번째 실험 결과, 이산화탄소의 양에 큰 변화가 있었다. 과잉 생산된 이산화탄소를 포집하기 위해 소위 스크러버 탱크를 설치했다. 그 기계는 잠수함에서도 이용된다. 스크러버를 사용한다는 사실을 나중에 기자들이 우연히 알게 되었을 때, 몇몇은 바이오스피어 2의 경영진이 그 사실을 숨기려 한다는 걸 짐작했다.

의사소통 전반에 있어서 존 앨런은 최악을 보여주었다. 그는 혼자 독백을 하는 경향이 있었고, 인터뷰를 갑자기 중단하며 의도적으로 정보를 알려주지 않으려고 했다. 그는 프로젝트 매니저 마거릿 오거스틴과 함께 사전 실험을 위해 여덟 명의 실험 참가자(29~69세)를 선발하여 우주선 안이나 오스트레일리아 농장으로 보내 기묘한 훈련을 시키기도 했다. 그 두 사람은 계속해서 직원들을 불분명한 이유로 해고했다.

그런 엉망진창의 경영이, 실험 참가자들이 온실 안에서 싸우게 된 가장 주된 이유였다. 한 집단은 존 앨런의 편에 섰고 다른 한 집단은 존 앨런에게 반항했다. 바이오스피어 2에서 산소량이 떨어졌을 때 추문이 나돌았다. 존 앨런이 과학 자문회에서 산소량의 수치가 낮다는 사실을 가능한 한 숨기려했다는 것이다. 실험이 시작하고 1년여가 지난 1993년 1월 13일이 되자 외부로부터 산소를 공급하지 않으면 안 되었다.

몇몇 대원들은 과학 자문회에 산소가 부족해진 원인을 밝힐 여러 실험을 해보자고 제안했다. 하지만 바로 밝혀진 사실은, 앨런이 간단한 실험을 통해 각각의 영향 요인을 따로 떼어내는 환원주의적 과학을 신뢰하지 않았다는 것이다. 바이오스피어 2는 완전히 정반대였다. 교란 변수가 셀 수 없이 많은 복잡한 계system였다.

추후 분석에 따르면, 산소 부족의 원인은 콘크리트에 있었다.

콘크리트가 다량의 이산화탄소를 흡수해서 식물이 흡수할 이산화탄소가 부족했고, 따라서 변환되는 산소의 양 역시 줄었다.

바이오스피어 2에 머무른 2년차에 서로 적대적이었던 실험 참가자 집단은 서로에게 거의 말을 건네지 않았다. 식량이 부족하다는 소문마저 밖으로 흘러나가자, 실험 진행자 한 사람이 어느 실험 참가자에게 침을 뱉었다. 비밀을 누설한 책임이 있다는 것이 이유였다.

"우리는 서로를 죽이지 않았다는 것을 자랑스럽게 생각한다"고 제인 포인터는 바이오스피어 2에서의 2년간의 경험을 쓴 책 『인간 실험: 바이오스피어 2, 2년 20분』에서 밝혔다. 1993년 9월 26일 여덟 명의 바이오스피어 대원들은 야단법석을 떨며 바이오스피어 2를 떠났다.

그 프로젝트를 둘러싼 불화는 계속되었다. 1억 5000만 달러를 투자한 에드 바스는 회계감사를 요구했고, 결국 경찰을 불러 존 앨런의 밑에 있는 경영진을 바이오스피어 2에서 내쫓았다. 그동안 이미 다음 직원들이 그 안으로 들어갔다. 나흘 후 존 앨런의 측근이었던 초창기 직원 두 명이 바이오스피어 2를 파손했다.

바이오스피어 2는 애리조나 사막에 위치했다. 그곳의 산소량이 꾸준히 유지되려면 식물에 필요한 햇빛이 충분히 있었어야 했기 때문이다. 하지만 실험이 시작되고 1년 후, 결국 외부의 신선한 공기를 주입해야 했다.

축구장 넓이의 두 배 반 정도 되는 면적에 6500개 유리판으로 지붕을 만들었다. 열대우림, 사바나, 늪, 자갈사막, 모래사막이 있었다. 폭포와 산호가 있는 바다와 염소와 돼지, 닭이 있는 농업 구역도 있었다.

2차 실험을 시작하고 얼마 지나지 않아 중단되고 나자, 1996년부터 2003년까지 뉴욕의 컬럼비아 대학에서 바이오스피어 2를 과학실험용으로 사용했다. 2007년에는 시설과 토지가 주택과 호텔을 지으려는 민간 기업에 매각되었다. 애리조나 대학교는 바이오스피어 2를 연구 목적으로 임차했다.

돌이켜 생각해보면 바이오스피어 2는 실패였던 것 같다. 산소는 외부에서 공급되어야 했다. 바퀴벌레와 개미는 폭발적으로 늘어났고, 모든 꽃가루 매개자(꽃가루를 나르는 생물. 대부분이 곤충이다―옮긴이)와 25종의 척추동물 중 19종은 씨가 말랐다. 돼지는 사람들과의 치열한 생존경쟁 때문에 도살되었다. 돼지는 사람과 같은 음식을 먹는 경쟁자였기 때문이다.

반면에 그 실험은 대중에게 엄청난 영향력을 발휘했다. 사람들을 동물과 함께 거대한 유리집 안에 넣고 무슨 일이 벌어지는지 들여다보라. 우리 지구상에서의 삶이 참으로 무엇을 의미하는지를 보여주는, 이보다 더 좋은 방법은 없을 것이다.

verrueckte-experimente.de

★ Poynter, J. 『인간 실험: 바이오스피어 2, 2년 20분The Human Experiment: Two Years and Twenty Minutes Inside Biosphere 2』, Basic Books, 2006(한국어판: 박범수 옮김, 알마, 2008).

1992
남자아이들은 선천적으로 자동차 장난감을 좋아할까?

사랑스러운 아이들의 생일이 얼마 남지 않은 때에, 개방적인 부모는 언제나 같은 문제를 맞닥뜨리게 된다. 아들에게 홈이 깊은 타이어, 물탱크, 맞춤판이 있는 레미콘차를 사줘야할까? 듀얼 타이어가 있는 덤프트럭을 바로 얼마 전에 사주었는데도? 지게차는 그만 갖고 인형으로 관심을 돌려야 할 때가 아닐까? 그럼, 딸은 어떻게 하지? 바비 인형의 패션피버 이브닝드레스는 두 개나 있는데, 이제 그만 사주고 레고 블록에 흥미를 느끼도록 해야 할까?

아이들의 생활에서 아들이나 딸의 특정 장난감에 대한 선호도만큼 변하지 않는 건 드물다. 오랫동안 그 원인은 오로지 사회화에 있을 거라고 추측했다. 남자아이는 성인 남성을 모방하고 여자아이는 성인 여성을 모방한다. 어린이의 사회화를 도맡는 나머지 요소는 바로 광고다. 그래서 그 어떤 사내아이도 빨간 갈기가 달린 분홍색 조랑말 벨벳 인형이랑 같이 있는 모습으로 남에게 보이는 걸 원치 않는다. 하지만 사회화만으로 그런 현상을 완벽하게 설명할 수 있을까? 심리학자 멜리사 하인스는 회의적으로 바라본다.

1990년대에 하인스가 로스앤젤레스 캘리포니아 대학교에서 근무할 당시 연구한 결과에 따르면, 태어나기 전에 어떤 질환이 있어서 남성호르몬인 테스토스테론이 너무 많이 분비되었던 여자아이는 나중에 헬리콥터와 소방차에 더 흥미를 보였다.

하지만 아이들의 장난감 선호도가 호르몬에 의해 결정될 수 있다는 아이디어에 반대하는 의견들이 거세게 일어났다. 한편으로 왜 이런 취향이 선천적이어야 하는지 불분명했고, 다른 한편으로 그 문제는 정치적이었다. 많은 여성이 전형적인 남자와 여자의 행동이라는 것이 전적으로 사회적 영향의 결과라고 주장하며 남녀의 동등한 권리를 요구했다. 그래서 여성들이 이미 어릴 때 선천적으로 가스레인지에 친근감을 느꼈다고 한다면 그것은 정치적으로 대단히 옳지 못한 것이 되었다.

그 여성들에게 결정적인 아이디어를 던져준 사람은 바로 하인스의 동료 마거릿 케메니였다. 그 문제를 밝혀낼 방법이 있다! 왜 장난감에 대한 선호도를 보수적인 부모와 요란한 광고가 전혀 영향을 미치지 않는 데에서 측정하지 않는가? 원숭이를 대상으로 하면 어떨까? 그리하여 하인스와 동료 학자 제리안 M. 알렉산더가 한 실험을 구상하여 1992년 세풀베다에 있는 대학교 소속 원숭이 우리에서 수행했다. 그들은 암컷과 수컷 각 44마리로 구성된 황록색의 긴꼬리원숭이 88마리에게 암컷과 수컷 각 집단별로 여섯 가지 다양한 장난감을 차례로 보여주고, 원숭이들이 무엇을 가지고 가장 오래 노는지 관찰했다. 선호하는 장난감은 사전 연구를 통해 결정했다. 전형적으로 남성적인 장난감은 공과 경찰차, 전형적으로 여성적인 장난감은 인형과 주방기구, 중성적인 장난감은 그림책과 강아지 인형이었다.

연구 결과는 명백했다. 수컷 원숭이는 암컷보다 공과 경찰차를 두 배나 더 오래 갖고 놀았고, 반대로 암컷 원숭이는 수컷보다 인형과 주방기구를 두 배나 더 오래 갖고 놀았다. 그림책과 강아지 인형에 대한 선호도는 두 집단에서 비슷했다. 작은 차이를 제외하고 원숭이들은 어린아이들과 비슷한 행동을 보였다. 기본적으로 수컷 원숭이는 남자아이들처럼 암컷 원숭이나 여자아이들에 비해 사물을 갖고 노는 시간이 더 길었다.

이 모든 것이 무엇을 의미하는지는 아직 분명하지 않다. 더욱이 연구자들은 원숭이를 대상으로 한 실험에서 아이들을 대상으로 할 때처럼 똑같은 방법으로 실험할 수 없었다. 아이들은 그런 실험에서 매번 혼자 있었고, 두 장난감을 놓고 그중에서만 선택해야 했다. 장난감에 대한 선호도의 성차는 부모나 TV 방송의 영향만이 아니며 생물학적인 원인도 한몫을 한다는 건 분명한 것 같다. 하인스와 알렉산더는 그 연구 결과를 발표하려고 했을 때 그런 지식이 찬밥

심리학자 멜리사 하인스는 수컷 원숭이와 암컷 원숭이가 인형, 공, 장난감 자동차 중 어느 것을 좋아하는지 실험했다. 결과: 원숭이는 정치적으로 올바르게 놀지 않는다.

★ Alexander, G. M. and M. Hines, 「원숭이(사바나원숭이 사바이우스)의 장난감에 대한 반응의 성차Sex differences in response to children〉s toys in nonhuman primates (Cercopithecus aethiops sabaeus)」, 『진화와 인간 행동 Evolution and Human Behavior』 23(6), pp.467-479.

신세를 면치 못한다는 걸 경험하게 되었다. 그들의 논문을 출판해 줄 학술지를 찾기까지 10년이 걸렸으며, 그때가 2002년이었다. 그로부터 6년 후 다른 연구자들은 수컷 붉은털원숭이가 바퀴 달린 장난감을 좋아하고 동물 인형을 싫어한다는 사실을 증명했다.

큰 의문이 남아 있다. 무엇 때문에 그렇게 상이한 선호도가 생기는 걸까? 남성의 뇌와 여성의 뇌가 진화를 거쳐 형성되었을 때, 어떻게 과거에 존재하지도 않았던 물건들을 좋아하도록 발달할 수 있었을까? 저하대 트럭의 어떤 특성을 남성의 뇌가 매력적으로 인식하는 걸까? 그 문제에 관하여 현재 이런저런 추측이 난무하고 있다. 움직이는 특성 때문일까? 아니면 장난감 자체가 아니라 그것으로 무엇을 할 수 있는지가 중요한 걸까? 인형으로는 땅바닥에서 이리저리 운전할 수 없다.

학계에서 이 문제를 가지고 씨름하는 사람들은 거의 여성이다. 여성들이 이 문제를 연구하는 동안 그들의 남자 동창생들은 아마도 자동차를 만들거나 축구를 하고 있을 것이다.

1992년 2월 크레이그 스미스가 하와이에서 비행기에 올랐을 때, 자신의 옷과 잠수복은 돌아오는 길에 버려두고 오게 될 것을 알고 있었다. 그건 고래 사체 연구의 어두운 단면 중 하나였다. 고래 사체는 사람이 도저히 헤어날 수 없는 악취를 퍼뜨린다. 2, 3일 전 스미스는 샌디에이고 근처에 10톤 가량의 귀신고래 사체가 떠밀려 왔다는 소식을 들었다. 그는 당장 캘리포니아 항구도시 샌디에이고로 가는 비행기표를 예약하고, 선원이 딸린 배를 빌린 다음 고철 700킬로그램을 조달했다.

하와이 대학에서 근무하는 스미스는 이미 오래전부터 커다란 유기물질 덩어리가 가라앉으면 심해에서 무슨 일이 벌어지는지를 연구했다. 당연히 고래 사체보다 더 큰 덩어리는 없다. 하지만 해저에서 고래 사체를 우연히 발견한다는 건 하늘의 별 따기라서, 스미스는 제 손으로 직접 고래를 가라앉히기로 결심했다.

1983년 첫번째 실험은 비참하게 실패했다. 죽은 고래가 그냥 가라앉지 않았다. 고래 뱃속에 발효 가스가 생겨서 부력을 만들었기 때문이다. 그러다 폭풍우가 일어서 스미스는 그 고래를 떠내려 가게 내버려두고 혼자 육지로 돌아와야 했다. 1988년 워싱턴 주 시애틀 앞에 있는 퓨젓사운드만灣에서 했던 두번째 실험도 절반의 성공에 지나지 않았다. 이번에는 고래가 바닥에 닿긴 했지만, 그 지역엔 잠수함이 없었기에 스미스가 나중에 잠수해서 고래를 관찰할 수 없었다.

이번 고래의 위치는 더 좋았다. 샌디에이고 근처의 바다는 해저 연구가 진행 중인 지역이었다. 해군기지에서 그 고래가 좌초되었던 것도 큰 행운이었다. 견인 밧줄로 고래를 스미스의 배에 연결할 수 있도록 군인들이 수륙양용 차량으로 그 고래를 바다까지 끌어다주었는데, 그런 일이 군인들에게는 즐거운 기분전환이 되었다. 이어서 고래를 끌고 망망대해로 나아가는 스미스의 배는 꼬박

고래를 해저로 가라앉히는 3단계: 고
래를 단단히 묶고(위), 예정된 위치로
끌고 가서(중간), 밸러스트로 무겁게
만든 다음 아래로 가라앉힌다(아래).
선원이 고래를 향해 총을 쏘곤 했는데
쓸데없는 일이었다.

24시간이 걸려, 스미스가 실험 장소로 정한 샌 클레멘테 유역의 한 지점에 이르렀다. 그곳에서 그는 정확한 위치를 기록한 다음, 고래를 밸러스트(배의 균형을 유지하기 위해 바닥 부분에 싣는 중량물—옮긴이)로 무겁게 만들어 1920미터 아래까지 가라앉혔다. 연구자들을 도와준답시고 몇몇 선원들이 고래 사체에 총을 쏘기까지 했다. "그런 행동은 사실 아무 도움이 되지 않았지만 그들은 프로젝트의 한 부분을 담당하고 있다고 느끼고 있었습니다. 매우 미국인다운 행동입니다"라고 스미스는 넓은 아량으로 말했다.

모든 조건이 완벽했음에도 스미스에게는 새로운 걱정이 생겼다. 그는 이제 사체가 있는 데까지 잠수할 때 필요한 돈 때문에 쪼들렸다. 자금 지원 요청이 두 차례 거부되었다. 세번째 요청을 하고서야 필요한 자금을 받을 수 있었다. 고래를 가라앉히고 3년 후에 스미스는 다시 실험을 했던 곳으로 향했다. 샌 클레멘테 유역에 있는 그곳 바닥이 비교적 평탄했기에 스미스는 그 사체를, 아니 그 사체의 잔류물을 음향탐지기로 별 어려움 없이 찾을 수 있었다.

그가 잠수함 '앨빈'으로 잠수했을 때 대부분의 물질순환 과정은 이미 끝나 있었다. 부패의 첫번째, 두번째 단계는 이미 지났으며, 스미스가 세번째 단계에서 발견한 건 해골뿐이었다. 해골에는 수만 마리의 조개와 달팽이가 가득했고, 그것들은 박테리아가 뼛속 지방으로부터 만들어내는 황화물을 먹으며 살고 있었다. 첫번째 부패 단계에는 죽은 동물을 먹고 사는 큰 동물—먹장어와 잠꾸러기상어 등—이 고래고기를 매일 40~60킬로그램씩 먹었고, 약 6개월 만에 끝났다. 그리고 조개, 구더기, 달팽이가 그 나머지를 배불리 먹는 두번째 단계도 발견 당시에는 완료되어 있었다. 이 두 단계는 스미스가 추후 실험에서 관찰할 수 있었다.

스미스가 추측하기에 자신이 발견한 종들 중 일부는 오로지 고래 사체만 먹고 사는 것 같았다. 해저에 있는 죽은 고래를 먹을 수

30톤짜리 고래 사체는 6년 후 수심 1674미터에서 다음과 같이 보인다.

있는 시간이 한정적일 뿐 아니라 흔히 발견할 수 없는 먹이라서, 어떻게 고래만 먹고 살까 생각할지 모른다. 하지만 스미스의 계산에 따르면, 커다란 고래의 뼈는 80년 이상 먹이 공급원이 될 수 있다. 서로 다른 두 사체 사이의 평균 거리는 16킬로미터 미만으로 추정된다. 따라서 고래 사체는 심해의 생태계에 중요한 기여를 한다.

오늘날까지 스미스는 고래 사체 일곱 마리를 가라앉혔다. 그의 연구가 냄새나는 옷보다 훨씬 큰 위험을 내포하고 있다는 사실은, 1988년 그가 부두 아래에 표착한 12미터짜리 쇠고래를 가라앉히려 했을 때 비로소 알게 되었다. 그 고래를 끌고 가기 위해 스미스와 그의 팀은 잠수복을 입고 그 고래를 그물로 싸야 했다. 그들이 목표 지점에서 그 그물을 벗겨내고 나서야, 2미터 길이의 청새리상어(식인 상어의 일종—옮긴이)가 그물 안에 함께 있는 것을 발견했다. 청새리상어는 아마도 고래가 표착했을 때 이미 그 고래를 먹고 있었는데, 사람들이 실수로 고래와 함께 그물로 둘둘 말았던 것 같다. 그 후에도 스미스는 발에 무언가가 스쳤던 것을 기억한다. 느낌상 상어 같았다.

★ Smith, C. R., and A. R. Baco, 「해저에 가라앉은 고래 사체의 생태 The ecology of whale falls at the deep-sea floor」, 『해양학 및 해양 생물학: 연간 리뷰Oceanography and Marine Biology: an Annual Review』 41, 2003, pp.311-354.

제임스 글래신이 박사논문을 쓰기 시작했을 때는 별다른 어려움이 없을 거라고 생각했다. 글래신은 매사추세츠 주 케임브리지에 있는 하버드 대학 생체역학자 토머스 맥마흔의 실험실에서 연구 중이었다. 1990년대 초에 한 학우가 일명 '예수도마뱀'이라고도 불리는 바실리스크 사진을 실험실로 가져왔을 때, 어떻게 그 도마뱀이 물 위를 달리는지 알아내고 싶었다. "저는 그 연구 과제가 특별히 어렵지 않을 거라고 확신했습니다. 어느 정도 일반적으로 알려진 물리학 지식 정도면 충분히 설명할 수 있겠다고 보았고, 실험에 필요한 도마뱀은 애완동물 가게에서 구할 수 있을 것으로 생각했습니다"라고 글래신은 기억한다. 몇 달 후 좌절에 빠진 그는 땀에 흥건히 젖어 코스타리카의 다 허물어져가는 바에 앉아 있었다.

미국의 애완동물 가게에서는 예수도마뱀을 판매하지 않는다는 사실을 확인한 후, 스스로 그 도마뱀을 찾으러 원시림으로 가는 수밖에 달리 도리가 없었다. 거의 한 달 동안이나 아무 소득 없이 정글을 헤맸을 때, 바에서 만난 원주민이 그에게 코스타리타의 다른

생체역학자 제임스 글래신이 이 예수 도마뱀의 사진을 본 후로, 도마뱀이 어떻게 물 위를 걸어가는지 알아내고 싶었다.

구석에서 찾아볼 것을 권유했다. 그가 추천한 소도시 골피토에 도착해서 또 어떤 바에 들어간 글래신은 절망에 지친 나머지, 살아 있는 예수도마뱀을 자신에게 가져다주면 누구에게나 5달러씩 주겠다고 약속했다.

다시 밖으로 나왔을 때 글래신은 자신의 제안이 얼마나 어처구니없는 것이었는지 깨달았다. 골피토는 예수도마뱀으로 우글거렸다. 얼마 지나지 않아 그는 그곳에서 자기 손으로 예수도마뱀 12마리를 잡았다. 하지만 그러는 사이에 그의 제안이 동네 학생들 사이에서 퍼져나갔고, 곧 마을 광장에는 흙투성이가 된 교복을 입은 중남미 아이들이 예수도마뱀으로 꽉 찬 자루를 놓고 둘러서 있었다. "저는 더이상 필요 없었지만 당연하게도 그중 몇 마리는 사야했습니다."

케임브리지로 돌아온 글래신은 자신이 잡은 예수도마뱀 12마리를 실험실 학우들의 따가운 눈총을 받으며 내려놓았다. "그곳은 공학연구소였습니다. 그 어디에도 동물은 하나도 없었으며 매우 깨끗했습니다." 그 작은 파충류들이 계속 도망 다니는 데다 글래신이 도마뱀을 먹일 지렁이와 곤충을 기르는 통을 설치해놓았으므로, 바로 그도 실험실에서 눈엣가시 같은 존재가 되었다.

도마뱀이 물 위를 걷는 기술의 단서를 포착하기 위해 글래신은 동영상 촬영을 했다. 그는 도마뱀들을 3.6미터 길이의 욕조에서 달리게 했다. 욕조는 연구실에 설치되었고(당연히 동료들은 눈살을 찌푸렸다) 예상대로 여러 차례 물이 샜다. 중간 크기의 도마뱀은 초당 약 20보를 걷기 때문에 초당 400장의 사진을 찍는 초고속카메라를 이용했다. 글래신은 예수도마뱀의 발에 어떤 힘이 작용하는지 알아내기 위해, 알루미늄으로 여러 가지 크기의 도마뱀 발 모형을 만들고 거기에 계측기를 붙인 다음 계속 물 위를 때렸다.

그러는 사이 그 연구에 필요한 물리학 지식도 처음에 생각했던

제임스 글래신은 실험에 쓸 도마뱀을
코스타리카에서 손수 잡아와야 했다.

것보다 상당히 어렵다는 것을 알게 되었다. 우선 연구자들은 예수
도마뱀 연구에 필요한 유체역학을 공부해야 했다. 그들이 발표한
첫 논문 「저 프루드수 디스크의 수직 유입Vertical water entry of disks
at low Froude numbers」이 원래 작은 도마뱀이 물 위를 달리는 방법에
관한 문제를 다루고 있다는 건 아무도 눈치채지 못했다. '저 프루드
수(유체 흐름에서 관성력에 대한 중력의 비—옮긴이) 디스크'가 예수도마뱀
의 발을 의미한다는 것을 아는 경우에나 눈치챌 수 있었으리라.

　동영상 촬영과 힘 측정, 몹시 복잡하고 많은 물리학 공식을 이

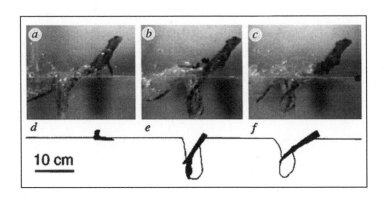

초고속 카메라는 달리기 모습을 여러
단계로 포착했다.

▶
verrueckte-experimente.de

★ Glasheen, J. W., and T. A.
McMahon, 「바실리스크 도마뱀
이동 능력의 유체역학적 모델
A hydrodynamic model of
locomotion in the Basilisk Lizard」,
『네이처Nature』 380, 1996,
pp.340-342.

용하여, 결국 4년 후에 연구자들은 그 비밀을 밝혀내는 데 성공했다. 도마뱀의 비밀 첫째, 발로 물을 철썩 때린다. 표면장력이 도마뱀에게 가하는 저항이 물 위에 머무르는 데 필요한 힘의 약 23퍼센트를 제공한다. 둘째, 도마뱀은 물속에 공기 주머니가 생길 만큼 발을 빠르게 아래로 누른다. 셋째, 밀쳐진 물 위에서 반동을 이용해 점프한다.

완전히 다 자란, 무게 약 90그램의 예수도마뱀은 표면장력에 반발력과 공기 주머니의 부력으로부터 몸을 이동하는 데에 필요한 힘의 약 88퍼센트를 얻고, 2.그램의 새끼 도마뱀은 심지어 225퍼센트를 얻는다. 그러니 새끼 예수도마뱀은 한 마리를 등에 업고도 아주 손쉽게 물 위를 걸을 수 있을 것이다. 도마뱀은 공기 주머니에서 부력을 잃지 않기 위해 주머니에 물이 채워지기 전에 번개같이 발을 끌어당긴다. 그러지 않으면 발을 당길 때 물에서 매우 높은 저항을 받게 될 것이다.

이 실험 결과로 성경의 기적을 설명한다는 건 당연히 얼토당토않다. 80킬로그램이나 되는 사람이 물에 빠지지 않으려면 시속 110킬로미터로 발을 내딛으며 물을 밀쳐내야 한다.

1992
990원에 팔까,
1000원에 팔까,
그것이 문제로다

1992년 11월 9일 월요일, 뉘른베르크에 있는 상점에서 3킬로그램짜리 세탁세제를 10마르크에 산 사람은 자신이 과학실험에 참여하고 있다는 사실을 눈치채지 못했다. 토요일에는 그 세제 가격이 아직 9.99마르크였다. 마늘알약의 가격도 주말 이후에 2.69마르크에서 2.70마르크로 올랐다. 쥐오줌풀을 달인 안정제와 욕실용 세정제도 1페니히(100분의 1마르크) 인상되었다. 전반적으로 160가지 세제와 280가지 건강식품의 가격이 반올림되었다. 즉, 페니히의 마지막 숫자가 평소에는 8이나 9였지만, 이제 0이 되었다.

요즘에도 장사를 할 때는 가격을 정가보다 약간 낮추는 것이 일 반적인 규칙이다. 대부분의 가격들은 99, 98, 95로 끝난다. 원래 이 런 가격은 20세기 초 미국에서 직원의 횡령을 방지할 목적으로 생 겨났다. 딱 떨어지는 가격이 아니면 판매원은 거스름돈을 거슬러 줘야 하기 때문에 고객의 돈을 들고 계산대로 가게 되며, 받은 돈을 도중에 주머니에 쓱 집어넣기 어려워진다.

그런데 이런 가격이 다른 효과도 가져왔다. 19.99달러짜리 상 품은 20달러짜리 상품보다 1센트 이상 저렴한 것처럼 보인다. 고객 들은 뒷자리 숫자를 무시하는 경향이 있기 때문에 20달러가 아닌 19달러로 느끼기도 하고, 가끔 10달러로 보기도 한다.

사실 장사꾼은 물건 하나를 팔 때마다 1센트씩 덜 받지만, 이런 손해는(손해라고 치자) 사람들이 물건을 특별히 싸다고 생각해서 더 많이 구입한다면 상쇄될 수 있을 것이다.

1930년대에 이미 한 통신판매회사에서 그 문제를 규명해보려 고 했다(→ 100쪽). 600만 개의 상품들 중에서 보통 0.49, 0.79, 0.98, 1.49, 1.98달러인 것들을 각각 0.50, 0.80, 1.00, 1.50, 2.00달러의 가 격으로 내놓았다. 이 실험 결과는 너무 복잡해서 그것으로 일반적 인 규칙을 이끌어낼 수는 없었다. 일부 상품은 더 자주 판매되었고, 어떤 상품은 훨씬 덜 팔려나갔다.

60년이 지난 후 헤르만 딜러는 세탁세제와 마늘알약으로 답을 찾으려 했다. 에를랑겐-뉘른베르크 대학교 경영학과의 마케팅 분 야 교수인 딜러는 안드레아스 브리엘마이어와 함께 상점에서 그 실험을 수행했다. 대부분의 소매업자들이 생각하듯, 9페니히로 끝 나는 가격을 제시하면 소비자들이 더 많이 구매할까? 딜러는 그럴 것 같지 않다고 생각했다.

그 실험에서 가장 어려운 부분은 가게 주인이 실험을 감행하도 록 설득하는 것이었다. "가격을 두고 장사를 시험하는 걸 많은 소매

상이 위험하다고 여깁니다. 그건 장사꾼에게 불장난이나 마찬가지입니다"라고 딜러는 말한다. 결국 그는 자신의 실험에 참여할 연쇄점을 하나 찾아냈다. 그 연쇄점에서는 4주 동안 네 개 매장에서 세탁세제와 건강식품을 뒷자리가 0으로 끝나는 가격에 판다고 광고했다. 그 상점 주인이 그런 결정을 내리는 데에는, 끝이 8이나 9가 되는 가격으로 팔 때보다 반올림된 값으로 팔아서 1~2페니히를 더 받게 되면 1년에 120만 마르크를 더 벌 수 있다고 딜러가 주인에게 계산해서 보여주었던 것도 한몫했다.

실험을 종결하고 보니, 딱 떨어지는 가격으로 팔았다고 해서 매출이 전반적으로 떨어지지도 상품의 판매 개수가 줄지도 않았다는 결과가 나타났다. 오히려 매출과 판매 개수가 상승했다. 물론 유의미한 수준은 아니었다.

언제 어디서나 끝이 8이나 9가 되도록 가격을 낮춰서 광고를 하는 관습이 경제적으로는 비합리적인 듯하다. 아니, 여전히 괜찮은 방법인지도 모르겠다. 1990년대에 두 미국 과학자는 3만 장의 광고 전단지를 발송했다. 그 안에서 광고하는 옷들의 가격은 7달러에서 120달러 사이였다. 또 다른 전단지 3만 장에는 6.99달러에서 119.99달러 사이의 옷들이 광고되었다. 끝이 0.99달러인 옷들은 9퍼센트나 더 많은 매출을 올렸다. 끝이 0.99달러인 가격이 장사에 도움이 되는지 안 되는지에 관한 보편타당한 정답은 없는 것 같다.

딜러도 0.99달러로 끝나는 가격이 효과를 발휘해서 매출 상승에까지 이어지게 만드는 '가격 문턱'이 있다는 사실을 발견했다. 예를 들어 세탁세제는 10마르크일 때보다 9.99마르크일 때 더 잘 팔린다. 페니히 없이 마르크로 딱 떨어지는 가격인 경우, 1페니히가 인하되면 그런 효과가 생기는 경향이 있다.

9로 끝나는 가격이 매출 상승을 가져온다는 판매자의 추측은 자기충족적 예언(자신이 믿고 바라는 바대로 현실에서 이루어지는 현상—옮긴이)을 불러일으켰다. 소비자들은 가격의 마지막 숫자가 9면 당연히 '싸다'는 의미로 받아들인다. 그래서 한 실험에서는 똑같은 옷을 34달러에 판매했을 때보다 오히려 39달러에 판매했을 때 더 많이 팔렸다.

어디서나 9로 끝나는 가격을 사용하는 것만이 정답은 아니라고 여겼던 딜러는 자신의 생각이 그렇게 틀리지 않았다는 걸 샴페인 세 병이 든 택배를 받아들었을 때 알게 되었다. 택배 송장에는 어느 대형 연쇄점의 매장 관리인이 적은 짧은 메모가 있었다. "마르크로 딱 떨어지는 가격표를 붙였더니 판매액이 수천만 마르크 증가했습니다."

★ Diller, H., and A. Brielmaier, 「99센트와 1달러의 효과. 연쇄점에서 수행된 현장 실험 결과Die Wirkung gebrochener und runder Preise. Ergebnisse eines Feldexperiments im Drogeriewarensektor」, 『저널 오브 비즈니스 리서치Zeitschrift für betriebswirtschaftliche Forschung』 48(7/8), 1996, pp.695-710.

1993 작성자가 뒤바뀐 평화안

어떻게 하면 이스라엘 학생들에게 팔레스타인의 평화안이 이스라엘의 것보다 더 이롭다고 생각하게 할까? 중동의 상황을 잘 알고 있는 외교관은 그런 일이 불가능하다고 생각하겠지만, 이스라엘의 사회심리학자 이팟 마오즈는 1993년 초여름 자신의 재능으로 그 어려운 일에 성공했다.

오래전부터 마오즈의 염원은 이스라엘과 팔레스타인 국민 간의 평화에 기여하는 것이었다. "갈등 해결에 아무 도움도 되지 못하는 연구를 추진하는 건 상상도 해본 적이 없습니다"라고 예루살렘 히브리 대학교의 교수 마오즈는 말한다. 1990년대 초 마오즈가 박사논문 주제를 찾고 있었을 때 캘리포니아 주 팰로앨토에 있는 스탠퍼드 대학교의 심리학자 리 로스를 만났다. 로스는 소박실재론 naive realism, 즉 누구나 자신이 사물을 있는 그대로 지각한다고 확신한다는 이론의 전문가로 유명하다. 우리의 뇌는 자신의 지각과 견해를 정확하고 현실적이고 편파적이지 않다고 간주하는 놀랍고도 이기적인 능력을 갖추고 있다.

로스는 의견이 서로 갈리는 두 사람이 충돌할 때 그 능력으로 인해 빚어지는 결과가 얼마나 멀리까지 번져나가는지 깨달았다. 내가 사물을 있는 그대로 본다면, 당연히 다른 이성적인 사람들이 모두 내 관점을 공유해야 한다. 다른 사람이 같은 생각을 갖고 있지 않다면 나의 합리적인 주장으로 그를 설득하는 것이 가능해야 한다. 그가 언제나 내 생각을 이해하지 못한다면, 그는 멍청하거나 어딘가 이상하거나 편견에 사로잡혀 있는 것이다. 거기에서 문제는 딱 하나뿐이다. 상대편도 그와 같은 생각을 한다.

특히 갈등이 오래 지속되는 경우 종종 양측은 상대방이 부정직하거나 무슨 나쁜 일을 은밀히 계획한다고 확신하곤 한다. 그러면서 상대방의 입장을 즉시 깎아내린다. 상대방의 생각이 내 생각과 얼마나 거리가 있는지는 전혀 중요하지 않다. 로스는 실험실에서 역할놀이를 하며 그렇게 무의식적으로 상대를 평가절하하는 심리를 증명할 수 있었다. 이제 마오즈는 실제 갈등 상황에서도 그런 일이 일어나는지를 밝혀내고 싶었다.

중동 전문가인 아버지 모셰 마오즈의 도움으로 이팟 마오즈는 이스라엘과 팔레스타인이 1993년 워싱턴에서 체결된 평화협정 당시 제시했던 중동평화 합의안을 얻을 수 있었다. 마오즈는 그중 두 가지를 골라냈다. 5월 6일에 제안된 이스라엘의 평화안과 5월 10일에 제안된 팔레스타인의 평화안이었다. 마오즈는 그 합의안을 약간 요약해서 학생들에게 보여주고 두 가지 질문에 답해줄 것을 요청했다. 이 평화안은 이스라엘 사람들에게 얼마나 이롭습니까? 이 평화안은 팔레스타인 사람들에게 얼마나 이롭습니까? 7점 척도의 응답지에서 1점은 '매우 나쁘다', 7점은 '매우 좋다'를 의미했다. 그런 협상에서 늘 그렇듯, 그 평화안들은 보편적인 내용들을 담기 마련이다.

학생들이 몰랐던 것이 있었다. 설문지의 일부에서 작성자를 바

1993년 9월 13일의 역사적인 악수: 라빈 이스라엘 총리(왼쪽), 아라파트 PLO 의장(오른쪽), 클린턴 대통령(가운데). 과거 협상에서 나온 평화안이 정교한 실험에 이용되었다.

꾸어 알려주었다. 따라서 이스라엘의 제안을 팔레스타인의 제안으로 보이게 만들었고, 팔레스타인의 제안은 이스라엘의 제안으로 보이게 만들었다. 그 결과 학생들은 적국의 평화안(4.06)이 자국의 평화안(3.26)보다 확실히 더 이롭다고 평가했다. 정치인들은 밤새도록 세부 사항들을 고심하는 수고를 할 필요가 없었을지도 모른다. 중요한 건 평화안에 무엇이 적혀 있느냐가 아니라 누가 그것을 적었느냐였다(작성자를 바꾸어 놓지 않은 경우, 학생들은 자국의 제안이 더 이롭다고 평가했다).

　마오즈가 실험 참가자들에게 실험에서 어떤 처치를 했는지 해명했을 때, 그들은 동요하지도 부끄러워하지도 않았다. 예상치 못했던 반응이었다. 따라서 마오즈는 그들에게 매우 편파적이었으며 평화안의 내용보다 누가 그걸 작성했는가를 중요시했다고 설명해주었다. "하지만 그들은 '우리의 생각은 매우 합리적이에요. 우리는 전쟁 중이고, 팔레스타인이 적이에요. 우리는 팔레스타인 사람들을 믿을 수 없어요. 그러니 그들의 제안 역시 믿을 수 없지요'라고만 말했습니다."

　마오즈는 해마다 그 실험을 수행한다. 처음에는 실험 결과에 어안이 병병했다. "정치적 교양이 있고 그 갈등을 매우 중요하게 생각하는 사람들이 어떻게 그런 생각을 할 수 있단 말인가?" 현재 마오즈는 그건 자존심이 걸린 문제이기 때문이라고 생각한다. "정치적인 전문성이 있다고 인정받더라도 학생들의 자존심이 세워지진 않습니다. 그들의 자존심은 팔레스타인을 불신하는 일관적인 태도를 유지한다는 데 있는 것 같습니다."

마오즈가 각 응답지를 정치적 입장에 따라 분석할 때면 매번 커다란 논쟁거리를 다루게 된다. 비둘기파인가, 매파인가(비둘기파는 팔레스타인과의 협상에 찬성하고, 매파는 협상을 거부한다)? 이런 분석도 항상 같은 결과를 가져온다. 실험을 조작하여 작성자를 뒤바꾸었을 때 평화안에 대한 평가가 크게 달라지는 쪽은 언제나 비둘기파다. 매파의 판단은 누가 썼느냐에 관계없이 별로 변화하지 않는다. 그것은 매파가 팔레스타인과의 어떤 타협도 거부한다는 사실과도 관련이 있다. 강성 우파든, 중도 우파든 마찬가지다. 그럼에도 마오즈는 이따금 도발적인 질문을 던진다. "그 결과는 좌파에 속한 사람들 즉, 비둘기파는 우익보다 더 많은 편견을 갖고 있다는 뜻인가?" 그 질문의 최종적인 답을 마오즈는 여전히 기다리고 있다.

마오즈의 실험 방식은 다른 방향에서도 의미 있는 결과를 보여준다. 대개 팔레스타인 편인 아랍계 이스라엘인(이스라엘인 중 아랍계 이스라엘인은 20퍼센트를 차지한다—옮긴이)도 평화안의 작성자를 뒤바뀌어 놓았을 때 이스라엘의 평화안을 팔레스타인의 평화안보다 더 좋다고 평가했다. 사실 그 결과는 다른 이스라엘인의 응답 결과보다 덜 뚜렷하게 나타났지만, 마오즈는 아랍계 학생들이 정직하게 대답하기를 꺼리는 것 같다고 추측한다. 그 학생들은 이스라엘 학자가 그 연구를 진행한다는 것을 알고 있었기 때문이다.

협상의 상대에 대한 이런 확고한 선입견이 극복하기 매우 어려운 장애로 드러났지만, 마오즈는 연구 결과를 긍정적으로 해석했다. 여하튼 그 결과는 사람들로 하여금 그들이 이제까지 거부했던 상대의 평화안에 동의하도록 만들었음을 보여준다는 것이다.

당연히 일상적인 협상에서는 실제로 협상안의 작성자를 뒤바꾸는 조작을 할 수 없다. 하지만 마오즈는 제3의 독립적인 분파가 평화안의 작성자라고 할 경우, 그것이 협상에 영향을 미치는지를 이미 추가적으로 연구했다. 그런 조작을 하면 양쪽의 평화안이 받아들여질 확률이 상당히 높아진다. 마오즈는 추후 연구에서 남자가 제안할 때와 여자가 제안할 때 다른 결과가 빚어지는지를 밝혀내려고 한다.

★ Maoz, I., A. Ward et al., 「이스라엘과 팔레스타인 간 평화안에 대한 인지적 함정Reactive Devaluation of an *Israeli* vs. *Palestinian* Peace Proposal」, 『분쟁 해결 저널Journal of Conflict Resolution』 46(4), 2002, pp.515-546.

1993
시체농장

1993년 9월 테네시 대학교에 있는 인류학연구소에서 한 실험을 진행했다. 하지만 실험 결과는 학술지에 한 번도 발표된 적이 없다. 시체 4-93을 대상으로 한 그 실험의 결과가 어떻게 나왔는지 알고 싶은 사람은 퍼트리샤 콘웰의 스릴러소설『시체농장』을 읽어야 할 것이다.

1990년 콘웰은 첫번째 스릴러소설을 출판해 큰 성공을 거두었고 동시에 법의학 수사물이라는 새로운 장르를 만들어냈다. 그 소설의 주인공 케이 스카페타는 법의학자로서, 머리를 가격당한 사람의 두개골 상태와 사후경직에 관한 전문 지식을 바탕으로 사건을 해결한다.

이런 지식의 대부분을 퍼트리샤 콘웰은 직접 연구해서 깨쳤다. 소설가가 되기 전에는 버지니아 법의학연구소에서 법률 전문 기자와 컴퓨터 전문가로 근무했다. 전문가들조차 콘웰의 책에서 법의학적 방법이 매우 실제적이고 정확하게 묘사되어 있다며 그 탁월성을 인정한다. 콘웰은 자신의 일에 대하여 "내가 어떻게 범행 장소를 찾아내고, 현장을 검증하고, 과학 장비를 이용하는지를 직접 보여준다면, 나의 말이 진실이라고 믿게 될 것이다"라고 적는다.

그것을 증명해 보이기 위해 콘웰은 『시체농장』에서도 그런 작업 과정을 서술했다. 그래서 시체 4-93이 필요했다. 소설에 소개된 사건을 해결하려면, 시체가 며칠 동안 지하실에서 동전 위에 눕혀져 있을 때 동전이 시체의 피부에 어떤 흔적을 남기는지 알아야 했다. 그 어떤 법의학자도 답을 알지 못했다. 콘웰은 자신을 도울 수 있는 사람을 한 명 알고 있었다. 그가 농담 삼아 '시체농장의 시장'이라고 부르는 빌 배스였다.

배스는 테네시 주립대학의 법의인류학자였고, 오래전부터 시체의 부패 과정을 연구했다. 콘웰은 법의학과에서 일하고 있었을 때 그를 어떤 학회에서 만나 알게 되었다. 1981년 배스는 녹스빌에 있는 자신의 사무실에서 차로 5분 거리에 있는 5000제곱미터의 대지에 법의인류학센터를 세웠다. 현실적인 조건에서 시체가 분해되는 과정을 관찰할 수 있는 복합 건물이었다. 경찰들 사이에서는 바로 '시체농장'에 대한 소문이 파다하게 퍼졌다. 첫번째 시체에게 그는 번호 1-81을 붙였다.

배스는 그 야외 실험실에서 다음과 같은 질문의 답을 구할 수 있기를 바랐다. 팔은 어느 시점에 떨어지는가? 치아가 두개골에서 분리되는가? 어떤 순서로 곤충들이 시체에 기생하는가? 시체에서 해골만 남기까지 얼마나 걸리는가? 오늘날 그는 테네시 주립경찰의 특별 고문직을 수행하며, 자신의 지식을 바탕으로 범죄자들을 체포하고 있다.

그러나 그는 시체농장 때문에 어려움에 처하기도 했다. 시체농장 설립 후 4년이 지났을 때 그 지역 환자들의 조직 '녹스빌 시민 문제 해결단Solutions to Issues of Concern to Knoxvillians, SICK'이 그 연구 센터가 병원과 너무 가까이 있다며 항의했다. 결국 그 대지 주위에 울타리를 더 단단히 치는 것으로 합의를 보았다. 그전까지는 산

산책하는 사람들이 시체를 보고 계속
놀라게 되자 시체농장의 부지 주위에
더 단단히 담을 둘렀다(왼쪽). 죽음의
땅(오른쪽), 삼각대는 매일 시체의 무
게를 재는 데 이용된다.

책을 하다 뜻하지 않게 시체농장 안으로 눈길을 돌렸던 사람들이 시체들을 보고는 소스라치게 놀라는 일이 잦았던 것 같다.

배스가 콘웰의 전화를 받았을 때, 이 소설가가 자신과 시체농장을 세계적으로 유명하게 만들 구상을 하고 있었다는 건 생각지도 못했다. 배스의 회고록『뼈 판독 장치Der Knochenleser』를 보면, 그는 실험을 하게 해달라는 콘웰의 부탁을 처음에는 거절하고 싶었다고 한다. "하지만 콘웰이 그녀의 머리를 가득 채우고 있는 생각들을 더 자세히 설명해주고 나자 학문적인 호기심이 제 안에서 꿈틀대기 시작했습니다." 그 실험은 서늘하고 폐쇄된 공간에서 시체의 부패 과정을 연구하는 것이었다.

그 전까지 배스는 시체들을 대부분 땅에 묻거나 야외에 방치해 놓았다. 마침내 그가 그 실험을 하기로 마음먹게 된 건 아마도 콘웰의 명성 덕분이었을 것이다. 배스는 "콘웰의 실험은 완전히 새로운 연구 분야를 개척했다"고 적었지만 사실 그 연구를 어떤 학술지에도 발표하지 않았다.

콘웰의 소설에서 살인 사건은 노스캐롤라이나 블랙마운틴에 있는 어떤 집의 지하실에서 발생했다. 테네시 동쪽의 여름 기온은 대부분 30도에서 35도 사이지만, 그 지하실은 분명 외부 기온보다 시원했다. 콘웰은 그 실험을 여름에 진행할 수 있도록 에어컨을 설치하자고 제안했다. 하지만 그때 마침 이용할 만한 시체가 없었으므로, 실험을 진행하기 위해선 가을까지 기다려야 했다.

1993년 9월 어느 주말, 마침내 콘웰이 시체농장을 방문했다. 중요한 축구 경기가 막 열릴 때여서 배스는 콘웰이 그 도시의 마지막 호텔방을 가까스로 예약했을 거라고 추측했다. 하지만 배스의 생각보다 많이 지체한 콘웰은 인근에서 호텔을 찾을 수 없었다. 콘웰은 숙소에서 자신의 헬리콥터를 타고 녹스빌로 날아다니면서 시체농장의 울타리를 무너뜨리기도 했다.

배스는 콘웰을 죽은 자들의 나라로 인도했다. 콘웰은 열심히 메모했다. 이후 콘웰 소설의 주인공 케이 스카페타는 다음과 같이 이야기한다. "바닥이 온통 호두로 덮여 있었지만, 나는 그중 하나도 먹고 싶지 않았다. 여기 바닥에 죽음이 완전히 젖어들었고 온갖 종류의 체액이 이 언덕의 토양에서 흐르고 있었기 때문이었다."

배스는 실험을 위해 모든 준비를 갖춰놓았다. 지하실과 비슷한 환경을 만들기 위해 공구 창고를 만들 요량으로 만들어놓은 콘크리트 기초를 이용했다. 그 위에 세로 2.5미터, 높이와 가로가 각각 1.2미터 크기의 합판 상자를 엎어놓았다.

콘웰이 방문하고 몇 주 후에 시체 4-93이 도착했다. 콘웰의 요청에 따라 배스와 그의 동료들이 그 시체를 콘크리트 바닥에 등이 닿도록 눕혔다. 사체 아래에 1센트짜리 동전과 다른 물품들을 넣었다. 그런 다음 나무 상자를 덮어 씌웠다. 6일 후 배스가 그 시체를 시체 공시소로 가져왔다. 아래 능 부분에 동그란 모양으로 옴폭 들어간 것이 보였다. 그 가운데에는 동전에 각인된 에이브러햄 링컨의 초상화가 흐릿한 자국으로 남아 있었다. 이 자국은 시체가 정확히 동전을 깔고 누워 있었음을 보여주었다. 소설 속 스카페타는 사건을 해결하기 위해 그런 간접 증거가 필요했다. 배스는 콘웰에게 사진을 담은 보고서를 보내주었다.

몇 달 후에 배스는 콘웰이 자신의 소설 제목을 『시체농장』으로 짓는다는 소식을 들었다. 그뿐 아니라 배스는 소설에서 라이얼 셰이드 박사로 등장했다. 실제 배스는 강력한 권력을 갖고 있었지만 셰이드 박사는 겸손하고 내성적이며 매우 온화한 사람으로 묘사되었다. 양로원에 있는 그의 어머니가 해골을 고정시킬 고리를 자투리 천으로 만들었다는 내용 자체는 콘웰이 지어내지 않았다. 배스는 학생들이 졸업할 때 그런 고리를 선물한 것으로 유명했다.

그 책이 출간되고 난 이후 몇 주 동안 빌 배스의 전화는 끊임없이 울렸다. 전세계 기자들은 제2의 라이얼 셰이드를 인터뷰하길 원했다. TV 방송국 팀은 시체농장의 대지를 촬영했다. 배스는 그 사람들을 몰아내느라 진땀을 흘려야 했다. 일주일에 두 번은 학부모가 전화를 걸어 본인의 아들이 속한 소년단원이 시체농장을 견학하도록 허락해줄 수 있느냐고 묻기도 했다.

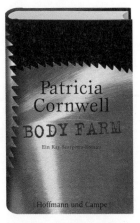

1993년 출간된 스릴러소설 『시체농장』을 위해 저자 퍼트리샤 콘웰이 죽음의 땅에서 실험을 수행했다.

하지만 이런 모든 난장판이 축복이기도 했다. 그 이후부터 사후에 자신의 몸을 시체농장에 기부하겠다는 사람의 수가 두드러지게 늘었다. 시체의 출처 때문에 배스는 이미 공격을 당한 바 있었다. 테네시의 의학 전문가들이 아무도 소유권을 주장하지 않는 시체들을 그에게 계속 보냈다. 대개 노숙자들이었고 그중 참전용사도 있었으며, 모두 배스가 모르는 사람들이었다. 한 텔레비전 프로그램에서 배스의 연구가 사망한 참전용사들을 모독하고 있다고 방송했을 때, 몇몇 의원들이 신원 불명의 시체를 대상으로 하는 연구를 금지하자는 법안을 상정했다. 최종적으로 그 법안은 기각되었다. 사망자의 유골에 대한 배려보다 범인을 잡아야 하는 필요가 더 우선해야 한다는 의견이 받아들여졌다.

빌 배스는 현재 여든 살이다. 그는 지금까지 시체농장에서 부패하는 사체를 300구 이상 관찰했다. 장차 자신의 몸은 시체농장에 누워 있을까? "내가 평생 호소해왔던 것을 나 스스로 실천에 옮

▶
verrueckte-experimente.de

★ Bass, B., and J. Jefferson,
『죽음의 땅: 시체가 말하는
시체농장, 전설의 법의학연구소
안에서Death's Acre: Inside the
Legendary Forensic Lab, The
Body Farm, Where the Dead
Do Tell Tales』, New York, G. P.
Putnam's Sons, 2003.

길까? 내가 나의 삶을 논리적인 결말로 이끌어갈까?"라고 그는 『뼈
판독장치』에서 스스로에게 묻는다.

과거에는 그가 전혀 주저하지 않고 "그렇다"고 말했을 것이다.
하지만 현재 그의 아내는 '전통적이고 (적어도 그녀의 사고방식으로는)
더 품위 있는 묘지'를 선호한다. 배스는 그 결정을 아내와 아들들의
손에 맡길 것이다. 자신의 몸이 시체농장에 놓이지 않더라도 그는
불행하지 않을 듯하다. "제 안에 있는 학자는 신체기증 동의서에 서
명하라고 합니다. 그런데 저라는 사람의 나머지 부분은 제가 파리
를 극도로 혐오한다는 사실을 잊을 수 없습니다."

1994
간지럼 태우기(3)
: 기계도 간지럼을
태울 수 있을까?

20세기에 간지럼에 관한 연구가 커다란 진전을 이루지 못한 책임
을 그 어떤 것에서도 찾을 수 없다면, 독창성이 부족했던 탓이라
고 해야 할까. 지금까지 간지럼을 연구했던 사람이라곤, 얼굴에 가
면을 쓰고 아이들에게 간지럼을 태운 학자(→81쪽)와 나무 상자에
뜨개질바늘과 레버 두 개를 넣어 수동 간지럼 기계를 제작한 사람
(→191쪽) 정도였다. 그런데 1990년대 초 캘리포니아 대학교 샌디
에이고 캠퍼스에 있는 크리스틴 R. 해리스가 수행한 연구 역시 이
상한 간지럼 연구의 전통을 이어갔다. 해리스의 연구 제목은 「기계
도 간지럼을 태울 수 있는가?」였다.

매우 이상하고 무의미하게 보이는 질문이지만, 해리스에게는
그 문제를 파고들 만한 이유가 충분히 있었다. 지금까지의 연구는
간지럼에 무슨 의미가 있냐는 질문에 별다른 답을 가져오지 못했
고, 언제나 그런 상황에서는 추측만이 난무했다. 그중 하나로 간지
럼에 사회적 기능이 있다는 주장이 있었다. 정확히 어떤 사회적 기
능인지는 알 수 없지만, 그 기능은 다른 사람에 의해서 간지럼을 당
하는 경우에만 웃게 된다는 추측을 불러일으켰다. 간지럼이 사람

들 사이에서 벌어지는 문제라는 견해는 널리 퍼져 있었다. 해리스와 그의 동료 니컬러스 크리스틴펠드가 학생들에게 작성하게 했던 설문지를 보면, 응답자의 반은 간지럼 기계가 아주 조금 웃음을 유발할 수 있다는 것도 믿지 않았고 고작 15퍼센트만 기계가 사람과 똑같이 간질일 수 있다고 생각했다.

물어볼 것도 없이 당연한 일이다. 크리스티네 해리스는 당장 간지럼 기계가 필요했다. 해리스는 여러 가지 바늘, 조절 버튼, 작은 램프들을 구입해서 매우 인상적인 장치를 제작했다. 기계에 붙은 고무관에서는 옆집 장난감 가게에서 사온 로봇 팔이 튀어나왔다. 기계에서 나오는 웅장한 소리는 상자에 내장된 흡입기에서 나왔는데, 그 흡입기는 천식 환자가 사용하는 것이었다.

"그 장치가 믿을 만하게 보여야 한다고 생각했습니다"라고 해리스는 과학 잡지 『디스커버』에서 말했다. "그것이 사람과 덜 비슷할수록 더 좋습니다." 실험을 할 때 실험 참가자에게 그 어떤 사회적 상황도 떠올라선 안 되었다. 간지럼 로봇은 전혀 작동하지 않았다. 고장이 아니라 실험 계획의 일부였다.

해리스는 다른 사람이 간질일 때와 기계가 간질일 때 실험 참가자가 얼마나 크게 웃는지를 비교하고 싶었다. 기계가 간지럼을 태울 때 웃지 않았다면 이는 간지럼에 사회적 기능이 있음을 증명하는 것이다. 반대로 기계가 간질일 때나 사람이 간질일 때 똑같이 웃었다면 간지럼에 사회적 기능이 전혀 없다고 봐야 할 것이다.

여기에서 문제는 당연히 해리스의 로봇에게 사람처럼 똑같이 간지럼을 태울 수 있는 능력이 있어야 한다는 것이었다. 결국 여기에서 다루어지는 문제는 '다른 방식으로 간지럼을 태우면 다른 반응을 보이게 될까?'가 아니라 '똑같은 간지럼을 느낄 때 간질이는 주체가 사람인지 기계인지에 따라 미치는 영향이 다른가?'이다.

이 문제를 해리스는 멕 노트만의 도움을 얻어 해결했다. 심리학과 학생인 노트만은 다른 학생들과 마찬가지로 연구실습 과목을 이수해야 했다. 노트만이 어떤 기대를 갖고 해리스의 과목을 신청했는지를 알고 있었는지는 모르겠지만, 아무튼 그의 과제는 상당히 당혹스러운 것이었다. 노트만은 책상 밑에 간지럼 로봇과 함께 숨어서 실험 참가자의 발을 간질여야 했다.

실험 참가자들이 간지럼 로봇과 함께 실험실에 들어오면 해리스가 그들에게 두 번 간지럼을 당하게 될 것이라고 설명했다. 한 번은 해리스가, 또 한 번은 기계가 간질일 것이라고 했다. 오른쪽 신발과 양말을 벗은 다음 자리에 앉아서 발을 발판 위에 올려놓으라고 한 후, 해리스는 발판 위에 놓인 실험 참가자의 발을 로봇 팔이 미치는 범위에 고정시켰다. 해리스는 실험 참가자에게 귀마개와 안대를 주고 다른 데 주의를 돌리지 말고 집중하라고 했다. 사실은 실험에서 이루어지고 있는 처치를 실험 참가자가 눈치채지 못하게 하려는 것에 불과했다.

그런 다음 해리스는 앞으로 몸을 숙였다. 실험 참가자의 발바닥을 간질이거나 간지럼 로봇을 작동시킨다고 말했는데, 아무튼 실험 참가자들은 그렇게 믿고 있었다. 사실은 두 경우 모두 책상 밑에 숨어 있는 맥 노트만이 손을 뻗쳐 간지럼을 태웠다. 그런 식으로 해리스는 사람과 기계의 간지럼을 완전히 똑같게 만들 수 있었다. 실제로 기계가 실험 참가자를 간질이지 않았다는 사실은 간지럼 로봇이 자신을 간질였다고 실험 참가자가 믿는 한 중요한 문제가 아니었다. 거짓말을 알아차린 사람은 딱 한 명뿐이었다. 맥 노트만의 머리핀이 책상보에 걸려서 머리핀을 빼내려고 하다 들통이 났다. 대담한 실험 도우미를 기리기 위해 해리스는 간지럼 로봇에게 '로봇 맥'이라는 이름을 붙여주었다.

실험 참가자의 얼굴 영상과 그들의 자신에 대한 평가를 분석한 결과, 사람이 간질였든 '기계'가 간질였든 언제나 웃음의 강도는 똑

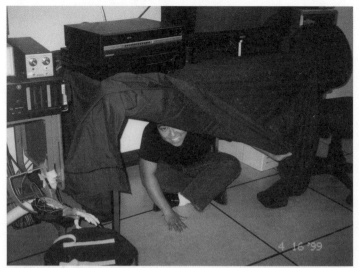

실험 참가자들은 정말로 간지럼 로봇이 간지럼을 태운다고 믿었다. 사실은 책상 밑에 숨어 있는 학생 맥 노트만이 간질였다.

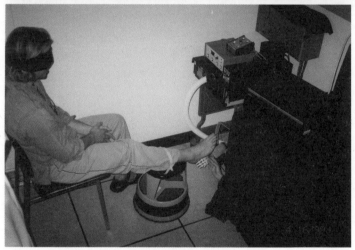

같았다. 해리스는 결국 자신이 제기한 질문의 답을 찾아냈다. 예스! 기계도 간지럼을 태울 수 있다!

해리스는 간질일 때 나오는 웃음이 사회적인 기능을 갖고 있지 않으며, 무릎반사와 같은 반사 반응일 뿐이라고 추측한다. 우리에게 그런 반사가 왜 있을까? 그 문제는 물론 의심할 것 없이 확실하고 창의적인 추후 실험이 설명해야 할 것이다.

★ Harris, C. R., and N. Christenfeld, 「기계도 간지럼을 태울 수 있는가?Can a machine tickle?」, 『심리작용학 회보 및 리뷰Psychon Bull Rev』 6(3), 1999, pp.504–10

1994
법정에 제시된 물리학적 증거

그건 새로운 종류의 스포츠였을까? 예술 공연이었을까? 아니면 건설 노동자들이 거쳐야할 통과의례? 1994년 11월 19일, 뉴욕에서 좀 떨어진 곳에 있는 3층 벽돌집 옥상 위에 남자들 19명이 서 있었다. 그들은 포장석으로 채워진 양동이를 집 앞 주차장으로 던질 참이었다. 심리학 교수 마이클 매클로스키도 옥상 위에 서 있었다. 그는 그 남자들에게, 한 사람씩 순서대로 지붕 가장자리 너머를 바라보고 담장에서 5.5미터 앞에 표시해놓은 바닥을 목표로 하여 10킬로그램의 양동이를 잡고 달린 다음, 양동이 안을 들여다보지 말고 그대로 던지라고 했다. 1993년 가을에 페드로 호세 길이 했던 행동과 똑같았다. 그는 그 행동을 했기 때문에 지금 감옥에 갇혀 있다.

주차장에는 안전한 위치에 형사사건 변호사 피터 뉴펠드가 서 있었다. 그는 사람들이 양동이를 던질 때마다 양동이가 떨어지는 위치를 기록했다. 16명은 양동이를 너무 멀리 던졌다(평균적으로 2.5미터 더 나아갔다). 그럼에도 그들 중 10명은 자신이 너무 짧게 던졌다고 생각했다. 바라건대 이 결과로 자신의 소송 의뢰인 페드로 호세 길의 형량이 1년 줄어들 수 있기를.

1993년 가을, 길은 크게 어리석은 짓을 저질렀다. 그는 맨해튼에 위치한 집 앞길에서 친구들 몇 명이 경찰과 싸움을 벌인 뒤 붙잡혀 가는 모습을 지켜본 후 옥상으로 올라가 포장석이 가득 든 양동이를 길에 던졌다. 나중에 한 말에 따르면, 너무 화가 나서 사람들을 놀라게 할 생각이었다고 한다. 그런데 너무 멀리 던졌다. 그는 본래 인적 없는 인도에 떨어뜨릴 생각이었다고 주장했지만, 양동이는 그곳에 떨어지지 않았다. 길에 서 있던 경찰 존 윌리엄슨의 머리 위로 떨어졌다. 그것 때문에 윌리엄슨은 느닷없이 사망했고 길은 체포되었다. 살인 혐의로 기소되었고 수십 년간의 징역형에 처해졌다. 이제 그의 변호사 피터 뉴펠드는 길이 양동이를 그 경찰을 향해 던지지 않았다는 것을 입증하려 하고, 그러기 위해 매클로스

이 건물에서 실험 참가자가 피고인의 장기 징역형을 막아보려고 포장석으로 채워진 통을 던졌다.

키의 도움이 필요했다.

마이클 매클로스키가 1978년에 존스홉킨스 대학교 교수가 되었을 때, 그는 자신만의 전문 연구 분야를 찾고 있었다. 그는 "무언가 새로운 것을 연구하고 싶었다"고 회상한다. 얼마 지나지 않아 미국 국립과학재단과 국립교육기관이 '과학과 수학의 지식 구조'라는 주제로 프로젝트를 제출하라고 촉구했다. 매클로스키는 사람들이 물리학 지식 수준에 따라 물체의 운동을 어떻게 설명하는지를 연구하겠다고 제안했다. 그 연구의 예로, 피루엣 동작(한 발을 축으로 팽이처럼 도는 동작—옮긴이)을 할 때 팔을 몸 쪽으로 접어서 더 빠르게 도는 피겨스케이팅 선수를 들었다. 그 프로젝트는 승인을 받았다. 하지만 매클로스키가 인터뷰를 시작하고 나서 피겨스케이트 선수의 역학이 많은 대학생의 상상력을 훨씬 뛰어넘었음을 알게 되었다. 대화를 나누어보니 대학생들이 훨씬 기초적인 구의 운동조차도 잘 이해하지 못한다는 것이 드러났다.

문제 1: 그림 속의 사람은 왼쪽에서 오른쪽으로 달린다. 왼쪽에 있을 때 공을 떨어뜨린다. 공의 경로는 A, B, C 중 어느 것일까(답은 본문 중에 있다)?

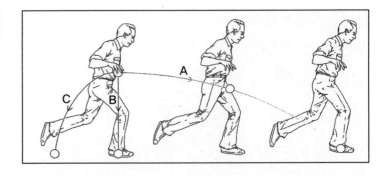

매클로스키는 실험 참가자들에게 스케치를 보여주었다. 사람들이 공을 던지는 그림, 책상 가장자리를 따라 구슬을 굴리는 그림, 비행기에서 폭탄이 투하되는 그림이었다. 매클로스키는 실험 참가자들에게 스케치에 제안된 여러 궤도 중에서 올바른 것을 고르라고 했다. 그리고 자신이 공을 던지면 어느 지점에 떨어지게 될지를 추정해보라고 했다.

가장 쉬운 질문에서도 많은 사람이 완전히 착각했다. 예를 들어 한 실험에서 실험 참가자 20명이 실험실 안을 걸어다니다가 골프공 하나를 떨어뜨려서 그 공이 바닥에 표시된 곳에 맞도록 해야 했다. 그중 12명은 자신들의 손이 표시된 곳의 바로 위에 위치했을 때 골프공을 놓았다. 그 공이 정확히 수직으로 바닥에 떨어질 거라 굳게 믿었던 것이다. 매클로스키는 그것을 '수직하강 신념'이라고 부른다. 실험 참가자들이 그림에서 공의 궤적을 추정할 때에도 그들은 종종 수직선을 선택하거나, 심지어 그 공이 걸어가는 방향의 반대쪽으로 운동할 것이라고 추측하기도 했다(문제 1의 답: A).

매클로스키는 실험 참가자들에게 물리학 지식이 너무 부족하다는 사실에 그다지 놀라지 않았다. 오히려 그 체계적인 오답들에 흥미를 느꼈다. 청소년기에는 그 자신도 '수직하강 신념'을 고수했다. "학생 때 제2차 세계대전에 관한 역사서를 읽었던 것을 기억합니다. 거기에 비행기에서 폭탄을 적시에 투하하는 게 어렵다는 이야기가 있었습니다. 저는 그렇게 복잡할 것이 무엇이 있냐고 생각했지요. 비행기가 목표 지점의 바로 위에 갈 때까지 그냥 기다리다가 폭탄을 떨어뜨리면 된다고 생각했거든요."

뉴턴의 운동법칙에 따르면, 걸어가는 사람이 떨어뜨린 공은 걸어가는 방향으로 곡선을 그리며 바닥에 떨어진다. 걸어가는 사람이 공을 쥐고 있는 동안에는 공이 그 사람의 운동속도를 갖고 있다. 공이 손에서 떨어지게 되면 공은 사람이 걸어가는 방향으로 계속 그 속도로 운동한다. 단, 이제 중력도 공을 바닥으로 끌어당긴다. 이 두 가지 요소가 함께 작용하여 계속 가팔라지는 궤도는 곡선을 이루고, 이 곡선은 '포물선'이라 불린다. 버스 정류장을 향해 힘껏 달리다가 가방에서 열쇠가 떨어지는 경우 그 열쇠는 포물선을 그린다. 그런데 왜 그렇게 많은 사람이 열쇠가 수직으로 떨어진다고 생각할까? 착각 때문이다. 걸어가다가 열쇠를 떨어뜨리면 열쇠는 자신의 뒤나 앞이 아닌, 바로 옆에 떨어진다. 몸을 기준으로 볼 때 열쇠는 수직으로 떨어진다. 단, 그동안 몸이 앞으로 움직였을 뿐이다. 걸어가다가 열쇠를 떨어뜨리는 다른 사람을 관찰하는 경우에도 기준틀이 비슷하게 이동한다. 열쇠의 운동을 정지해 있는 바닥과 비교하지 않고 걸어가는 사람과 비교한다. 그래서 그 사람을 기준으

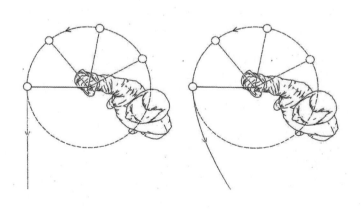

문제 2: 그림 속의 사람은 줄에 매달린 공을 머리 위에서 돌린다. 그 줄이 끊어진다고 가정하자. 그러면 공은 앞으로 똑바로 나아갈까, 아니면 휘어져 나아갈까(답은 본문에 있다)?

로 열쇠가 수직으로 떨어졌다고 생각한다. 다른 문제에서도 그런 잘못된 결론에 이른다. 매클로스키는 줄에 매달린 공을 머리 위에서 원을 그리며 돌리다가 줄을 놓으면 공이 어떤 궤도를 그리게 될지를 학생들에게 질문했다(구약에서 다윗이 돌팔매를 던졌을 때와 같다). 학생들의 3분의 1은 구부러진 궤도를 그렸다. 아마도 물체에 아무 힘이 가해지지 않는다면 물체가 항상 직선으로 운동한다는 사실을 모르고 답한 것 같았다.

이 과제마저 틀렸다고 해도 다른 사람 역시 똑같이 그러했으니 걱정할 필요까진 없겠지만, 일반인의 물리학 지식수준이 400년 전에 머물러 있다는 사실은 인정할 수밖에 없다. 매클로스키의 머리에 문득 그 틀린 답이, 아이작 뉴턴이 17세기에 운동법칙을 정립하기 전 물체의 운동을 설명했던 이론과 일치한다는 사실이 떠올랐다. 그것은 이른바 임페투스 이론이다. 임페투스 이론이란 어떤 힘에 의해 물체가 운동하는 경우 그 힘이 물체에 남아 그것을 계속 운동하게 한다고 말한다. 임페투스는 공 안에 내재되어 있어서 공을 움직이게 하지만 움직이는 동안 천천히 다 소모되는 힘이다. 줄에 매달린 공이 포물선을 이루는 것도 다음과 같이 설명할 수 있다. 공이 내부에 회전 운동을 축적하고 그 회전 운동으로 인해 구부러진 궤도가 만들어진다. 변호사 피터 뉴펠드가 기대했던 대로 매클로스키의 발견이 6층 건물 옥상에서 던져진 포장석 양동이에도 적용되었다. 대부분의 사람들이 직관적으로 임페투스 이론을 적용하기 때문에, 그들은 양동이를 던질 때 전달된 힘이 언젠가 다 소모될 것이고 양동이는 그 순간부터 1센티미터도 더 나아가지 못하고 그저 수직으로 떨어질 것이라고 생각한다. 그 결과 사람들은 양동이가 떨어지게 될 위치를 체계적으로 짧게 산정하고, 그에 따라 항상 목표 지점 너머로 던진다.

피고인 페드로 호세 길의 사건은 다음과 같이 설명된다. 그가

오늘날에도 많은 사람이 직관에 의해 14세기의 임페투스 이론으로 물체의 운동을 설명한다. 그 이론에 따르면, 물체는 내재된 운동에너지가 소모되면 정지 상태가 된다. 그래서 그림 속 포탄이 갑자기 수직으로 떨어진다.

그 경찰을 정말 맞추려고 했다면, 양동이를 너무 멀리 던져서 그를 바로 맞추지 못했을 것이다. 아니면 반대로, 양동이가 경찰의 머리 위에 떨어졌다는 사실은 길이 양동이를 인도에 맞추려고 했다는 증거다.

그 사건의 담당 판사는 매클로스키의 보고서를 그 사건과 관련이 없다는 이해하기 어려운 이유로 채택하지 않았다. 그럼에도 불구하고 배심원단은 페드로 호세 길의 말을 믿었고 살인죄가 아닌 과실치사죄로 평결했다.

오늘날 매클로스키의 발견은 교육학 저서에 자주 등장한다. 왜냐하면 뉴턴의 운동법칙을 알고 있는 많은 실험 참가자조차도 그 과제의 답을 틀리기 때문이다. 아마도 사람들이 학교에서 운동법칙을 배울 때 완전히 이해하지 못했던 것 같다. 게다가 그들은 이미 운동 경로에 대한 직관적인(그리고 틀린) 상상을 내면화했고 그 상상을 계속 적용한다. 그런 사실을 바탕으로 교육학자들은 기존의 잘못된 생각이 우선 제거된 후에야 새로운 지식이 효과적으로 전달될 수 있다는 결론을 내렸다.

★ McCloskey, M., 보고서: 뉴욕 주 주민 대 피고 페드로 길Report: The People of the State New York versus Pedro Gil, Defendant. 뉴욕 주 대법원Supreme Court of the State of New York, 1995.

1995
하루의 시작은 텔레비전과 함께

세스 로버츠가 했던 실험은 누구나 마음만 먹으면 할 수 있다. 어떤 실험은 시계, 높은 책상, 실험자 자신만 있으면 된다. 어떤 실험에 필요한 건 욕실 체중계, 올리브기름 약간, 실험자뿐이다. 아니면 텔레비전, 토크쇼 비디오 두 개, 실험자로 할 수 있는 것도 있다. 거기에서 조그만 더 나아가 통계 프로그램과 상당히 많은 인내심만 있으면 된다.

세스 로버츠는 버클리에 있는 캘리포니아 대학교의 심리학과 교수다. 그의 주요 관심사는 있는 그대로의 일상생활을 관찰하는 자기관찰 연구다. 언젠가는 일본식 초밥 다이어트가 자신의 몸무게에 미치는 영향을 알아보거나, 스톱워치로 매일 몇 시간이나 서서 보내는지를 측정하고 서 있는 시간이 수면에 미치는 영향을 산출할 생각이다.

이렇게 설명하면 아무 힘이 안 드는 연구처럼 보인다. 로버츠도 손수 하기 쉬운 것에만 관심이 있다고 말한다. 그런데 그렇게 볼 것만도 아니다. 로버츠는 어떤 이상한 다이어트 이론을 검증한다고 몇 주 동안 파스타만 먹었고, 넉 달 동안 매일 5리터의 물을 마셨다. 그는 "물을 마시는 실험은 시간이 지남에 따라 좀 힘들었다"고 인정한다. 하지만 그런 고생이 없었더라면 희한한 실험 결과는 하나도 얻어내지 못했을지 모른다.

그는 학생이었을 때 실험을 시작했다. 예를 들어 눈 하나를 가리고서 공 세 개로 저글링할 수 있는 시간을 측정하거나, 의사가 그의 타박상에 처방해준 약을 체계적으로 검증했다. 실험 결과, 도포약이 복용약보다 훨씬 효과가 뛰어났다.

1980년대 초 세스 로버츠는 수면장애를 겪었다. 아침에 너무 일찍 깼고 피곤한데도 다시 잠들지 못했다. 자기관찰 연구에 딱 적당한 경우다. 그런데 그 문제는 해결하기 어려운 것으로 보였다. 10년이 넘도록 로버츠는 스포츠를 하거나, 다른 음식을 먹거나, 기상시 주변에 다른 조명을 설치하는 등 여러 시도를 해봤지만 아무 소용이 없었다. 그러다가 이제껏 한 번도 시도해보지 못했던 아이디어가 스치고 지나갔다.

1993년에 그는 자신의 수면 시간을 나타내는 그래프를 작성했는데(지금은 컴퓨터가 이 일을 하고 있다), 자신도 모르는 새 수면 시간이 40분 줄었다는 사실을 우연히 알게 되었다. 두어 달 전 식단을 바꾸어 식이조절로 체중을 5킬로그램 감량했던 바로 그때였다. 당시 과일과 채소를 더 많이 먹고 면류와 과자류를 덜 섭취했다.

과일을 더 많이 먹었더니(아침식사로 오트밀 대신에 바나나와 사과를 먹었다) 전체 수면 시간에는 더이상 영향을 주진 않았지만, 이제 더 자주 아침에 일찍 깨서 괴로웠다. 로버츠는 아침식사로 요구르트, 새우, 핫도그를 먹으며 그 문제를 해결해보려고 했지만 허사였다.

그후 112일 동안 아침식사를 전혀 하지 않았다. 놀랍게도 이제 아침에 일찍 깨는 날이 많이 줄어들었다. 그것이 해결책이었을까? 그 이후로 로버츠는 아침 10시 이전에 아무 것도 먹지 않는다.

그는 이러한 아이디어 자체뿐만 아니라 아이디어가 무無에서 나온 것 같다는 사실에 매료되었다. 그는 아침식사가 기상 시간에 영향을 줄 수 있다는 건 한 번도 생각해본 적이 없었다. 그럼에도 그 아이디어를 뜻밖에 얻게 된 건 그의 연구가 자기관찰 실험이기 때문이었다. 연구자와 실험 참가자가 같은 사람이라면, 일반적인 실험에서는 전혀 관찰할 수 없는 예상치 못한 결과가 튀어나올 수 있다.

로버츠는 아침식사가 기상에 미치는 영향이 진화론적인 관점에서 우리의 과거와 관련이 있을지를 깊이 생각해보았다. "저는 석기시대 조상들이 아침식사를 했는지 의구심이 듭니다. 농업혁명이 있기 전에는 저장할 수 있는 음식이 거의 없었을 것입니다. 우리의 뇌는 아침식사를 하지 않는 세계에서 형성되었습니다."

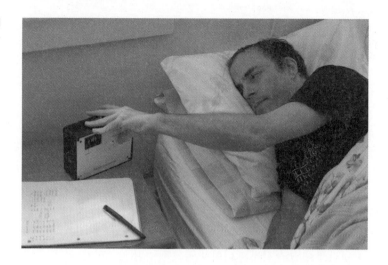

세스 로버츠는 자기관찰 실험을 통해 자신의 수면장애를 규명하려고 했다. 그 결과는 기이했다.

　이런 과감한 논증은 다음 실험의 아이디어가 되었다. 아침식사를 거르는 것이 아침에 일찍 깨는 문제를 완전히 해결해주지 못했기에, 로버츠는 자신의 생활을 석기시대인의 습관과 더 비슷하게 만들기로 결심했다. 그때 텔레비전을 이용했다.

　"보통 석기시대인의 아침은 서로 얼굴을 마주보는 것으로 시작되었다. 이와 반대로 나는 혼자 살았고 오전 내내 아무도 만나지 않은 채로 일을 하는 날이 많았다. 아마 부족한 대인관계가 이른 기상의 원인이었을지 모른다"고 로버츠는 한 학술지에서 적었다.

　1995년 어느 날 아침, 로버츠는 4시 50분에 잠에서 깼다. 20분 동안 지난 밤 토크쇼 재방송을 보았다. 그날에는 직접적인 효과를 못 느꼈다. 하지만 이튿날 아침 5시 1분에 눈을 떴을 때 기분이 끝내줬다. 최고로 신나고 에너지가 넘쳤다. 〈레이트 나이트 쇼late night show〉와 좋은 컨디션 사이에 무슨 관계가 있었던 걸까? 로버츠조차도 그렇다고 믿긴 어려웠다. 하지만 "자기관찰 실험은 매우 간단해서 희한하거나 틀린 것 같은 아이디어도 실험을 통해 검증해볼 수 있다."

　로버츠는 아침에 텔레비전을 정확히 얼마나 시청해야 아침에 일찍 깨는 습관을 완전히 없앨 수 있는지 알고 싶었다. 하지만 시청 시작 시간이나 시청하는 시간, 시청 프로그램 등이 다 달라서 실험 조건이 수없이 많아졌으므로, 결과를 전혀 얻어낼 수 없었다. 결국 그는 포기하고 텔레비전을 보는 동안의 기분 변화에 관하여 연구하기로 했다.

1995년 7월, 그는 설문지를 만들어서 그것으로 매일 여러 차례 자신의 기분을 평가했다. 그리고 매일 아침 텔레비전을 보았다. 연구 결과에 따르면 다큐멘터리 영화를 보았을 때보다 카바레 공연을 보았을 때 기분이 더 고양되었다. 유머가 기분을 밝게 해주었을까? 그런데 만화영화 〈심슨 가족〉은 아무 효과가 없다는 결과가 나왔다.

이후 여러 차례 실험한 후에 그는 결정적인 요인을 분리해냈다. 바로 얼굴이었다! 텔레비전 방송에서 보이는 '얼굴의 수'가 많을수록 이튿날 아침 기분이 더 좋았다. 그는 텔레비전을 볼 때 일정한 시간 동안 화면의 위쪽 3분의 2를 덮어놓는 방식으로 그 연구 결과를 확인했다. 그렇게 얼굴이 잘린 화면을 봤을 때는 좋은 기분이 사라졌다!

로버츠가 추측하기에 그런 효과는 얼굴에 대한 반응으로 일종의 내적 시계 비슷한 것이 작동해서 나타나는 것 같다. 사람과의 접촉이 특정 시간에는 기분에 긍정적인 영향을 미치고 다른 시간에는 부정적인 영향을 미친다는 것이다.

이제까지 그의 실험 중에서 가장 많은 수익을 가져다준 건 체중 감량 방법을 밝히는 실험이었다. 로버츠는 식간에 최대한 무미인 올리브기름(또는 설탕물) 몇 숟갈을 먹으면 공복감이 해소되고, 그 방법은 매우 효과적이어서 자신이 그런 식으로 별 탈 없이 16킬로그램 감량에 성공했다고 주장한다. 그 내용을 담은 책은 베스트셀러가 되었다. 이름하여 『샹그릴라 다이어트The Shangri-La Diet』다.

그런 다이어트를 뒷받침하는 이론은 로버츠가 만들었는데, 그 이론은 오늘날까지 검증되지 않았다. 모든 신체에는 체지방량 적정치가 있다. 그 적정치가 허기를 조절하고 음식을 얼마나 섭취하느냐에 따라 낮아지거나 높아지며 변화한다. 우리의 선조들은 풍년에는 뚱뚱해지고 흉년에는 허기를 달래야 생존에 유리했다. 그런데 칼로리가 많이 공급되는지 아닌지를 몸이 어떻게 바로 알았을까? 매머드 스테이크에는 칼로리표가 붙어 있지 않았다.

로버츠는 인간 유기체가 특정한 맛을 특정 영양소와 관련짓는 것을 배웠다고 가정한다. 고칼로리 식품의 맛이 좋을수록 지방과의 연관성이 더 쉽게 만들어지는데, 그 결과 몸은 더 많은 지방이 필요하다고 느끼고 지방 섭취량 적정치가 빠르게 높아진다. 그런 이유 때문에 오늘날 햄버거와 감자튀김을 많이 먹는 사람들은 지방 섭취량 적정치가 높아져서 더 배고픔을 느낀다.

올리브기름은 신체에 칼로리를 공급하지만 적정치를 높이지 않는다. 올리브기름은 특별한 맛이 없기 때문에 뇌에서 '올리브기름은 칼로리다'라고 연관시키지 못하는 것이다.

대부분의 동료 학자들이 로버츠를 무시했다. 많은 연구자가 자기관찰 실험은 믿을 만한 것이 못 된다고 생각했는데, 그 이유는 두 가지였다. 로버츠가 스스로 실험 참가자이기 때문에 실험 결과에 의식적으로든 무의식적으로든 영향을 미칠 수 있다. 또한 실험 참가자가 단 한 명이기 때문에 그 결과가 다른 사람들에게도 적용되는지 확실치 않다.

로버츠는 이런 단점을 알고 있지만, 자기관찰 연구의 장점을 언급한다. 비용이 많이 들지 않고, 많은 준비가 필요하지 않고, 실험 전에는 중요한 줄 몰랐던 것으로부터 갑작스럽게 의미를 발견한다. "저는 수면장애를 개선하기 위해 아침 일찍 텔레비전을 보았습니다. 수면장애는 개선되지 않았지만 기분이 좋아졌습니다."

★ Roberts, S., 「새로운 아이디어의 원천이 되는 자기관찰 연구: 수면, 기분, 건강, 체중에 관한 10가지 사례Selfexperimentation as a source of new ideas: Ten examples about sleep, mood, health, and weight」, 『행동 및 뇌 과학Behavioral and Brain Sciences』 27(2), 2004, pp.227-288.

세스 로버츠의 통계분석 결과, 아침에 한 시간 동안 거울을 보면 하루 종일 기분이 좋았다.

로버츠는 그 연구 결과를 더 깊이 연구했고 반드시 텔레비전에 나오는 낯선 얼굴들을 봐야할 필요가 없다는 걸 알게 되었다. 오늘 날 로버츠는 아침마다 6시부터 7시까지 한 시간 동안 거울을 본다.

1996
앉는 자세가 척추에 부담을 줄까?

1996년 2월 9일, 울름의 정형외과의사 페터 네프가 네번째와 다섯 번째 허리뼈 사이 척추원반(디스크disc)에 구멍을 뚫었다. 척추 수술은 위험해서, 심한 통증을 느끼는 환자에게 최후의 수단으로만 생각해볼 만한 일이다. 네프가 뮌헨에 있는 알파 클리닉의 수술대 위에 누웠을 때 네프의 척추는 건강했다. 그것은 수술 4주 전 MRI 단층촬영을 해보았을 때 사실로 밝혀졌다.

네프는 등에 구멍을 내서 작은 압력측정기를 척추뼈 사이로 틀어박았다. 수술 전에 이 수술의 위험성에 대하여 잘 알고 있음을 확인하고 서명했다.

이런 대담한 삽입술은 1960년대의 연구를 검증하기 위함이었다. 당시 스웨덴 정형외과의사 알프 나시엠손이 19명의 환자들에게 비슷한 수술을 시행했다. 그가 압력을 측정해서 이끌어낸 결과

271

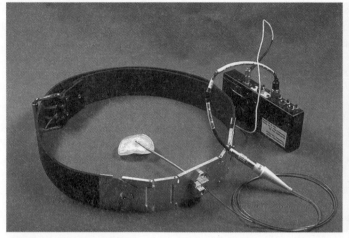

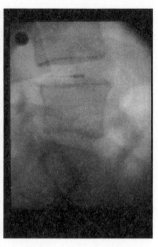

위험천만한 시도: 정형외과의사 페터 네프는 두 척추뼈 사이에 압력측정기를 삽입했다.

는 오늘날 우리가 알고 있는 척추학의 근간을 마련했다. 예를 들어 실험 참가자들이 비스듬히 눕기보다는 허리를 곧게 세워 앉기를 더 잘 수행했던 것은 앉아 있을 때와 서 있을 때 디스크에 가해지는 압력이 다름을 간접적으로 보여주는 증거였다. 디스크에 가해지는 압력을 측정한 결과, 앉아 있을 때의 압력은 서 있을 때보다 거의 1.5배 더 높았다. 즉, 앉아 있을 때 마치 서 있는 것처럼 등을 쭉 펴고 똑바로 앉은 자세가 틀림없이 척추 건강에 도움이 된다. 그래서 비서들의 곧은 자세는 타고난 것이라고 볼 수 있다.

하지만 생체역학자들은 늘 나시엠손의 측정에 의문을 갖고 있었다. 앉는 것과 서는 것 사이의 압력차에 대한 설명이 그다지 설득력이 없어 보였다. 게다가 다른 연구에서는 앉을 때 척추가 늘어난다고 했다. 이 결과는 앉은 자세에서 척추에 부담이 줄어든다는 걸 시사했다.

울름 대학교 생체역학자 한스-요아힘 빌케 역시 나시엠손의 연구에서 무언가가 틀렸다고 생각했다. 하지만 척추 임플란트를 설계하려면 정확한 자료가 필요했다. 빌케와 마찬가지로 네프도 척추에 가해지는 하중을 측정하는 데에 관심이 있었다.

그는 허리 통증으로 고생하는 환자들에게 등 운동기구를 이용해 근육을 강화하는 운동을 하라고 추천했다. 운동기구가 척추에 어느 정도의 힘을 가하는지 알아보려고 했기 때문이다. 네프와 빌케는 계속해서 과거 자료를 찾아보며 모순된 결과들에 대하여 논의했다. 결국, 척추에 가해지는 압력을 다시 한번 측정해보기로 결정했다.

★ Wilke, H. J., P. Neef et al., 「일상생활 중 척추원반에 가해지는 압력의 새로운 측정New in vivo measurements of pressures in the intervertebral disc in daily life」, 『척추Spine』 24(8), 1999, pp.755-62.

원래 그 실험을 위해 실험 참가자 두 명이 준비를 하고 있었다. 그런데 바젤의 의사 마르코 카이미가 참가한 첫번째 실험에서는 아직 수술대 위에 있을 때 압력측정 장치가 디스크에서 빠져나왔다. 네프에게도 그런 일이 다시 일어날 가능성이 있기 때문에 빌케는 측정 장치를 약간 변형했고, 네프는 수술 후 척추에 부담이 가장 적은 운동부터 시작했다. 눕기, 앉기, 서기, 웃기, 재채기하기 등. 그런 다음 구부리기, 줄넘기, 조깅, 맥주 상자 들어올리기 같은 운동을 이어갔다. 운동기구를 이용한 운동을 할 때와 잠을 잘 때 허리에 가해지는 부담도 측정했다. 다음 날 아침에는 두 가지 유형의 헬리콥터를 타고 비행하기, 자전거 타기, 공기착암기 위에 서 있기가 계획되어 있었다. 하지만 네프가 헬리콥터로 올라가는 도중에 압력측정 장치가 빠져나갔고, 그 실험은 종결되었다.

비스듬히 기대어 앉을까, 곧게 앉을까? 피터 네프가 등에 가해진 압력을 측정해보니 기대어 앉을 때보다 똑바로 앉을 때 두 배나 더 많은 부담이 가해진다는 결과가 나왔다.

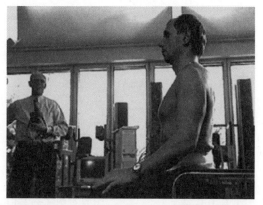

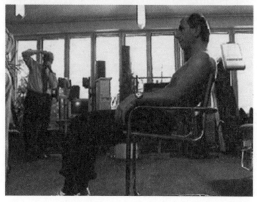

실험 결과는 다음과 같았다. 예상했던 대로 등을 대고 누워 있을 때 디스크에 가해지는 압력이 가장 작았다. 이완된 상태로 서 있을 때는 압력이 다섯 배로 증가했다. 하지만 (과거의 측정치와는 달리) 앉아 있을 때와 압력이

맥주 상자를 운반하는 일은 등 근육 운동에 효과가 있다. 이때 등을 곧게 세워야 무릎에 가해지는 부담을 최소화할 수 있다.

비슷했다. 네프가 점점 깊숙이 의자 속으로 미끄러져 들어갔을 때 깜짝 놀랄 만한 결과가 나타났다. 압력이 점점 줄어들다가 네프가 눕기와 앉기 사이의 자세를 취했을 때 최소치에 이르렀다. 평상시에는 10대들과 래퍼들만 취하는 자세다. 그 결과로 보아 압력의 일부가 등받이로 넘어갔다고 설명할 수 있다.

사실 압력값만을 가지고 특정 자세가 척추에 미치는 유해성을 판단해선 안 되지만, 척추학을 재고할 필요가 있다고 빌케는 말한다. 척추 수술을 한 후에 어떤 자세를 취할지는 환자 스스로에게 맡겨야 할 것이다. 네프는 "사람들은 스스로 자신에게 맞는 자세를 찾는다"고 말한다. 중요한 건 올바른 자세만 취하는 것이 아니라 앉는 자세를 자꾸 바꿔주는 것이다. 몸을 움직여야 근육이 경직되지 않으며, 디스크에 가해지는 압력이 변화하는 과정에서 디스크에 영양이 공급된다.

1997
컴퓨터는 내 친구(1) : 사람 같은 컴퓨터

정기적으로 컴퓨터에게 통사정을 하거나, 모니터를 때리거나, 하드디스크를 위협하는 사람은, 생명이 없는 물질에 인격이 있다고 여기는 앞뒤가 꽉 막힌 생각을 전자기기에게까지 적용시키고 있다는 점을 당연히 알고 있다. 그럼에도 과학자들은 사람들 사이에 통용되는 거의 모든 예의범절이 인간과 컴퓨터 사이의 관계에서도 지켜진다는 사실을 확인할 때 깜짝 놀라곤 한다. 너무 터무니없는 일들이 벌어지니까.

캘리포니아 주에 있는 스탠퍼드 대학교의 클리퍼드 나스와 그의 동료들은 예를 들어, 우리가 컴퓨터를 사람으로 인지하면서 컴퓨터가 우리에게 도움을 주면 우리도 그에 보답한다는 사실을 밝혀냈다. 그들이 수행한 간단한 실험은 다음과 같다. 우선 컴퓨터가 학생들의 과제 해결에 도움을 주었다. 그 다음은 반대로 학생들이 컴퓨터가 인간의 색채 지각에 일치하는 색상 팔레트를 만들도록 도와야 했다. 결과는 놀라왔다. 유사한 모델의 다른 컴퓨터로 과제를 할 때보다 이전에 학생들을 도왔던 컴퓨터로 과제를 할 때, 학생들은 거의 두 배나 되는 시간을 더 할애했다.

나스가 일본에서 동일한 연구를 수행했을 때는 복잡한 예의범절 역시 인간과 컴퓨터 사이의 관계로 적용 범위가 확대된다는 것을 보였다.

일본에서 예의범절은 개인 간에 지켜지는 것을 넘어서 종종 개인이 속한 집단에까지 넓게 고려되곤 한다. 예를 들어 내가 일본 친구에게 호의를 베풀면 그는 나에게만이 아니라 내 친구나 나의 가족들에게도 보답을 해야 한다고 느낀다.

나스가 일본 학생들을 대상으로 그 실험을 반복했을 때 어떤 어처구니없는 결과가 벌어지는지를 보여주었다. 이번에도 우선 컴퓨

다른 문화와 마찬가지로 일본인들도 인간관계상의 예의를 컴퓨터에게까지 지킨다. 그 결과는 놀랍다.

★ Fogg, B. J., and C. Nass,
「사용자가 컴퓨터에게 어떻게
보답하는가: 행동 변화를 보여주는
실험. 컴퓨팅 시스템에서 인적
요소에 관한 논의How users
reciprocate to computers: an
experiment that demonstrates
behavior change. Conference
on Human Factors in Computing
Systems archive」, 「CHI '97 컴퓨팅
시스템에서 인적 요소에 관한 초록:
미래로의 조망CHI '97 extended
abstracts on Human factors in
computing systems: looking to
tho future」, Atlanta, Georgia, 1997

터가 학생들을 도왔다. 이 경우에는 그것이 윈도우 컴퓨터였다는 사실이 매우 중요하다. 미국 학생들과 달리 일본 학생들은 그후 자신에게 아무 도움을 주지 않았던 컴퓨터마저 도울 준비가 되어있었다. 단, 똑같은 윈도우 컴퓨터였을 경우에 한했다. 애플 컴퓨터에 대해선 돕고 싶은 마음이 훨씬 적었다.

그 학생들은 컴퓨터 다룰 때에도 그저 일본의 예의범절을 준수했다. 그들은 모든 윈도우 컴퓨터를 도왔다. 바로 전에 자신들을 도왔던 컴퓨터와 같은 부류에 속하기 때문이었다. 말하자면 그 컴퓨터의 친구라고 할 수 있다. 하지만 누구나 알다시피 애플 컴퓨터는 윈도우 컴퓨터의 친구가 될 수 없으므로 보답을 요구할 권리가 없었다.

1998
비싼 와인이 더 좋은 와인일까?

살다 보면 와인에 대하여 눈곱만치도 모르는 것이 더 나은 때가 있다. 예를 들어 프레데리크 브로셰의 실험에 참가하는 경우가 그렇다. 보르도 대학교 와인학 교수 브로셰는 정기적으로 짓궂은 테스트를 하며 학생들을 속인다.

1998년 그는 가장 악명 높은 실험을 진행했다. 그는 54명의 와인학과 학생들에게 화이트와인과 레드와인을 시음하게 했다. 학생들은 대학의 커다란 시음 장소 내 개별적인 부스에 앉아 메모를 했다. 레드와인의 경우 학생들은 '진하고', '깊고', '나무 향이 나고', 화이트와인의 경우 '과일 맛이 나고', '드라이하고', '향이 진하다'고 느꼈다. 브로셰는 새로운 시음 노트를 작성하기 위해 그들의 메모가 필요하다고 말했다. 같은 이유로 그들은 몇 시간 후에 새로 화이트와인과 레드와인을 맛보았다. 여기에서 학생들이 모르는 사실이 하나 있었다. 이번에 마신 와인은 한 가지 종류였다! 브로셰는 첫번째 테스트에서 썼던 화이트와인에 천연 식용색소 안토시아닌

을 약간 넣어 레드와인을 만들었다.

그들의 시음 메모를 보니 아무도 그 사실을 눈치채지 못한 것이 분명했다. 모두 전형적으로 레드와인과 관련된 어휘로 붉게 물든 화이트와인의 특징을 묘사했다. 반대로 화이트와인에 대한 평가는 첫번째 실험에서 쓴 메모와 거의 같았다. 그것은 학생들이 자신의 전공을 잘 이해했다는 사실을 보여주었다. 어떻게 학생들이 그런 엉성한 술수에 속아 넘어갈 수 있을까?

브로셰는 레드와인을 시음한다는 기대가 레드와인에 가까운 맛을 느끼도록 유도한다고 생각한다. 엄밀히 말하면 그것은 의미 있는 기제로서, 진화 과정에서 발전된 것으로 보인다. 뇌는 효율적인 작업을 위해 작업에 필요한 에너지를 절감해줄 수 있는 모든 정보를 고려한다. 이번 경우에 필요한 정보는 하나다. 잔에 레드와인이 있다는 것! 그럼 나의 견해는 레드와인에 관한 지식에 국한될 수 있다. 그래서 와인에 관한 지식이 부족하다면 오히려 유리할지 모른다. 레드와인이 '진하고' '깊고' '나무 향이 날' 수 있다는 걸 경험하지 않은 사람은 애당초 잘못된 길로 접어들지 않을 것이다.

학생들은 브로셰가 그 실험의 실제 목적을 알려주었을 때 실험을 흥미롭게 여겼고 잘 이해했다. 그와 정반대로 두번째 유사한 실험을 했을 때에는 학생들이 매우 불쾌해했다.

브로셰는 자신의 학생들 57명에게 일주일 간격으로 실험에 참여하여 같은 보르도 와인을 시음하게 했다. 그 보르도 와인을 학생들에게 한번은 반주로 마시는 약한 포도주라고, 다른 한번은 그 지역 최고의 와인이라고 알려주었다. 이번에도 실험 참가자들은 포도주의 맛을 느낄 때 그런 정보로부터 큰 영향을 받았다. 최고의 와인을 마신다고 생각했을 때는 감격스러워했고, 테이블 와인을 마신다고 생각했을 때는 비판적인

와인 소믈리에조차도 붉게 물들인 화이트와인을 레드와인이라고 착각한다.

시각으로 바라보았다.

"제가 그 속임수를 명료하게 설명해주었을 때, 학생들은 격렬하게 반응했습니다. 몇몇 학생은 일어나서 '어떻게 그러실 수 있어요? 세상에 이런 일이! 저희를 속이시다니요'라고 말했습니다"라고 브로셰는 회상한다.

보아하니 학생들에게는 레드와인과 화이트와인을 구분하지 못하는 것이 가짜 라벨에 속는 것보다는 덜 망신스러운 듯했다.

브로셰는 그 실험으로 학생들을 웃음거리로 만들겠다는 생각은 전혀 없었다. 자신도 똑같이 맛을 전혀 구분해내지 못했을 것 같다. "저는 귀신같이 맛을 잘 보는 사람이 있다는 신화 같은 이야기를 믿지 않습니다." 오히려 그는 우리가 머릿속에서 일관성 있는 지각을 형성한다는 것을 증명하길 원했다. 와인, 와인을 마시는 장소, 함께 마시는 사람들에 대한 모든 정보가 떼려야 뗄 수 없이 얽혀져서 서로에게 영향을 미친다. 그것은 완전히 정상적인 과정이며, 그걸 이겨낼 사람은 아무도 없다. 눈을 가리고 검정색 컵으로 시음을 해야만 선입견이 배제될 수 있다.

브로셰는 "그래서 인공색소가 들어있지 않은 시럽은 없습니다. 무색의 시럽을 맛본 고객들은 시럽의 맛이 진하지 않다고 말합니다"라고 설명한다. 어떤 의미에서는 사람들의 말이 옳다. 맛과 관련 없는 정보가 피상적인 영향만 미치진 않는다.

예를 들어 뇌를 스캔해보면, 실험 참가자들에게 같은 냄새를 맡게 하고 그 냄새가 체다 치즈 냄새라고 알려주느냐 체취라고 알려주느냐에 따라 상이한 영역이 활성화되는 것을 알 수 있다. 와인의 가격도 같은 효과가 있다. 같은 와인인데도 사람들이 비싼 와인을 마시고 있다고 생각한다면 저렴하다고 생각할 때보다 뇌에서 와인을 즐기는 중추영역이 더 활성화된다.

초보 와인 애호가들에게는 좋은 소식이다. 비싼 와인을 사게 되

★ Brochet, F., 「테이스팅: 화학물질에 대한 의식의 표상에 관한 연구La dégustation: étude des représentations des objets chimiques dans le champ de la conscience」, 『포도주 전문가 리뷰 La Revue des Oenologues』(102), 2002.

면 그 와인의 맛이 별로 좋지 않더라도 어쨌든 그 값을 하게 될 것이다.

노래를 전혀 못하는데도 노래 경연대회에 참여하는 사람을 보고 희한하다고 생각해본 적이 있는가? 아무도 안 웃는 재미없는 농담을 꿋꿋이 해내는 사람은 어떤가?

자신의 능력에 대한 왜곡된 인식을 연구하는 실험이 「인식되지 않는 자신의 무능력: 자신의 능력을 제대로 평가하기 어려울 때 빚어지는 과대평가」라는 논문에서 발표되었다.

연구자들은 학생들에게 유머, 문법, 또는 논리 같은 주제를 다룬 문제지를 풀도록 지시했다. 시험 후에 학생들은 다른 학생들과 비교하여 자신이 얼마나 좋은 성적을 얻었다고 생각하는지를 보고해야 했다.

학생들이 난처하다고 느꼈을 때는 다음과 같은 결과가 빚어졌다. 시험 결과가 나쁠수록 자신을 더 심하게 과대평가했다. 모든 시험에서 하위 25퍼센트에 속하는 학생들은 자신이 평균을 훨씬 상회한다고 생각했다. 나중에 그들에게 채점 결과가 기재되지 않은 성적 최우수자의 문제지를 보여주고 의견을 물어보았을 때도 그들은 여전히 자신을 지나치게 과대평가했다.

논문의 저자들이 보기에 학생들의 잘못된 판단은 거의 해결할 수 없는 문제다. 왜냐하면 그 시험 성적에서 나타난 부족한 능력은 자신을 정확하게 평가하는 데 필요한 능력과 같기 때문이다. 이 세상의 바보들에게 측은한 마음을 갖는 건 적절하지 않은 것 같다. 그들이 저지르는 실수가 안타까움을 자아내긴 하지만, 그들은 무능함 덕분에 자신의 무능함을 전혀 인식하지 못한다.

1999
왜 무식하면
용감할까?

★ Kruger, J., and D. Dunning, 「인식되지 않는 자신의 무능력: 자신의 능력을 제대로 평가하기 어려울 때 빚어지는 과대평가 Unskilled and Unaware of It: How Difficulties in Recognizing One's Own Incompetence Lead to Inflated Self-Assessments」, 「성격 및 사회 심리학지Journal of Personality and Social Psychology」, 77(6), 1999, pp.1121-1134.

1999
컴퓨터는 내 친구(2) : 컴퓨터에 대한 예절

너무 당연해서 굳이 말할 필요가 없는 예의범절이 있다. 예를 들자면 여성의 새로운 헤어스타일에 대한 평가를 면전에서 있는 그대로 해선 안 된다. 다른 사람의 감정을 상하게 하지 않기 위해서 약간의 거짓말은 감수해야 한다. 이런 관습은 우리 몸에 너무나도 깊숙이 배어 있어서 피가 흐르지 않는 것들에도 적용된다. 심지어 컴퓨터의 감정을 해치지 않기 위해 우리는 컴퓨터에게도 거짓말을 한다.

이것을 발견한 사람은 캘리포니아 팰로앨토 소재 스탠퍼드 대학교의 클리퍼드 나스와 B. J. 포그였다. 그들은 실험에 참가한 30명의 학생들에게 학습 컴퓨터의 판단 능력에 대한 평가를 하게 될 것이라고 말해주었다. 학습 컴퓨터는 우선 20개의 질문을 제시하여 각 실험 참가자의 미국 문화에 대한 지식수준을 계산한 다음, 각자의 지식에 맞는 테스트를 제시한다고 했다. 아무튼 모두 그렇게 믿어야 했다. 사실은 모두 같은 테스트를 받았다. 중요한 과제는 다음에 나왔다. 학생들이 학습 컴퓨터의 성능을 평가해야 했다. 그 평가는 그 학습 컴퓨터에, 또는 다른 방에 있는 다른 컴퓨터에, 또는 설문지에 응답하는 세 가지 방식으로 이루어졌다.

실험 참가자들은 컴퓨터 앞에서 예의를 저버리지 않았다는 결과가 나왔다. 학습 컴퓨터로 컴퓨터의 성능을 평가했던 사람은 다른 컴퓨터에서 그 컴퓨터의 성능을 입력하거나 종이에 적은 사람보다 확실히 훨씬 더 좋은 점수를 주었다. 보아하니 실험 참가자들은 학습 컴퓨터에게 자신의 솔직한 생각을 털어놓는 데 마음의 부담을 느꼈던 것 같다.

★ Nass, C., Y. Moon et al., 「사람들이 컴퓨터에게 예의를 지킬까? 컴퓨터 기반 인터뷰에서의 응답Are People Polite to Computers? Responses to Computer-Based Interviewing Systems」, 『응용 사회심리학회지Journal of Applied Social Psychology』 29(5), 1999, pp.1093-1109.

앨런 네빌이 130개 이상의 학술논문을 썼지만, 어느 것도 그 짧은 편지만큼 주목을 받았던 건 없었다. 그 편지는 1999년 세계적 의학 학술지 『랜싯』에 보낸 것이다. 그후 잉글랜드 울버햄프턴 대학교의 교수가 『워싱턴 포스트Washington Post』에서 네빌의 이름을 봤으며, BBC 방송에서 한 번 더 듣게 되었다. 하지만 네빌은 말라리아 치료제를 찾아낸다든지, 아인슈타인 이론에 반박을 한다든지, 그런 대단한 연구를 한 게 아니었다. 그는 축구 경기의 홈 이점이라는 수수께끼를 풀었다. 원정구장보다 홈구장에서 더 잘 이기는 이유를 통계학자의 정교한 실험을 통해 밝혀냈다.

홈 이점은 증명하기는 쉽지만 그 이유를 설명하기는 어려운 흥미로운 현상 중 하나다. 각 팀이 홈구장 경기에서 승률이 좋다는 건 검토해보면 금방 알 수 있다. 몇몇 주요 연구에서 통계학자들은 총 4만 493경기 중 홈팀이 68.3퍼센트 승리했다는 것을 확인했다. 대략 경기당 0.5골이 홈 이점 덕분에 생긴다는 것이다(반쪽짜리 공을 갖고 뛰지 않는 한 모든 팀이 두 경기에 한 번 꼴로, 한 골은 홈팀이 거저 가져간다).

과학자들은 그럴싸한 이유를 세 가지 생각해냈다. 원정경기장으로 이동하는 고단함, 홈구장에서 느끼는 친숙함, 관중의 응원이다. 첫번째 이유는 바로 제외할 수 있었다. 원정경기장으로 이동한 거리는 그 경기에서 패배하는 경향과 아무 관계가 없음이 밝혀졌다. 바로 옆 도시에서 경기를 한 팀들도 원정경기의 핸디캡을 느꼈다. 홈구장에서의 친숙함도 홈 이점의 이유로 그다지 타당하지 않은 것 같았다. 만약 친숙함이 중요하다면, 예를 들어 홈구장이 인조 잔디―잉글랜드에는 인조 잔디 구장이 많이 있다―인 팀은 천연 잔디인 원정구장에서 평균 이상으로 성적이 나빠야 한다. 하지만 실제로는 그렇지 않았다.

마지막으로 남은 건 관중 효과다. 네빌은 여러 잉글랜드 리그에서 관중의 수를 분석하고, 관중의 수가 많을 때 홈 이점이 커진다는

사실을 알게 되었다. 홈팀이 팬들의 드높은 환호성에 힘입어 선수들이 특별한 활약을 펼치게 되는 걸까? 네빌은 그런 말을 믿지 않았다. 골프나 테니스같이 심판의 주관적인 판단이 축구보다 덜 개입되는 스포츠의 경우 홈 이점이 전혀 없기 때문이다. 그의 통계에 따르면, 심판은 홈팀의 반칙을 30퍼센트만 적발했다. 미친 듯 흥분한 수천 명의 팬들이 중립적인 입장에 서 있는 사람을 편파적으로 만들 수 있을까?

답을 알아내기 위해 1999년 네빌은 한 연구를 계획했고, 그 연구로 자신의 이름을 알리게 되었다. 그는 축구선수, 심판, 코칭 스태프 각 11명에게 52개의 반칙이 나오는 비디오를 보여주었다. 26개는 원정팀, 26개는 홈팀의 반칙이었다. 그 비디오는 공식 심판의 판정이 나기 바로 직전에 매번 잠시 멈췄고, 실험 참가자들은 자신의 판단을 제시해야 했다. 가장 중요한 실험 조건은, 심판 6명은 음소거한 장면을, 5명은 소리가 들리는 장면을 보았다는 것이다. 결과는 다음과 같았다. 귀에 들리는 팬들의 응원소리는 홈팀에 상당히 유리한 판정을 가져왔다. 애매한 반칙의 경우, 심판들이 관중의 영향을 받는 것이 분명했다. 네빌은 이러한 관중 효과가 홈이점에 상당 부분 기여한다고 보았다. '12번째 선수'라 불리는 축구 관중들이 반 골을 넣는 것이다(스포츠와 관련된 실험은 218쪽에도 있다).

★ Nevill, A., N. Balmer, et al., 「관중이 축구 심판 판정에 미치는 영향Crowd influence on decisions in association football」, 『랜싯 The Lancet』 353(9162), 1999, pp.1416.

어떻게 하면 다른 사람에게 내밀한 이야기를 털어놓게 할 수 있을까? 아주 간단하다. 자기 자신의 개인적인 이야기를 먼저 꺼내놓으면 된다. 그러면 컴퓨터가 어떻게 하면 사람이 친밀감을 느끼며 다가오게 만들 수 있을까? 이것도 아주 간단하다. 컴퓨터가 자신에 관한 사적인 내용을 드러내는 것이다.

이런 생각은 너무 어처구니가 없어서 진지하게 받아들일 수 없다. 그런데도 하버드 대학교의 심리학자 문영미는 그 문제를 연구했고, 그리하여 정말 놀라운 발견을 했다.

문영미의 실험 참가자들은 컴퓨터에서 11가지 개인적인 질문에 답을 해야 했다. 당신의 어떤 특성을 가장 자랑스럽게 생각합니까? 당신의 삶에서 가장 큰 실망을 느꼈던 적은 언제였습니까? 죽음을 어떻게 생각하고 있나요? 등등. 그 질문들이 모니터에 나타나면 실험 참가자들은 키보드로 답변을 입력했다.

일부 실험 참가자들에게는 각 질문에 앞서 컴퓨터에 관한 정보가 담긴 문장이 나타났다. 예를 들어 "죽음을 어떻게 생각하고 있나요?"라는 질문 앞에 "컴퓨터는 매우 튼튼하게 만들어져서 이론적으로는 오래 사용해도 끄떡없다. 하지만 언제나 더 새롭고 더 빠른 컴퓨터가 시장에 나오기 때문에 대부분의 컴퓨터는 겨우 몇 년 만 사용되다가 버려진다. 여기 있는 이 컴퓨터는 약 6개월간 사용되었다. … 즉, 이 컴퓨터를 버리고 새로운 모델을 들여놓을 때까지 이 컴퓨터의 사용 기간은 약 4, 5년이 될 것이다" 같은 문장이 등장했다. 그리고 "당신이 최근에 성적으로 흥분했던 순간을 설명해주시겠습니까?"라는 질문 전에는 모니터에 다음과 같은 문장이 나타났다. "몇 주 전 여기에 한 컴퓨터 이용자가 와서 디지털 비디오를 편집하려면 이 컴퓨터가 필요하다고 했다. 이제까지 그 누구도 이 컴퓨터에서 편집을 한 적은 없었다."

문영미가 답변을 분석했을 때, 실험 참가자들은 컴퓨터를 상대

★ Moon, Y., 「친밀한 대화:
소비자의 자기 노출을 유도하는
컴퓨터 이용Intimate Exchanges:
Using Computers to Elicit Self-
disclosure from Consumers」,
『소비자학회지Journal of Consumer
Research』 26(4), 2000, pp.324-
340.

로 사람들 사이에 흔히 행해지는 사회규범을 똑같이 따랐다는 결과가 나왔다. 컴퓨터가 자신의 성능을 저하시키는 프로그램이 돌아간 적이 없다는 사실을 모니터에 나타냈을 때, 실험 참가자들은 그들의 삶에서 가장 크게 실망했던 경험에 관한 질문에 훨씬 더 정직하게 대답했다.

컴퓨터가 자신의 가장 내밀한 정보(펜티엄2 프로세서와 9기가바이트 하드디스크를 장착했고 동작 클록이 266메가헤르츠라는 것)를 제시할 때마다 이용자의 그다음 대답은 더 포괄적이고, 깊이가 있었으며, 세세한 내용을 많이 담았다.

이 논문은 『소비자학회지』에 발표되었다. 학술지의 이름을 보면, 앞으로 이와 같은 지식이 실제 상황에서도 이용되어야 한다는 뜻이 담겨 있다.

2001
친척이 이메일로 부탁한다면?

이메일로 낯선 사람에게 부탁을 해본 적이 있다면 알 것이다. 그 부탁을 들어줄 확률은 너무 낮아서 아예 기대를 안 하는 게 낫다. 빨간 양말, 땡처리 비행기 티켓, 저렴한 정력제 등 '일생일대'의 광고가 너무 많이 들어와 매일 받은메일함을 꽉 채운다. 모르는 사람의 부탁에 눈 돌릴 겨를이 없다.

심리학자들은 승낙을 얻어내는 확률을 높이는 효과적인 방법을 생각해냈다. 자신의 이름이나 성이 수신인과 같은 것처럼 가장해서 메일의 마지막 줄에 수신인과 똑같은 이름이나 성을 적는 것이다. 이름이 실제로 같지 않다면, 거짓말을 해야 한다. 거짓말하는 게 좀 꺼림칙하지만 그 값어치를 한다. 연구자는 다음과 같은 텍스트로 이메일 2961개를 보냈다. "안녕하세요;-) 제 이름은 ○○[발신인의 이름]입니다. 저는 대학생이고 스포츠팀의 마스코트에 관한 프로젝트를 진행하고 있습니다. 저에게 도움을 주실 수 있는지를 여

★ Oates, K., and M. Wilson, 「명목상 친족관계 단서가 이타심을 유발한다Nominal kinship cues facilitate altruism」, 『영국왕립 학회보 B: 생물학 Proceedings of the Royal Society B: Biological Sciences』 269(1487), 2002, pp.12-17.

쫍고 싶습니다. 당신이 살고 있는 도시의 스포츠팀은 어떤 마스코트를 사용하고 있는지 알아봐주시길 부탁드립니다. … 읽어주셔서 감사합니다. … 빠른 시일 내에 답변을 주시기를 바랍니다. 이만 줄입니다. ○○○[발신인의 성과 이름] 올림."

이름도 성도 같지 않다면 이메일을 받은 사람 중 딱 2퍼센트만이 답을 했다. 하지만 이름과 성이 같았을 때 답을 한 사람의 수는 12퍼센트까지 올라갔다. 여섯 배나 많은 것이다! 너무 뻔뻔스럽게 거짓말을 하고 싶지 않다면, 그냥 성이나 이름 중 하나만 바꿀 수도 있다. 이름이 같았을 경우는 3.7퍼센트, 성이 같았을 경우는 5.8퍼센트였다.

이와 같은 행동의 원인은 무엇일까? 우리는 다른 가족 구성원을 돕도록 생물학적으로 프로그램되어 있는 것 같다. 성이 같다면 아주 멀더라도 혈연관계일지 모른다는 암시를 수신인에게 줄 수 있다. 이름만 같을 경우엔 상대방과 전반적인 공감대를 형성하게 된다.

드웨인 뱅크스가 리처드 스미스보다 이름이 같은 사람에게 더 빈번하게 대답을 했다는 것은 논리적으로 당연해 보인다. 뱅크스 같이 희귀한 이름은 스미스라는 너무 흔한 이름보다 수신인과 발신인이 친척관계라는 추론을 더 확실하게 해주기 때문이다.

2OOI
정자의 기억력 테스트

페터 브루거는 정자의 미로를 만드는 것을 오래전부터 꿈꿔왔다. 이미 100년 전에 과학자들은 쥐가 미로 속을 헤매게 하는 방법으로(『매드 사이언스 북』 67쪽) 쥐의 기억력을 연구할 수 있음을 알게 되었다. 이번에는 취리히 대학교의 뇌과학자가 정자를 가지고 똑같은 연구를 해보겠다는 생각을 했다. 하지만 그가 정자 미로의 규모를 계산해본 후에, 그 계획을 던져버려야 했다. 그렇게 작은 구조물은 그 누구도 만들 수 없으리라.

　　그후 브루거는 1996년 『노이에 취르허 차이퉁Neue Zürcher Zeitung』에서 어떤 머리카락 사진을 보게 되었다. 그 머리카락 위에 과학자들이 레이저로 자신의 직장 이름 '괴팅겐 레이저연구소 Laserlabor Göttingen'를 적어놓은 사진이었다. 브루거가 '레이저연구소Laserlabor'의 'L'자를 자세히 들여다보았을 때, 그것이 정확하게 정자 미로의 크기라는 것을 알게 되었다. 그래서 그는 괴팅겐으로 편지를 보냈다. 정자의 기억력 검사를 도와달라는 부탁했을 때 그곳 사람들이 분명 자신을 미친 사람으로 여겼을 것이란 생각은 나중에야 들었다. 하지만 공동 연구가 성립되었다. 괴팅겐 레이저연구소에서 마이크로 미로를 두 개 만들었고, 그것으로 브루거는 실험을 수행했다.

　　미로는 아주 단순하게 만들어져서 사실 미로라는 이름이 전혀 어울리지 않았다. 첫번째 미로는 T자형이었다. 짧은 길의 끝에서 정자가 왼쪽이나 오른쪽으로 방향을 바꿀 수 있었다. 714개의 정자를 관찰한 결과, 351개(49퍼센트)가 왼쪽으로, 363개(51퍼센트)가 오른쪽으로 헤엄쳤다. 이런 분포는 예상한 대로였다. 정자들이 한쪽을 더 선호해야 할 이유는 하나도 없었다.

　　실제 기억력 검사는 두번째 미로에서 이루어졌다. 첫번째 미로처럼 T자형이지만 입구에서 한 번 오른쪽으로 돌아야만 T자 갈림길에 이를 수 있었다. 처음에 오른쪽으로 굽어 들어온 588개의 정자는 T자 갈림길에서 왼쪽으로 도는 빈도가 더 높았다(59퍼센트). 이러한 결과는 그 정자들이 방금 오른쪽으로 돌아서 왔다는 것을 기억하고 있음을 시사했다. 정자에는 신경계가 없지만, 어떻게든 그 정보를 저장할 수 있는 것 같았다.

　　브루거는 그 결과에 그렇게 놀라지 않았다. 이제까지 각 유기체는(쥐며느리부터 사람까지) 미로에 들어갔을 때 그런 행동을 보였다. 예

◆ Brugger, P., E. Macasb et al., 「정자세포가 기억을 할까? Do sperm cells remember」, 『뇌 행동 연구Behavioural Brain Research』 136(1), 2002, pp.325-328.

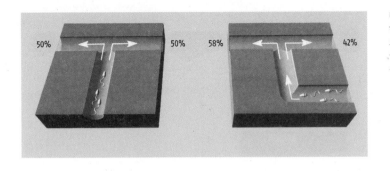

미로 속 정자: 강제로 오른쪽으로 돌게 하면 더 많은 정자가 갈림길에서 왼쪽으로 돈다(오른쪽 그림). 이것은 정자들이 오른쪽으로 돌았던 것을 기억할 수 있다는 뜻이다.

를 들어 쥐가 첫번째 갈림길에서 왼쪽으로 간다면, 다음 번 갈림길에서 오른쪽으로 돌 확률이 높아졌다. 그 다음엔 다시 왼쪽, 이어서 다시 오른쪽, 계속 그런 식으로 나아갔다. 과학에서는 이런 방향 전환이 역설적이게도 '자발적 교대 행동'이라고 불린다. 하지만 그 행동은 자발적인 게 아니다. 근본적으로 동물들은 자신의 마지막 결정을 기억하고, 그 기억에 따라 자신의 다음 행동을 맞춘다. 먹이를 찾거나 자신의 영역을 탐색할 때 그런 행동이 생존을 유리하게 하기 때문이라고 추측된다.

2001
사정할 때
탭 키를 누르세요

설문지는 이제까지 과학이 만들어낸 작품 중 가장 지루한 축에 든다. 빽빽하게 인쇄된 설문지 앞에서 짜증이 난 학생들이 빈칸에 X표를 한다. 그러면 연구자들이 그 답들로부터 획기적인 결론을 이끌어낸다. 여성이 남성보다 두부를 더 많이 먹는다든지, 80대가 60대보다 갱스터 랩을 덜 듣는다든지.

하지만 2001년 댄 애리얼리가 캘리포니아 대학교 버클리 캠퍼스에서 실시한 설문조사는 특별한 방식을 사용했다. 애리얼리의 논문 「순간의 열정: 성적 흥분이 성적 의사결정에 미치는 영향」에서 보면, 실험 참가자들이 응답을 입력한 키보드는 주로 사용하지 않는 손으로 눌러야 하도록 제작되었다. 주로 사용하는 손은 논문

제목에서 언급된 성적 흥분을 일으키는 데 사용되었다.

이 실험에 대한 아이디어는 애리얼리가 미국에서 10대의 임신을 방지하기 위해 통상적으로 실시하는 대책에 관하여 깊이 고민하던 중에 떠올랐다. 보수파와 종교계는 10대 청소년의 성행위 방지 대책으로, 마약예방운동의 슬로건 '그냥 싫다고 말하라Just say no'를 그대로 따와 계도하고 있다(이 슬로건은 낸시 레이건이 시초였다. 1982년 캘리포니아 주 오클랜드의 롱펠로 초등학교에서 한 여학생이 만약 자기가 마약을 제안받는다면 어떻게 해야 하냐는 질문을 했는데, 그의 대답이 '그냥 싫다고 말하라'였다—옮긴이). 애리얼리는 수많은 청소년이 함부로 성행위를 하지 않겠다고 매우 진지하게 다짐해놓고 정작 그냥 '싫어'라고 말해야 할 결정적인 순간에는 왜 그 다짐이 별 효과를 발휘하지 못하는지 궁금했다. "청소년들은 자신들의 다짐이 사실은 비현실적이라고 생각하는 걸까요, 아니면 나중에 정말로 어떤 책임을 지게 될지를 전혀 모르고 있는 걸까요?"

이러한 의문은 성적 흥분이 성적 의사결정에 영향을 주는 것이 아닌가 하는 추측으로 이어졌다. "배고픔이나 갈증 같은 본능적인 욕구는 먹거나 마실 기회가 생기면 더 강렬하게 일어나게 된다. 성욕이 그렇지 않을 거라고 생각할 이유는 하나도 없다"고 애리얼리는 적는다. 식욕과 갈증의 경우, 그런 연관성이 이미 오래전에 학문적으로 입증되었다. 하지만 성욕의 경우 기껏해야 자신의 경험이나 소문을 듣고 아는 것이 전부다. 그것을 애리얼리는 바꿔보려고 했다.

원래 애리얼리는 케임브리지에 있는 매사추세츠 공과대학에서 근무했다. 그런데 그때 마침 1년 동안 캘리포니아 대학교 버클리 캠퍼스에서 객원 교수로 있었기 때문에 그곳 게시판에 이러한 포스터를 붙였다. "실험 참가자 모집, 성적 의사결정 과정과 흥분에 관한 연구. 참가 조건: 18세 이상 남성 이성애자." 그 아래에 다음과 같은 문구를 덧붙였다. "이 실험에서 성적 흥분을 일으키는 자료가 사용될 수 있습니다."

대학생들이 실험에 그다지 흥미를 보이지 않는 것을 두고 누구 탓도 할 수 없었다. 그는 대학생들을 바로 돌려보내야 했다. 실험 보조원들과 오랜 시간 토론을 한 끝에 첫번째 실험에서 남성들만 모집하기로 결정했다. "섹스에 관해서는 여성보다 남성의 경우 반응을 얻어내기가 훨씬 쉽다"고 그는 나중에 자신의 책 『상식 밖의 경제학Predictably Irrational』(한국어판: 장석훈 옮김, 청림출판사, 2018)에서 적었다. 『플레이보이』 한 부와 어두운 방. 실험에서 정한 목표에 다다르려면 필요한 건 그것이 전부였다.

애리얼리는 학생들을 직접 대면하려고 하지 않았다. 그 실험에 참여하고 난 다음 자신의 강의 시간에 앉아 있기가 민망한 사람이 있을 수도 있기 때문이다. 한 연구조교가 실험 참가자들을 지도하는 임무를 전담했다. 애리얼리는 그 실험을 실험실에서 실시하겠다는 생각은 진작에 버렸다. 자신이 제시한 예민한 질문에 어느 정도만이라도 솔직한 대답을 얻고 싶다면, 전부 은밀한 분위기에서 실시되어야 했고 가능한 한 복잡하지 않아야 했다. 그래서 성 연구에서는 음경을 감싸고 음경 지름의 변화를 알려주는 원형 힘 센서가 흔히 쓰이지만, 그는 그런 센서를 이용해서 흥분의 정도를 측정하는 것도 포기했다. 연구조교가 젊은 남성 참가자들에게 노트북을 쥐어주고, 방으로 들어가서 문을 잠그고 침대에 누워 있으라고 했다. 그리고 주로 쓰지 않는 손이 키보드에 편안하게 놓이도록 노트북을 위치시키라고 했다.

실험 참가자들은 클릭을 해서 모니터에 나타난 포르노물을 하나하나 넘기며 보았다. 그 포르노물은 두 학생이 애리얼리의 지시에 따라 미리 엄선한 것들이었다. "저는 실험 참가자들에게 효과가 있는 자료를 원했습니다. 그래서 그 이미지들은 학생들이 선정해야 했습니다." 실험 참가자들은 흥분의 정도를 방향키를 눌러 막대 위에 입력했다. 그 막대는 나체 사진 옆 오른쪽에서 계속 깜박이며 실험 참가자가 현재 학문에 기여하고 있음을 상기시켰다. 실험 참가자의 흥분이 75퍼센트에 이르렀을 때, 모니터에 첫번째 질문이 나타났다. 그러면 방향키를 눌러 두번째 막대에서 동의 정도에 따라 '예'와 '아니오' 사이의 적당한 위치에 응답을 마킹해야 했다. 어쩌다 사정을 하는 경우 탭 키를 누르라는 지시를 받았다. 그러면 그 실험은 중단될 테지만, 그런 일은 한 번도 일어나지 않았다.

실험 참가자가 대답해야 하는 질문은 은밀한 것들이었다. 혹시 성적으로 노골적인 문장을 읽고 싶지 않은 독자는 지금이라도 늦지 않았다. 이번 장은 건너뛰고 읽어야 한다. 첫번째 질문 "하이힐을 에로틱하다고 생각하나요?"로 시작해서 계속 더 나아갔다. "40세 여성과 성관계를 갖는 것을 상상할 수 있나요?", "50세 여성과 성관계를 갖는 것을 상상할 수 있나요?", "60세 여성과 성관계를 갖는 것을 상상할 수 있나요?", "열두 살 소녀에게 끌린다고 느껴본 적 있나요?", "당신이 싫어하는 사람과 성관계를 즐길 수 있나요?", "땀 흘리는 여성이 섹시하게 보이나요?", "여성에게 사랑한다고 말하면서 성관계를 가질 확률을 높이려는 시도를 하십니까?", "여성에게 술을 권유하면서 성관계를 가질 확률을 높이려는 시도를 하십니까?", "여성에게 마약을 권유하면서 성관계를 가질 확률을 높이려는 시도를 하십니까?", "콘돔을 가지러 가는 동안 여성이 마음을 바꿀 위험이 있다면 콘돔을 사용하시겠습니까?"

애리얼리는 35명의 실험 참가자를 세 집단으로 나누었다. 안타깝게도 첫번째 집단은 흥분하지 않은 상태에서 질문에 답을 했기에 결과 분석에서 제외되었다. 두번째 집단은 처음에는 흥분한 상태로 대답하고, 최소 하루가 지난 후 흥분하지 않은 상태에서도 답을 했다. 세번째 집단은 처음에는 흥분하지 않다가 곧이어 흥분했

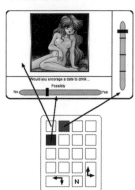

학생들은 이 그림을 컴퓨터 화면에서 보았다. 중앙에 포르노물이 있다. 오른쪽 막대는 흥분 상태를 나타내며 실험 참가자가 자신의 상태를 방향키로 입력한다. 흥분이 75퍼센트에 이르렀을 때 화면 아래에 질문이 나타났고, 실험 참가자는 방향키를 제어해서 응답 막대에 답을 입력했다.

으며 마지막에는 더이상 흥분하지 않았다. 애리얼리는 다양한 상황들이 제시되는 순서에 따라 그런 차이가 생기는지를 밝혀내고 싶었다. 그 순서가 차이를 만들어내지는 않았으나, 결과는 놀랍게도 일관됐다. 성적으로 흥분했던 학생들은 이례적인 성관계 방식, 파트너에 대한 음흉한 행동, 위험 부담이 있는 행동을 할 준비가 되어 있는 사람들이었다.

그 효과는 놀라울 정도로 컸다. 애리얼리는 학생들이 답을 입력했던 막대의 척도를 0부터 100까지로 바꾸었다. '아니다'가 0점, '그럴 수도 있다'가 50점, '그렇다'가 100점이었다. "상대 여성을 사슬로 묶는다면 재미있을까요?"라는 질문의 응답은 흥분하지 않았을 경우 평균 47점, 흥분했을 경우 75점이었다. "키스만 하는 것은 실망스럽습니까?"라는 질문에 대하여 흥분하지 않았을 경우 평균 41점, 흥분했을 경우 69점이었다.

애리얼리는 이 연구를 발표하려고 수차례 노력해야 했다. 끝내 『행동의사결정 저널』에서 발표되었다. 다른 많은 발행처에서 보기에는 이 실험이 너무 선정적이었다. 이 연구에 대한 반응은 곧 시들해졌다. "몇몇 사람들은 '그 연구결과는 시시하다'거나, '그런 건 오래전부터 알고 있던 것 아니냐'라고 말했습니다"라고 애리얼리는 회상한다. 그는 그 결과가 전혀 시시하다고 보지 않았다. 그는 "모든 사람이 그 결과를 이미 알았다면, 왜 그렇게 상이한 응답들이 나왔겠는가?"라고 묻는다. 실제로 그 효과를 알고 의식하는 사람은 매우 적다. 어쨌든 자신에 대하여 잘 알고 있는 사람은 극소수다.

우리들은 누구나(자기 자신을 얼마나 고상하게 여기고 있든지 상관없이) 욕정이 자신의 행동에 미치는 영향을 과소평가한다. 그렇기 때문에 더 광범위하게 영향을 준다. "'그냥 싫다고 말하라'고 가르치는 건 사람이 자신의 욕정을 단추를 눌러 불을 끄듯 쉽게 억제할 수 있다는 가정을 내포하고 있다"고 애리얼리는 적는다. 그리고 사람은 그렇게 쉽게 욕정을 억제할 수 없기 때문에 대안을 선택할 수밖에 없다고 말한다. "10대들에게 저항할 수 없을 만큼 상황이 더 커지기 전에 '싫다'고 말하는 법을 가르치거나, 불타오르는 욕정에 의해 '예스'라고 말했다면 그 결과에 대비하도록 교육하는 것이다(예를 들어 콘돔을 사용하게 한다)." 한 가지는 확실하다. "우리가 젊은이들에게 어떻게 자신의 성을 다루어야 하는지를 가르치지 않는다면, 그래서 그들이 얼간이가 된다면, 우리는 그 젊은이들뿐 아니라 우리 자신도 바보 취급을 하는 것이다."

버클리 캠퍼스에서 객원 교수로 1년을 보낸 후에 애리얼리는 MIT로 돌아왔다. 그곳에서 그는 그 실험을 재현해서 여성들에게도 같은 결과가 나오는지 확인하고자 했다. 그는 MIT 슬론 경영대학원 학장에게 연구 승인을 요청했다. "학장님은 '위원회를 설치하도록 합시다'라고 대답했습니다. '위원회'라는 말이 나왔다면 뻔하지요. 어느 세월에 승인이 나겠습니까"라고 회상한다.

그 위원회가 여성들만으로 구성되지 않았음에도, 애리얼리는 그 위원회를 '분노한 여성들의 위원회'라고 명명했다. "예를 들어 그 위원회에는 한 번도 프랑스를 여행해본 적이 없는 여성이 있었습니다. 프랑스의 광고가 너무 도발적이라는 이유 때문입니다. 그런 사람들과 제가 맞붙어 싸워야 했습니다."

예상했던 대로 당연히 위원회는 몇 가지 이의를 제기했다. 예를 들어 자위에 중독된 실험 참가자의 중독 증세를 재발시킨다거나, 포르노물이 과거에 경험한 성적 학대와 연관된 억압된 기억을 불러일으킬 수 있다는 것을 우려했다. 애리얼리는 그 두 가지 반대 의견이 너무 억지스럽다고 보았다. 한편으로 병적인 자위중독은 매우 드물고, 다른 한편으로 위원회가 '억압된 기억'이라고 이해한 것이 실제로 존재하는지 과학적으로 상당히 의심스러웠다.

결국 다음 세 가지 조건 하에 승인이 이루어졌다. 이 실험에 슬론 경영대학원 학생을 모집하는 건 금지되었다. 언론의 모든 질문은 바로 커뮤니케이션 부서로 전달되어야 했다. 그리고 그 실험에 대하여 애리얼리가 강의에서 설명하는 것은 금지되었다. 무엇보다도 마지막 조건을 애리얼리는 매우 이상하다고 보았다. "우리가 그 실험에 대하여 이야기해선 안 된다면, 실험은 왜 해야 하는가?"

그동안 애리얼리는 만일을 대비해 그가 일하고 있는 다른 MIT 연구소에서 승인을 얻었다. 하지만 난관은 끊이지 않았다. 다음에는 여학생들이 남학생들보다 자위 행위를 하는 빈도가 훨씬 적고, 그와 더불어 흥분에 이르기 훨씬 어렵다는 사실 때문에 애를 먹었다. "남자들의 경우엔 자위하는 방법을 모두 알고 있다고 간주할 수 있습니다. 하지만 이 연구가 자위를 실제로 하거나 자위하는 방법을 알고 있는 20퍼센트의 여성과만 진행될 수 있다면, 매우 불균형한 실험 표본을 얻게 될 것입니다." 그런 연구 결과로부터는 일반적인 여성의 행동을 추론할 수 없을 것이다.

결국 애리얼리는 어떻게든 자신의 연구를 살리기 위해 자위용 진동기를 사용해볼 것을 고려했다. 하지만 승인 위원회에서 그것을 좋은 아이디어로 생각하지 않았다. "저는 그들이 『보스턴 글로브The Boston Globe』에서 'MIT 교수가 여성들에게 자위를 가르친다!'고 기사를 낼까봐 전전긍긍하고 있다고 생각합니다." 결국 애리얼리는 그 프로젝트를 포기해야 했다. 그리고 오늘날까지 우리는 여성들이 성적으로 흥분했을 때, 남자 신발을 에로틱하게 느끼고 남성의 땀에 끌리는지 여부를 전혀 모른다.

★ Ariely, D., and G. Loewenstein, 「순간의 열정: 성적 흥분이 성적 의사결정에 미치는 영향The Heat of the Moment: The Effect of Sexual Arousal on Sexual Decision Making」, 『행동의사결정 저널Journal of Behavioral Decision Making』 19, 2006, pp.87-98.

2002
할리우드 배우가 주유소 강도라면

아래 그림에 있는 두 남자가 주유소 강도라고 한다. 누군지 알아보겠는가? 가끔 영화관에 가는 사람이라면 알고도 남을 거다. 모르겠다고? 만약 영화관에 가지 않는 사람이라면, 적어도 주유소 강도

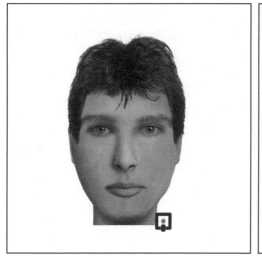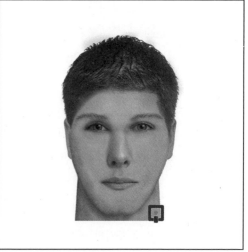

누구일까요?

같은 사람은 만나보지 못하고 사는가보다. 두 사진은 영화배우 벤 애플렉과 맷 데이먼의 몽타주다. 80명의 대학생에게 이 사진을 보여주었을 때 그들을 알아본 사람은 한 명도 없었다. 그럼 이런 몽타주 따위가 무슨 쓸모가 있냐고 물을지 모르겠는데, 딱히 답을 못하겠다. 할리우드 배우가 주유소를 습격할 필요가 없는 게 그저 다행이라는 말밖에 할 말이 없다.

애플렉과 데이먼 이외에 유명한 배우와 음악가 8명을 합하여 총 10명의 얼굴을 이용한 실험을 스코틀랜드 스털링 대학교의 심리학자 찰리 프라우드가 고안해냈다. 오래전부터 몽타주에 관하여 연구한 그는 영국에 도입된 몽타주 제작 프로그램들과 제작 방식을 검증할 때가 되었다고 생각했다. 무엇보다도 자신이 개발한 프로그램을 그 프로그램들과 비교해보고 싶었기 때문이다.

가장 바람직한 경우라면 범죄를 연출하는 실험을 하고 그게 실험인 줄 모르는 목격자를 통해 몽타주를 만드는 것이다. 하지만 그것이 불가능했기 때문에 유명인을 이용해야 했다. 프라우드는 "유명한 얼굴을 이용하는 것은 약간 평범하진 않습니다. 사실 범인은 유명하지 않으니까요. 하지만 그 실험 방법은 상당히 실용적입니다"라고 말한다. 물론 쉽지 않겠지만 누구나 척 보면 알만한 저명인사를 찾아선 안 된다. 실험 참가자가 그들을 모를 정도로 조금만 유명해야 한다. 목격자가 은행 강도를 이미 알고 있다면 몽타주가 필요하지 않을 테니까. 하지만 사람들이 얼굴을 어느 정도 본 경험이 있어서 그들에게 몽타주를 보여주면 기억날 만큼, 딱 그 정도로 익숙한 얼굴이어야 한다. 프라우드가 이 실험을 실시했을 당시 벤 애플렉과 맷 데이먼은 이 범주에 속했다.

프라우드는 에플렉과 데이먼의 사진을 다른 8명의 사진과 함께 나란히 놓고 50명의 실험 참가자에게 대충 훑어보게 했다. 그리고 모르는 사람으로 제일 먼저 눈에 띄는 사람이 누구인지 물어보았다. 그런 다음 실험 참가자는 그 사람의 얼굴을 1분 동안 바라봐야 했다. 이틀 후(경찰은 목격자 질의를 할 때 의례 그렇게 더디게 일하곤 한다) 그들은 다시 실험실에 앉아 전문가의 도움을 받아 몽타주를 만들었다. 그때 가장 많이 사용되는 세 프로그램 E-Fit, PROfit, FACES 중 하나, 숙련된 몽타주 전문가, 또는 프라우드가 만든 소프트웨어까

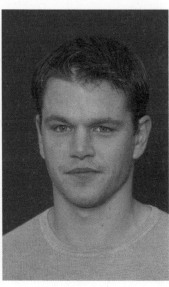

비교하기: 맷 데이먼과 벤 애플렉의 실제 사진

1990년대의 다른 실험 결과. 한 소프트웨어 전문가가 그림 원본에서 바로 유명인 몽타주를 만들었다. 한 사람이라도 알아볼 수 있는가(답은 298쪽에 있다)?

지 동원되었다.

데이먼과 애플렉의 몽타주만 실망스러웠던 게 아니다. 한 재판당 용의자 몽타주 10장 중 하나를 학생 80명으로 구성된 배심원단에게 보여주었으니 몽타주는 총 800번 제시된 셈이다. 하지만 학생들이 몽타주의 얼굴을 알아본 건 겨우 22번뿐이었으며, 그 확률을 계산하면 2.8퍼센트다. 실험 조건이 정말 이상적이었는데도 결과는 그랬다. 실험 참가자들은 처음부터 그 얼굴들을 마음속에 새겨야 한다는 것을 알고 있었으며, 매우 선명하게 나온 사진을 1분 동안 조용히 응시할 수 있었다. 그건 은행 강도가 밝은 조명을 받으며 목격자 앞에 서서 도망가기 전까지 천천히 60을 세는 것과 마찬가지다.

이런 형편없는 결과가 몽타주 전문가의 능력이나 컴퓨터 프로그램의 성능과 관계없다는 것은 이미 오래전부터 알려져 있었다. 그런 것보다는 몽타주가 만들어지는 과정이 더 중요하다. 거의 언제나 눈, 귀, 코, 입, 그리고 얼굴의 특징을 각각 묘사한 다음, 저장되어 있는 다수의 형태 중에서 선택하곤 한다. 하지만 우리의 뇌는 그런 일을 잘하지 못한다. 우리는 이목구비 각각의 특징을 머릿속에 새기지 않으며, 얼굴을 전체적으로 바라보고 기억한다. "15년에서 20년 동안 결혼생활을 하고 있는 부부라도 배우자 얼굴의 특징 중 하나를 정확하게 묘사하지 못할 수 있다"고 비전메트릭의 기술이사 크리스토퍼 솔로몬은 말한다. 비전메트릭은 프라우드의 실험에 이용된 프로그램 E-Fit를 판매하는 회사다.

인간이 얼마나 정확하게 얼굴을 인식하는지는 여전히 수수께 끼로 남아 있다. 하지만 확실한 건, 우리는 어떤 얼굴이 넓은 코, 커 다란 눈, 얇은 입술, 작은 귀로 각각 구성되어 있다는 것을 모르면 서도 그 얼굴을 다시 알아본다는 것이다. 바로 이것을 알아야만 좋 은 몽타주 프로그램을 만들 수 있다.

바로 앞에 놓인 사진을 보고 몽타주를 만들더라도 난관에 부딪 친다. 사진 속의 눈과 눈썹, 코, 입을 몽타주 프로그램에서 정확하게 선택하더라도, 그것들을 정확하게 배치하기가 어려울 수 있다. 한 연구 결과에 따르면, 모르는 얼굴을 기억을 통해서가 아니라 사진 을 보면서 직접 재구성했을 때에도 그 몽타주를 통해 인물을 알아 볼 확률이 높아지지 않았다. 프라우드는 "정말 깜짝 놀랄 일!"이라 고 말한다.

프라우드는 자신의 프로그램을 비롯하여 이제까지 널리 사용 되고 있는 프로그램으로 때때로 유용한 몽타주가 만들어진다는 사 실에 이의를 제기하지 않는다. 가끔씩 성공 사례가 있었기에 많은 경찰과 여론이 몽타주를 매우 신뢰하게 되었을 것이다. 몽타주 덕 분에 체포될 수 있었던 범인은 신문에 등장한다. 하지만 몽타주가 있음에도 미궁에 빠진 사건은 신문에 게재되지 않는다. 범인 검거 에 기여한 몽타주와 쓸모없는 몽타주 사이에 어떤 관계가 있는지 를 알아보면 흥미로울 것이다. 하지만 이런 통계를 내본 적은 거의 없다. 얼마나 많은 사건에서 잘못된 몽타주가 실제 범인으로부터 주의를 딴 데로 돌리게 하여 사건 해결에 걸림돌이 되었는지는 철 저히 밝혀지지 않았다.

찰리 프라우드의 소프트웨어 에보피트EvoFit는 각각의 특징을 다룰 때 생기는 문제를 명쾌하게 해결했다. 에보피트를 이용할 때 는 목격자의 눈이 가늘다든가, 입술이 두껍다든가하는 묘사를 하

이 몽타주는 에보피트로 만들었다. 이 남자가 누군지 알아볼 수 있는가(답은 298쪽에 있다)?

★ Frowd, C. D., D. Carson et al., 「현대복합기술: 범죄과학적으로 유의미한 대상 지연의 영향 Contemporary Composite Techniques: the impact of a forensically relevant target delay」, 『법률 및 범죄 심리학Legal & Criminological Psychology』 10(1), 2005, pp.63-81.

296쪽의 답: 빌 코스비, 톰 크루즈, 로 널드 레이건, 마이클 조던
297쪽의 답: 로비 윌리엄스

지 않는다. 목격자 앞에 72개의 얼굴이 제시되면, 그중에서 범인과 가장 비슷하게 생긴 얼굴을 6개 고른다. 에보피트는 이 6개 얼굴의 특징을 뒤죽박죽 휘저어서 그것으로부터 72개의 얼굴을 새로 만든 다. 그런 다음 전부 처음부터 다시 시작한다. 그렇게 세 차례를 반 복한 후에 목격자가 가장 비슷하다고 생각하는 얼굴을 고르면 이 것이 몽타주로 사용된다. 다른 회사들도 비슷한 기술을 개발하고 있다.

에보피트는 2002년 프라우드가 테스트했을 때 각 특징을 바탕 으로 몽타주를 최고로 잘 만드는 시스템과 동일한 성능을 보였지 만, 그사이에 프라우드가 에보피트를 개선했다. 오늘날 에보피트는 이틀 동안의 작업을 거치면 정확성이 약 25퍼센트에 이른다. 이는 놀라운 성과다(기존의 가장 좋은 프로그램이 5퍼센트인 것과 대비된다).

처음에 보았던 벤 애플렉과 맷 데이먼의 몽타주가 별 쓸모없다 고 생각한다면, 해줄 수 있는 말은 점잖게 기다리라는 것뿐이다.

2002
왜 웨이트리스는 고객의 말을 따라할까

1980년대에 첫번째 실험을 한 이래로 팁에 관한 전 세계 연구는 매 번 놀라운 통찰력을 가져왔다. 그래서 서빙 직원들은 손님의 손을 살짝 스치거나(『매드 사이언스 북』 296쪽), 성 대신 이름으로 자기소개 를 하거나, 작은 태양 그림을 영수증 위에 그리거나, 주문을 받을 때 테이블 옆에 쪼그려 앉는 방법을 이용해 팁을 더 많이 받아냈다. 2002년에는 네덜란드의 네이메헌 대학의 심리학자 릭 B. 반 바렌 이 손님을 관대하게 만드는 방법을 또 하나 힘들게 찾아냈다. 이것 은 바로 손님을 흉내내는 것이다.

심리학자들은 사람들이 무의식적으로 다른 사람을 모방한다는 사실을 얼마 전에 발견했다. 예를 들어 우리는 대화를 하는 동안 상 대방처럼 이야기하고 웃기 시작한다. 종종 이런 동조화는 우리가

손님의 주문을 단어 하나하나 반복했
던 웨이트리스는 팁을 68퍼센트 더 많
이 받았다.

대화 상대를 좋아한다는 신호가 된다. 다른 사람을 능수능란하게
모방할 수 있는 사람이라면 의도적으로 상대방의 호감을 살 수도
있다. 단, 전제가 있다. 마음을 사려는 의도를 갖고 행동을 한다는
걸 상대방이 전혀 눈치채지 못하게 해야 한다.

이런 효과가 일상생활에도 통할 수 있다는 걸 반 바렌이 네덜란
드에 있는 한 레스토랑에서 보여주었다. 그 레스토랑의 웨이트리
스가 주문을 받을 때마다 고객의 말 한마디 한마디를 반복하자, 반
복하지 않았을 때보다 팁을 68퍼센트 더 많이 받았다.

미국 코넬 대학에서 팁을 연구하는 마이클 린이 쓴 글에 따르
면, "돈을 많이 벌려는 웨이트리스는 손님의 기분을 좋게 하고 화기
애애한 관계를 쌓아가는 데 집중해야 한다. 이것이 매우 세심하고
정확하게 서빙을 하는 것보다 중요하다."

★ Van Baaren, R. B., R., W.
Holland et al., 「돈을 벌기 위한
모방: 모방행동의 결과Mimicry for
money: behavioral consequences
of imitation」, 『실험사회심리학회지
Journal of Experimental Social
Psychology』 39, 2003,
pp.393-398.

2003
원숭이는 어떤 음악을 좋아할까?

음악을 감상하고 만들어내는 일은 인간의 가장 독특한 활동 중 하나다. 음악이 모든 문화에 편재해 있고, 중동의 베두인 사람부터 산촌 농민, 회계 담당자에 이르기까지 모든 사람의 곁에 가까이 있지만, 진화의 관점으로는 왜 인간이 음악을 사랑하는지가 설명되지 않는다. 보편적인 인간의 행동방식이 발현되려면 그것이 장기간에 걸쳐 많은 후손에게 전해졌어야 한다. 모든 사람이 갖고 있는 고소공포나 도피반응과 같은 특성은 틀림없이 그런 맥락에서 생겼다. 하지만 음악이 진화와 관련이 있는지는 아무도 알아내지 못했다.

이것을 밝혀내기 위하여 동물도 음악을 좋아하는지를 알아보면 재미있을 것 같다. 동물이 음악을 매우 좋아한다면, 인간의 음악 사랑이 음악과는 직접적인 관련이 없던 선천적 행동의 진화론적 잔재임이 밝혀질 것이다. 동물은 스스로 음악을 만들지 않는다. 어쨌든 인간이 음악 활동이라고 생각하는 것을 하지 않는다.

다만, 동물이 음악을 좋아하는지 어떻게 알아낼 수 있을까? 동물에게 모차르트 음악이나 카스텔루터 슈파첸(독일의 민속음악을 연주하는 그룹—옮긴이)의 음악을 틀어주고 어떻게 반응하는지 관찰해볼 수 있다. 그들이 울면서 이를 갈기 시작할지라도 어쨌든 음악을 들려주자. 어쩌면 실험에 참가한 동물이 모든 민속음악 중에서 하필이면 카스텔루터 슈파첸의 음악만 좋아하지 않고, 모차르트의 곡 중에서도 피아노 협주곡 14번 내림마장조만 좋아하는데 실험에 피아노 협주곡 20번 라단조를 골랐을지도 모른다.

MIT의 조시 맥더멋과 하버드 대학의 마크 하우저는 이 문제를 다음과 같이 해결했다. 우선 V자 모양의 우리를 만들고, 타마린(작은 다람쥐원숭이) 여섯 마리가 한 마리씩 그 안으로 들어가 실험에 참여했다. 한 마리가 V자의 한쪽 끝으로 가면 그곳에 설치된 스피커에서 두 가지 음조가 조화를 이룬 듣기 좋은 화음이 나왔다. 이와 달리 반대쪽 끝으로 가면 하우저와 맥더멋이 감옥에서 나는 소음

이 장치로 조시 맥더멋은 원숭이의 음악 선호도를 실험했다.

처럼 소름 끼치는 불협화음을 들려주었다. 어느 쪽에 있느냐에 따라 들리는 소리가 다르기 때문에 원숭이는 둘 중 하나를 선택할 수 있었다.

다람쥐원숭이가 카스텔루터 슈파첸을 좋아하든 말든 전혀 상관없었다. 타마린이 사람처럼 음악을 느낀다면 감옥 같은 소리가 나는 쪽으로 가지 말아야 한다. 그런데 실제로는 그렇지 않았다. 타마린이 V자 모양의 양 끝으로 가는 빈도는 같았다. 조화로운 화음이나 불협화음이나 듣는 시간이 같았다는 뜻이다.

이 결과로부터 하우저와 맥더멋이 다음과 같은 결론을 내렸다. 4000만 년 전 다람쥐원숭이와 인간의 마지막 공통조상이 살았던 시대 이후에 조화로운 소리를 좋아하는 마음이 대부분의 인간에게 생겼고, 뿐만 아니라 인간만이 음악에 적응한 것 같다. 거꾸로 말해서 음악 활동이 원시적 조상의 행동에서 전환된 행동이라는 유래를 찾기 어려우면, 음악은 인간 깊숙이 내재된 관심사라고 말할 수 있다.

이러한 장치는 다른 소리에 대한 선호도를 연구하기에도 적합

★ McDermott, J., and M. Hauser, 「원숭이 귀에 어울림음정이 듣기 좋을까? 비인간 영장류의 자연발생적 음향 선호도 Are consonant intervals music to their ears? Spontaneous acoustic preferences in a nonhuman primate」, 『인지Cognition』 94, 2004, pp.B11-B21.

했다. 그래서 그 기계를 가장 불가사의한 소리, 즉 칠판 긁는 소리 (→198쪽, 214쪽)에 원숭이가 보이는 반응을 연구하는 데에도 사용했다. 원숭이는 별다른 반응도 관심도 보이지 않았다. 원숭이가 칠판 긁는 소리와 크기가 같은 소리, 이 둘 중에서 하나를 선택해야 했을 때, 어느 소리도 더 좋아하지 않았다.

추후 연구에서는 러시아 자장가, 독일 테크노 음악, 모차르트 현악 4중주 내림나장조(KV 458)를 들려줬다. 학자들이 내린 결론, 원숭이들이 정말 좋아하는 건 고요함이었다.

2003
끈적이는 물에서 수영하기

수영선수 브라이언 게틀핑거가 2004년 아테네 하계 올림픽의 미국 국가대표 출전 자격을 얻진 못했지만, 자신의 종목에서 그 어떤 선수보다도 더 유명해졌다. 2003년 8월 18일 미니애폴리스에 있는 미네소타 대학의 워터스포츠센터에서 65만 리터의 시럽 사이로 자유형을 했고, 그것으로 400년간의 오랜 논쟁을 판가름 냈다. 시럽 안에서 수영하는 것이 물에서 수영하는 것과 같을지, 아니면 더 느리거나 더 빠를지에 대한 질문의 답은 17세기 이래로 두 가지로 나뉘었다. 아이작 뉴턴은 속도가 줄어야 한다고 생각했다. 시럽이 더 끈적끈적해서 수영선수에게 제동을 건다고 보았다. 반면에 크리스티안 하위헌스는 수영선수가 느끼는 저항이 우선 수영 속도의 제곱에 비례한다고 생각했다. 두 배로 빠르게 헤엄치려는 사람은 네 배 더 힘을 쏟아야 한다는 것이다. 하위헌스의 가설은 흥미로운 문제를 내포한다. 끈적이든 묽든 물의 점도는 수영 속도와 아무 상관이 없다는 것인가! 시럽으로 가득 찬 수영장이 없기 때문에 그런 논쟁은 다음 세기까지 주로 이론적으로 다루어졌다.

미네소타 대학의 화학과 교수 에드 커슬러 역시 이미 30여 년 전에 하위헌스와 뉴턴의 논쟁에 대하여 들어본 바 있었다. 커슬러는 "포동포동한 편인 우루과이 출신 학생이 저에게 수영 시합을 하자고 도전했습니다"라고 대학 잡지 『인벤팅 투모로우Inventing Tomorrow』에서 말했다. 시합 결과 그 학생이 이겼고, 그에게는 뜻밖의 일이었다. 그날의 패배로 인해 그는 수영의 물리학에 관심을 갖게 되었으며, 동시에 점성이 수영에 미치는 영향에 관한 문제가 자연스럽게 머리를 맴돌았다.

하지만 수영선수 브라이언 게틀핑거가 커슬러의 학생이 되었을 때야 비로소 실험을 해보겠다는 생각을 본격적으로 하게 되었다. 게틀핑거와의 실험에 관한 기사를 실은 『풀 & 스파 뉴스Pool & Spa News』 잡지와의 인터뷰에서 커슬러는 "게틀핑거가 저에게 답을 찾기 힘든 좋은 질문을 많이 했습니다"라고 말했다. "예를 들어 그는 몸 전체를 면도해야 하는지, 자신의 트레이너는 어느 정도의 면도를 권했는지, 아니면 팔을 제외하고 모두 면도해야 하는지를 알고 싶어했습니다." 몸은 물의 저항을 가능한 한 적게 받아야 하는 반면, 노처럼 몸을 앞으로 전진시키는 팔은 많은 저항을 받아야 한다는 생각에서 비롯된 질문이었다.

수영장 물에 구아검 310킬로그램을 용해시켜 걸쭉하게 만들려면 22가지 허가가 필요했다.

게틀핑거와 커슬러가 논의를 하다보면 마지막엔 언제나 뉴턴과 하위헌스의 생각에 이르곤 했다. 두 사람은 어느 문헌 고찰 논문에서 이제까지 그 누구도 그 논란을 해명하려는 시도를 하지 않았다는 사실을 알고 깜짝 놀랐다. 아마도 그런 실험을 하자니 비용이 너무 많이 들고 힘든 일도 많기 때문일 것이다.

커슬러는 실험을 하기 위해 자그마치 22개의 허가를 받아야 했다. 제일 먼저 수영장에 있는 물을 옥수수 시럽으로 걸쭉하게 하고 싶었다. 하지만 관청에서는 정화 시설이 그 많은

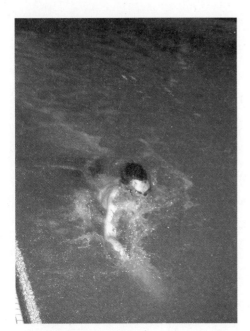

시럽에서 수영하면 물에서보다 더 빠
를까, 느릴까? 드디어 이 문제가 해결
되었다.

양의 설탕물을 걸러내지 못할 것이라며 우려했
다. 그래서 결국 구아검이 사용되었다. 구아검은
샐러드 소스와 아이스크림의 점도를 높이는 데
사용되는 젤리화 촉진제다.

스포츠센터의 센터장은 젤리화 촉진제 310킬
로그램을 수영장 안에 넣겠다는 제안에 조금 놀
랐지만, 그 실험이 우수한 교육을 제공할 기회가
되리라고 생각했다. 하지만 그렇게 많은 분말을
물에 어떻게 골고루 용해시킬 수 있을까? 구아검
분말은 완전히 잘 섞이지 않으면 덩어리지는 경
향이 있다. 커슬러는 그 문제를 쓰레기통으로 해
결했다. 쓰레기통 안에 구아검과 약간의 물을 넣
어 강력한 혼합기로 섞었다. 그런 다음 실험이 시
작하기 전 토요일에 4시간 동안 펌프를 돌려 수영장 물이 그 쓰레
기통을 통과하게 했다. 그렇게 해서 구아검 분말이 전체에 골고루
퍼졌다. 네 개의 수중 펌프가 확산을 도운 덕분에 커슬러는 월요일
에 물보다 점도가 두 배 높은 점액으로 가득 찬 수영장을 이용할 수
있게 되었다.

커슬러는 월요일에 끈적끈적한 수영장에서 자신이 제일 먼저
수영해보겠다고 주장했다. 그가 무사히 물 위로 다시 나타나면 실
험이 시작될 수 있었다. 게틀펑거와 나란히 수영선수 9명, 수영을
즐기는 일반인 6명이 그 수영장에서 자신의 레인에 섰다. 먼저 정
상적인 물에서 25미터, 시럽에서 50미터, 다시 정상적인 물에서
25미터를 수영했다. 시간을 측정해본 결과, 물에서의 속도와 시럽
에서의 속도가 실제로 같음을 알 수 있었다.

그 결과는 다음과 같이 간단하게 설명할 수 있다. 시럽에서 수
영하는 사람은 커다란 저항과 맞서 싸웠다. 하지만 걸쭉한 액체에

서 팔을 당기면 앞으로 나아가기가 더 수월했다. 시럽을 더 잘 밀어 낼 수 있기 때문이다. 이런 두 가지 효과는 이미 알려져 있었다. 이 실험 결과는 수영하는 사람에게 미치는 그 두 효과의 크기가 똑같아서 서로 상쇄된다는 것을 보여주었다. 다만 시럽의 점도가 물보다 1000배 높아진다면 달라지기 시작한다. 그때부터 박테리아와 같은 매우 작은 생물체들의 상황에도 변화가 생기는데, 그 생물체들의 점성이 수영 속도에 더 큰 영향을 준다.

2005년 커슬러와 게틀핑거는 그 연구 덕분에, 매년 10월이면 보스턴에서 재미있고 기발한 연구에 수여하는 이그노벨 화학상을 받았다.

★ Gettelfinger, B., and E. L. Cussle, 「시럽에서 수영하면 빠를까, 느릴까Will Humans Swim Faster or Slower in Syrup」, 『미국화학공학회 저널American Institute of Chemical Engineers Journal』 50, 2004, pp.2646-2647.

2005
애당초
하지 못하게 하라

2005년 12월, 추운 겨울밤이었다. 키스 카이저가 주머니에 스프레이 세 개를 넣고 팅탕Tingtang거리에 몰래 들어가 15분 동안 건물 외벽에 낙서를 해서 볼썽사납게 만들었다. 그는 경찰에게 체포될 경우 어떤 말로 둘러대야 할지를 오랫동안 생각했지만, 아무리 고민해도 기발한 핑계가 떠오르지 않았다. "저는 흐로닝언 대학교의 박사과정 학생인데요. 이 낙서는 박사학위 논문을 쓰는 데 필요한 일입니다." "심리학실험 때문에 스프레이를 뿌렸습니다." "전에 제가 이 거리를 페인트칠했거든요." 모든 말이 사실이었지만, 카이저는 누군가가 그런 대답을 믿어줄 것이라고는 상상조차 할 수 없었다. 사회과학 박사과정 학생이었던 그는 당시를 되돌아보며 "흐로닝언 경찰에게 그 일을 설명해야 했다면 정말 난감했을 것"이라고 말한다. 경찰에게 1969년에 시작된 오래된 이야기부터 설명해야 했기 때문이다.

1969년 심리학자 필립 짐바르도가 오래된 올즈모빌 자동차를 뉴욕 대학 건너편 길가에 주차했다. 번호판을 떼고, 보닛도 열어놓았다. 그리고 멀리서 26시간 동안 도둑들과 기물 파괴자들이 차례로 그 차를 어떻게 폐차로 만드는지를 관찰했다. 그가 그 실험을 캘리포니아 대학이 있는 팰로앨토에서 재현해보니, 처음에는 아무 일도 일어나지 않았다. 하지만 짐바르도가 큰 망치를 들고 한 번 그 차를 치고 나자, 팰로앨토에서 잠자고 있던 반달리즘이 깨어났다. 거리를 지나가는 사람들이 짧은 시간 안에 그 차를 깨부쉈다(『매드 사이언스 북』 221쪽).

짐바르도는 붕괴의 조짐이 보이면 파괴적인 행동을 하겠다는 마음을 갖게 되는 현상이 자동차를 부수는 실험에서뿐 아니라 어디에서나 나타날 것으로 보았다. 이런 인식을 바탕으로 범죄학자 조지 L. 켈링과 정치학자 제임스 Q. 윌슨이 도시 구역의 점진적인 슬럼화에 대한 이론을 발전시켜, 1982년 미국 종합 월간지『애틀랜틱 먼슬리Atlantic Monthly』에 실린 「깨진 유리창Broken Windows」이라는 논문에서 설명했다.

깨진 유리창 이론에 따르면, 낙서, 반달 행위, 쓰레기 무단투기와 같이 대수롭지 않은 경범죄가 저질러진 상황에서는 사람들이, 그 상황은 통제할 수 없는 상태가 되었으므로 무슨 일을 해도 전혀 책임 추궁을 당하지 않을 것이라고 느끼기 때문에 작은 범죄가 더 큰 범죄로 이어질 수 있는 토대가 마련된다.

뉴욕 경찰서장 빌 브래튼은 뉴욕에서 사소한 범칙 행위도 바로 처벌하는 이른바 '제로 관용 정책'을 도입할 때 켈링과 윌슨의 이론을 근거로 삼았다. 그 이후로 뉴욕의 범죄가 실제로 급격하게 감소했지만, 그 결과가 정말 브래튼의 조치 덕분이었는지는 논란의 여지가 있었다.

왜냐하면 깨진 유리창 이론은 본격적으로 검증된 적이 없었고, 더 나아가 상당히 일반적인 이론이었기 때문이다. 과학적으로 정확한 분석을 한 적이 거의 없었고, 정확히 어느 정도를 소위 사소한 규칙 위반이라고 봐야 하는지, 그것이 다른 사람들에게 불법적인 행동을 저지르겠다는 마음을 얼마나 강하고 빠르게 불러일으키는지 아무도 몰랐다.

바로 그런 이유 때문에 키스 카이저가 그날 밤에 방망이질 치는 가슴을 달래며 팅탕거리에 서서 자신의 인생에서 마지막으로, 스프레이를 쥔 떨리는 손으로 R과 B와 구불구불한 선 두어 개를 건물 외벽에 그렸다. 카이저가 그 문양을 그릴 때 바라는 건 오직 한 가지, 예술로 전혀 인식되지 않도록 무의미하게 보여야 한다는 것이었다.

그는 몇 주 전 밤에도 팅탕거리에 온 적이 있었다. 그 당시 경찰이 그를 봤더라면 더 놀랐을 것이다. 카이저가 한밤중에 거리 전체를 회색으로 칠했기 때문이다. 그런 다음 그는 자전거 주차장이 있는 쪽에 '낙서 금지' 팻말을 세워두었다.

다음 날 카이저는 그곳에 세워진 자전거 핸들에 가짜 스포츠용품점 전단지를 끼워놓았다. 전단지에는 "즐거운 연휴 보내세요!"라고 쓰여 있었다. 그리고 자전거 주인이 나타나면 무슨 일이 벌어지는지 지켜보았다. 가까운 곳에 쓰레기통이 없었기 때문에 자전거 주인들은 전단지를 가방에 넣거나 바닥에 버리는 수밖에 달리 방도가 없었다. 바닥에 버린 사람들은 33퍼센트였다(전단지를 핸들에 그

사람들이 핸들에 꽂힌 전단지를 어떻게 할까? 왼쪽 사진에서 33퍼센트가, 오른쪽 사진에서는 69퍼센트가 전단지를 바닥에 버린다. 공공규범 위반은 전염성이 있다.

대로 끼워두면 운전에 방해가 되었을 것이다). 카이저는 한밤에 낙서를 해서 벽을 흉하게 만들고 난 다음 날에도 핸들에 전단지를 끼워놓았다. 그러자 전단지를 바닥에 버린 사람들이 69퍼센트로 급격하게 늘었다.

보기 흉한 낙서 몇 개로 사람들은 가정에서 받았던 훌륭한 예의범절을 잊어버렸다. 놀라운 점은 효과가 커진 것(위반 건수가 두 배 이상 늘었다)만이 아니었다. 놀랍게도 하나의 규범 위반(이 실험에서는 낙서)이 다른 규범을 위반(쓰레기를 바닥에 버리는 행위)하도록 북돋웠다. 규범 위반은 전염병처럼 퍼지는 것 같았다.

바로 이 결과를 사회학자 지그와트 린덴버그와 심리학자 린다 스텍이 기대했었다. 린덴버그와 스텍은 키스 카이저의 학문적 동반자였고, 이른바 '목표 프레이밍 이론Goal-framing Theory'을 개발하여 팅탕거리 사람들의 행동을 설명했다. 목표 프레이밍 이론은 인간의 행동을 제어하는 목표가 세 가지 범주로 나누어진다고 말한다.

1. 규범 지향: 올바른 행동을 한다.
2. 행복 지향: 기분 좋게 느껴지는 행동을 한다(예: 힘들지 않은 일).
3. 이익 지향 : 물질적 상황을 향상시키는 행동을 한다.

종종 이런 목표들이 서로 충돌한다. 그리고 외부에서 벌어진 상황에 의해 이 목표들의 우선순위가 바뀔 수 있다. 예를 들어 낙서를 보자마자 자전거 주행자는 규범을 지켜야 한다는 목표를 덜 중요한 것으로 느꼈다. 목표 프레이밍 이론에 따르면 그런 효과는 일반적인 규범뿐 아니라 경찰의 행정명령에 대해서도 나타난다. 카이저와 린덴버그, 스텍은 그 예로 두번째 실험을 고안해냈다.

카이저는 병원 주차장의 출입구를 이동형 울타리로 여닫을 수

출입 금지! 첫번째 금지 규정(자전거 주차 금지)이 지켜졌을 때, 27퍼센트의 행인들이 울타리 사이로 들어왔다. 자전거를 매어두었을 때는 세 배나 되는 사람들이 들어왔다.

있게 해서 오갈 수 있는 공간을 50센티미터 정도 남겨놓았다. 카이저는 울타리에 금지 표지판 두 장을 부착했다. "자전거 주차 금지"와 "출입 금지, 옆문을 이용하시오"였다. 그러자 이번에도 첫번째 규범 위반이 두번째 규범 위반으로 이어졌다. 카이저가 자전거 네 대를 울타리에 사슬로 매놓았을 때 82퍼센트의 행인이 들어오지 말라는 좁은 통로로 속속 들어왔다. 그가 자전거들을 묶어놓지 않았을 때 그곳으로 들어온 사람들은 겨우 27퍼센트, 즉 3분의 1밖에 되지 않았다.

카이저와 린덴버그, 스텍은 추후 실험을 통해, 개인이 설정한 규칙에도 동일한 효과가 있으며 규범 위반을 눈으로 직접 보지 않은 경우에도 같은 방식으로 규범 위반이 전염된다는 사실을 밝혀냈다. 자전거 주인들이 자전거 주차장 근처에서 누군가 금지된 불꽃놀이를 했다는 말을 들었을 때, 법 위반에 관한 이야기를 전혀 듣지 않았을 때보다 전단지를 바닥에 버리는 사람이 30퍼센트 더 많았다.

카이저가 마지막이자 가장 중요한 문제를 밝혀내기 시작하면서부터 흐로닝언의 노숙자들 사이에서 그를 모르는 사람이 없었다. "그들은 저를 볼 때마다 인사했습니다. 저는 사람들을 관찰해야 했기 때문에 며칠 동안 거리에서 어슬렁거리고 있었는데, 그들은 그런 저를 보고 의심의 여지없이 노숙자일 거라고 생각했습니다." 그 가장 중요한 문제란, 사소한 규칙 위반이 훨씬 더 중요한 규범 위반으로 도약할 수 있느냐의 여부였다. 사소하고 일상적인 사회적 규칙 위반이 연쇄반응을 일으켜서 결국 범죄행위로 이어질 정도로 그 효과가 발전할 수 있을까?

그 문제를 밝혀내기 위해 세 연구자는 사람들이 절도를 하도록 유도할 계획을 세웠다. 카이저는 우편봉투에서 내용물을 볼 수 있게 비닐이 붙어 있는 위치에 5유로가 보이도록 넣었다. 그리고 그 우편봉투를 우체통 입구에 반 정도 걸쳐놓았다. 첫 실험에서는 우체통에 낙서를 했고, 두번째 실험에서는 우체통 주위에 쓰레기를 약간 흩어 놓았다. 세번째 실험에서는 낙서도 쓰레기도 없이 깨끗했다. 다시 명백한 결과가 나왔다. 우체통이 깨끗했을 때 행인의 13퍼센트가 그 돈을 훔쳤고, 나머지 두 경우에서는 두 배나 많은 사람들이 돈을 훔쳤다.

오늘날 카이저는 "저는 이 결과를 보고 인간성이란 무엇일지

우체통 주변이 깨끗했을 때 행인 중 13퍼센트가 돈이 든 우편봉투를 훔쳤다. 쓰레기가 여기저기 흩어져 있었을 때 절도 빈도는 두 배 더 높았다.

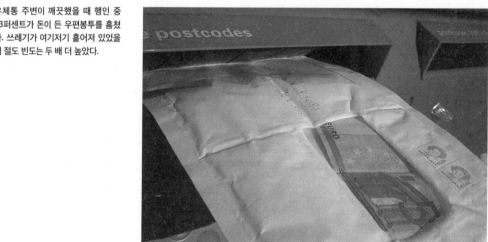

의문을 품게 되었습니다"라고 말한다. 심지어 나이 지긋한 아주머니들도 더러워진 우체통을 보고 절도를 서슴지 않았다. 그런 다음 집에 가서 실망했을 것이다. 돈이라고 생각했던 건 사실 복사된 위폐였다.

그들이 2008년 가을에 실험 결과를 발표하고 나자, 수백 가지의 반응이 일어났다. 하지만 모두가 긍정적인 반응을 보인 건 아니었다. 그래피티계에서는 낙서 없는 대도시는 대도시가 아니라고 말했다. 그래서 린덴버그가 암스테르담에서 합법적으로 낙서할 수 있는 벽을 허용해달라고 제안했을 때, 오히려 그래피티 예술가들은 격한 반응을 보였다. 낙서가 불법이라는 점이 긴장감을 조성하고 그 긴장감이 예술의 발전을 가져온다는 것이었다. 그 사이 암스테르담 시 당국은 린덴버그의 연구에서 영향을 받아 낙서가 생기면 바로 지워야 한다는 법안을 통과시켰다.

하지만 린덴버그는 유리창을 보수하고 벽에 페인트를 새로 칠하는 것만으로 낙후된 주거 지역이 다시 번성할 수 있을 거라고는 생각하지 말라고 훈계한다. 그는 "이미 모든 것이 망쳐져 있다면 깨끗하게 하는 것만으로는 별 도움이 되지 않는다"고 말한다. 규범 위반이 별 대수롭지 않은 일이 되고, 물리적인 정리정돈만으로는 별 도움이 되지 않는 영역으로 이미 오래전에 전이되었기 때문이라고 그는 생각한다.

★ Keizer, K., S. Lindenberg et al., 「과학Science」, 「무질서의 확산The Spreading of Disorder」 322, 2008, pp.1681-1685.

2006
개(1)
: 네 발로 걷는 무능력자

어느 날 한 젊은 여성이 산책을 하던 중에 일어난 일이었다. 이후 신문에 발표된 바에 따르면, 그 여성의 이름은 질케였다. 그는 자주 자신의 개 발루(버니즈 마운틴 도그)와 산책을 하곤 했다. 그날은 숲의 한가운데서 갑자기 두 남자가 나타나 질케를 위협했다. 발루가 평상시에는 작은 개만 봐도 도망갔지만, 이번에는 자신의 두려움을 이겨내고 그 남자들로부터 질케를 지켜냈다. 결국 두 남자는 슬금슬금 도망을 쳤다.

그러한 용기를 기리기 위해 잡지 『동물 사랑Ein Herz für Tiere』에서는 발루를 '네 발로 걷는 구조자'라고 칭했다. 발루는 상으로 페디그리 사료 한 봉지도 받았다.

캐나다에 있는 웨스턴 온타리오 대학교의 심리학자 윌리엄 A. 로버츠가 생각하기에, 발루가 말을 할 수 있었더라면 그런 표창을 거절했을 것이다. 물론 로버츠는 개가 놀라운 능력을 습득할 수 있다는 걸 알고 있다. 예를 들어 개는 시각장애인에게 길을 안내하거나 눈사태로 매몰된 조난자를 수색한다. 하지만 개가 그런 능력을 발휘하려면 오랫동안 집중적인 교육을 받아야 한다. 훈련을 받지도 않은 개가 사람에게 도움이 필요한지 알아채는 능력이 있을까? 그것을 로버츠는 인정할 수 없다.

반려견을 키우는 사람들은 대부분 로버츠가 잘못 판단하고 있다고 생각한다. 잘 생각해보면, 개가 하는 놀라운 행동이 신문에 얼마나 자주 등장하는가! 목양견 프레디는 얼음같이 차가운 물에 빠진 주인을 구해냈다. 아이리시 세터 칼리는 주인이 심장마비로 쓰러졌을 때 주위에 도움을 요청했다. 골든 레트리버 토비는 주인이 목에 걸린 사과 조각 때문에 질식사할 뻔했던 순간에 주인의 가슴으로 뛰어올랐다.

로버츠는 "사람이 위험에 처할 때 개가 도움이 되었다는 걸 제가 의심하진 않습니다. 단지 개가 정말 도우려는 의도를 갖고 행동하는지는 알 수 없다는 겁니다"라고 말한다. 개가 사람을 구조를 했다는 이야기가 너무나도 많은 건, 어쩌면 개가 집에서 가장 많이 키우는 반려동물이기 때문인지도 모른다. "그래서 어떤 사람이 위험에 처할 때 마침 옆에 개가 있을 확률이 높지요. 그리고 개는 가끔 올바른 행동을 하며 그것도 완전히 우연하게 일어납니다." 그리고 나면 그 개가 훌륭한 일을 했다고 널리 알려진다. 이와 반대로 암컷을 따라가느라 정신이 팔리는 바람에 주인이 다친 상황에서 아무 일도 하지 않은 개는 신문에 나오지 않는다. 개가 잘못된 행동을 해서 신문에 나오려면, 어느 정도 독창성을 발휘해서 눈에 두드러진 행동을 해야 한다. 예를 들자면 텍사스에서 사냥개가 총의 방아쇠울을 건드려 주인을 총으로 쏘았던 경우 같은 것이랄까.

로버츠 본인은 개를 키우지도 않고 동물에 대해서도 잘 모른다. 그래서 개의 능력에 대한 자신의 의심을 규명할 수 있을 때까지 어느 정도 시간이 걸렸다. 2005년 로버츠가 대학에서 강의를 했을 때 크리스타 맥퍼슨이 그의 수업을 들었다. 그때 로버츠는 개 훈련사이자 반려동물 관리사인 크리스타를 알게 되었고, 크리스타에게 개의 구조 능력에 관한 실험연구를 하자고 제안했다.

두 연구자가 첫번째로 결정해야 할 건 어떤 위기 상황을 설정하느냐였다. 재현하기 쉬운 실험 방법이어야 한다. 제일 먼저 떠오르는 생각은 '주인이 물에 빠지는 것'이나 '주인이 공격당하는 것'이었다. 로버츠와 맥퍼슨은 모두 고개를 가로저었다. 로버츠는 "실험 참가자가 실제로 익사하거나 실험 보조원이 개에게 물리게 될까봐 걱정했다"고 회상한다. 결국 결정한 상황은 두 가지였다. 주인이 심장마비로 쓰러지는 경우, 그리고 무너진 책장 밑에 깔리는 경우였다. 두 상황 모두 사람의 도움행동에 관한 1960년대의 유명한 연구에서 영감을 받아 만들었다.

실험동물을 이용하는 대부분의 연구와는 달리, 그들의 실험에 참여할 개를 모집하는 일은 누워서 떡 먹기였다. 개 주인들이 자신의 개를 실험에 참여하게 해달라고 바로 연락해왔다. 그러면서 모두 자신의 개가 희생적인 구조견으로 밝혀질 거라는 기대에 부풀어 있었다.

심장마비로 쓰러지는 실험을 하기 위해 맥퍼슨은 개 주인 12명

주인이 심장마비로 쓰러진 것처럼 보일 때 개가 도움을 요청할까? 천만에! 실험에 참가한 개들 중에서 단 한 마리만 주변 사람에게 달려갔다. 하지만 그의 무릎 위로 뛰어올라 쓰다듬어달라고 했다.

에게 쓰러지는 연기를 지도했다. 그런 다음 한 사람씩 자신의 개와 더불어 외딴 운동장으로 가라고 했다. 그곳이 바로 실험장이었다. 이윽고 운동장 한가운데서 주인이 쓰러졌다. 11미터 정도 떨어진 곳에는 한 사람이 의자에 앉아 신문을 읽고 있었다(두 명이 있을 적도 있었다).

한 마리를 제외하고 그 누구도 신문을 읽고 있는 사람에게 가서 위기 상황을 알리지 않았다. 심지어 짖지도 않았다. 오히려 6분 후 실험이 끝날 때까지 주인 곁에서 냄새를 맡고 여기저기 땅을 파면서 지루함을 달랬다. 몇 마리는 당황해서 주인에게 귀를 갖다 대고 꼬리를 아래로 내리기도 했다. 맥퍼슨은 개들이 그 상황에 무관심한 건 아니라고 생각한다. "하지만 개의 본능 중에 이웃 마을에서 보안관을 불러오는 능력은 없다. 개는 사람을 한패로 생각하고 옆에 머물렀던 것 같다." 아니면 그마저도 하지 않았다. 한 스패니얼은 고통스러워하는 주인은 아랑곳하지 않고 다람쥐에게 정신이 팔려서, 다람쥐를 뒤쫓아 가 목덜미를 물어 죽였다. 작은 푸들 하나는 주인이 가슴을 쥐고 쓰러지자 바로 신문을 읽고 있는 사람의 무릎 위로 뛰어올랐다. 그러고는 쓰다듬어달라고 애교를 부렸다.

두번째 실험에서는 개 주인이 책장 밑에 깔려서 전혀 움직이지 못하게 되었다. 하지만 정신을 잃은 건 아니었다. 주인은 아픈 것처럼 연기했고 개에게 실험 전에 옆방에서 본 사람을 불러오라고 명령했다.

하지만 이번 실험에서도 개는 도움을 요청할 줄 몰랐다. 단 한 마리도! 어느 개 주인은 이 사실에 너무 화가 나서 개에게 소리를 질렀다. "널 700달러나 주고 샀는데, 내가 헛돈을 썼구나!"

두 실험 결과를 공개한 후 로버츠와 맥퍼슨은 며칠 동안 라디오와 TV 방송 인터뷰로 바쁜 시간을 보냈다. 그래도 많은 개 주인은 개에게 사람이 위험에 처했는지를 알아차리는 능력이 없다는 말을 믿고 싶어하지 않았다. 방송 중에 그들은 방송국으로 전화를 걸어 자신의 개가 구조를 했던 경험담을 늘어놓았다.

비평가들은 로버츠와 맥퍼슨의 시나리오가 그다지 극적이지 않았다고 꼬집었다. 불이 났을 때, 폭력범이 위협할 때, 익사할 뻔할 때만 피해자에게 페로몬이 분비되고, 개가 그 페로몬의 냄새를 맡

주인이 쓰러진 책장 밑에 깔렸다. 개에게 사람을 불러오라고 요청해도 개는 이해하지 못한다.

★ Macpherson, K., and W. A. Roberts, 「개(카니스파밀리아스)가 응급상황에 도움을 요청할까? Do dogs(Canis familiaris) seek help in an emergency?」, 『비교심리학지Journal of comparative psychology』 120(2), 2006, pp.113-119.

아 정말 비상사태가 발생했음을 본능적으로 감지한다고 보았다.

로버츠가 이 연구에서 개의 구조 행동에 관한 최종적인 결론을 내리지는 않았다고 했다. 그래도 15종의 개 44마리 중에서 미국 영화에 나오는 래시와 같은 능력을 발휘한 개가 하나도 없었다는 건 설명이 필요하다는 점을 그는 알고 있다.

개는 가장 오래된 가축이다. 1만 년 혹은 1만 5000년 전부터 개는 인간과 함께 생활했다. 이 기간 동안 인간이 순종적인 개들끼리 교배를 시켜 개에게 독립적으로 행동하는 능력이 줄어들었을 거라고 로버츠는 추측한다. "개는 무엇이든 혼자서 하는 건 별로 잘하지 못합니다."

집에서 길들여지는 동안 개의 공간적 기억 능력도 사라진 것 같다. 로버츠와 맥퍼슨이 최근에 수행한 미로실험을 보면, 평균적으로 개는 쥐나 비둘기보다 수행 능력이 훨씬 떨어졌다(애견인들을 위한 희소식: 『매드 사이언스 북』 314쪽과 이 책 322쪽에 있는 실험에서는 개들이 좋은 성적을 보였다).

2006
냄새를 입체적으로 맡을까?

왜 사람과 동물의 콧구멍은 두 개일까? 다른 감각기관의 경우 쌍을 이루는 이유를 물으면 쉽게 답할 수 있다. 눈은 입체적으로 보기 위해 두 개다. 귀도 소리가 난 곳의 위치를 파악하기 위하여 두 개다. 그런데 콧구멍은 왜 두 개여야 할까? 이 질문의 답을 오래도록 찾지 못했던 이유는, 유일하게 그럴싸하다고 알려진 가설도 별로 설득력이 없었고 검증하기는 더욱 힘들었기 때문이다.

그 가설에 따르면, 콧구멍이 두 개 있어야 냄새가 나는 곳의 방향을 알 수 있다. 콧구멍 안에 들어온 냄새 분자의 농도와 속도차를 비교하여 뇌가 냄새의 근원지가 어디인지를 판단한다는 것이다. 믿기 힘든 가설이다. 왜냐하면 콧구멍은 서로 너무 가까이 붙어 있

어서 그 차이가 그렇게 클 수 없기 때문이다. 게
다가 그 가설을 검증하기는 더 어렵다. 다른 동물
들은 말할 것도 없고, 인내심이 많다는 개조차도
콧구멍 하나를 막아놓는 실험을 하면 예민하게
반응하기 때문이다. 그런 실험 과정을 불평 없이
참아낼 수 있는 동물은 사람뿐이다.

개의 냄새 추적 능력은 최고다. 사람도
그만큼 할 수 있을까?

　　1960년대에 노벨상을 수상한 게오르크 폰 베
케시의 실험에 따르면, 사람은 냄새가 나는 방향
을 7~10도 오차 정도로 정확히 알아낼 수 있다
고 한다. 하지만 다른 연구자들은 이 연구 결과를
입증하는 데 실패했다. 더구나 그런 능력이 실질
적인 영향력이 있는지도 알 수 없었다. 콧구멍이
한 개가 아닌 두 개면 어떤 냄새를 더 빠르게 추
적할 수 있을까? 사람에게는 코를 쿵쿵거리며 냄새를 추적하는 능
력이 뛰어나지 않으니까, 우선 완전히 다른 질문부터 해야 한다. 도
대체 사람이 냄새를 추적할 수나 있는가?

　　바로 그것을 캘리포니아 대학 생물리학과 학생 제스 포터가 알
아내려고 했다. 포터는 캠퍼스 외곽에 있는 바커홀Barker Hall 앞 잔
디밭 위에 가는 밧줄을 놓았다. 밧줄은 묽은 초콜릿 용액에 적셔져
있었다. 그후 포터는 실험 참가자 32명에게 안대와 귀마개, 무릎보
호대, 두꺼운 장갑을 끼게 했다. 그리고 초콜릿 냄새가 나는 밧줄의
3미터 앞에서 무릎을 꿇고 냄새를 맡으며 밧줄을 따라가게 했다.

　　실험 참가자의 3분의 2는 초콜릿 냄새를 맡으며 그 자취를 끝
까지 따라갈 수 있었다. 그런데 여기에서 콧구멍은 무슨 역할을 했
을까? 포터는 14명의 실험 참가자에게 한 콧구멍을 막으라고 했다.
그러자 그들 중 3분의 1만이 과제를 수행했고, 게다가 시간도 더 오
래 걸렸다. 정말 방향 정보가 부족해서 이렇게 수행 능력이 떨어진

▶
verrueckte-experimente.de

★ Porter, J., B. Craven et al.,
「인간의 냄새 추적 메커니즘
Mechanisms of scenttracking in
humans」, 『네이처 신경과학
Nature Neuroscience』 10, 2007,
pp.27-29.

무릎으로 기어 초콜릿 냄새를 추적할 수 있다. 두 콧구멍 속 냄새의 농도차로부터 방향 정보를 추출한다.

걸까? 포터는 다른 가정을 생각했다. 콧구멍이 하나만 열려 있으면 두 개가 열려 있을 때보다 냄새 분자의 반만 들이마시게 되니까, 감각세포의 절반에만 그 분자들이 도달해 한 콧구멍만으로는 과제를 잘 수행해내지 못했을지 모른다. 그런 추측을 배제하기 위해 작은 노즈피스를 만들었다. 노즈피스를 끼면 공기가 하나의 구멍으로 들어오다가 두 콧구멍으로 나뉘어 들어갔다. 이번에도 실험 참가자들의 과제 수행 능력은 떨어졌고 수행 시간도 길었다. 이 실험을 통해 실험 참가자들이 이전 실험에서 두 콧구멍을 이용해 입체적으로 냄새를 맡을 수 있었음이 확고하게 입증되었다.

사람이 냄새를 추적하는 속도는 솔직히 신통치 못하다. 10미터를 나아가는 데 38초가 걸린다! 하지만 포터는 약간만 훈련하면 속도가 상당히 빨라질 수 있다는 걸 보여주었다. 실험 참가자 네 명이 사흘 동안 매일 세 번씩 냄새 따라가기 연습을 했더니, 마지막에는 두 배로 빨리 과제를 수행해냈다. 측정 결과 코를 킁킁대는 속도가 두 배로 빨라졌을 때, 즉 3초에 한 번 킁킁댔을 때보다 1.5초에 한 번 킁킁댔을 때 냄새의 자취를 찾아내는 속도도 빨라졌다. 개는 열 배 더 빠르게 킁킁댄다. 사람이 상당히 빠르게 킁킁거릴 수 있다고 가정한다면, 사람도 상당히 뛰어난 능력을 발휘할 것이다. 단, 무릎으로 기어다닐 수 있을 만큼 겸손한 마음을 갖춘다면.

조르조 발로티가라는 자신의 실험을 통해 개인적으로 두 가지 교훈을 얻었다. 첫째, 이제껏 자신이 언론의 관심을 받지 못했던 건 언론에서 주목하지 않는 동물을 대상으로 연구했기 때문이다. 둘째, 몇 시간 동안 개 꼬리를 촬영한 비디오 영상을 시청하는 건 지루하다.

발로티가라는 이탈리아 트리에스테 대학교의 신경과학자다. 그의 주요 연구 분야는 좌우반구의 기능 분화를 비롯한 동물 뇌의 비대칭성이었다. 인간을 비롯하여 여러 영장류가 대체로 오른손을 잘 사용하는 것은 어느 정도 뇌의 비대칭성 때문이다.

우뇌는 왼쪽 몸을 제어하고 좌뇌는 오른쪽 몸을 제어하기 때문에 연구자들은 이제까지 그 비대칭에 의해 쌍으로 존재하는 신체, 예를 들어 손, 귀, 다리의 기능에 어떤 차이가 생기는지를 연구했다. 이제 발로티가라는 뇌의 비대칭성이 쌍으로 존재하지 않는 신체 부위에 어떤 영향을 미치는지가 궁금해졌다. 그런 기관으로 제일 먼저 생각난 것이 개 꼬리였다(집에 치와와를 키우고 있었던 탓일까?).

개 꼬리가 특히 그 실험에 적합했다. 개는 꼬리로 감정을 표현하기 때문이다. 그리고 뇌의 양 반구가 서로 다른 감정을 담당한다는 건 이미 알려져 있다. 좌뇌는 일반적으로 친근감과 신뢰를 담당하며, 사람의 경우 사랑, 안전감, 평안함을 담당한다. 이와 달리 우뇌는 도피, 불신, 두려움, 우울감을 관장한다. 이것은 사람 얼굴의 오른쪽 근육은 기쁨과 만족을, 왼쪽 근육은 슬픔과 불만족을 나타낸다는 것을 봐서도 알 수 있다.

개의 좌뇌는 꼬리를 오른쪽으로 움직이는 근육을 통제하고 우뇌는 왼쪽으로 움직이는 근육을 통제하기 때문에, 발로티가라는 개가 기분에 따라 꼬리를 비대칭으로 흔들 거라고 예상했다.

이 예상을 증명하고자 그는 바리 대학의 수의사 두 명과 함께 연구를 진행했다. 그들은 실험에 필요한 개 30마리를 모집했다. 그들은 가로 2미터, 세로 4미터, 높이 2미터짜리 검은 상자를 만들어 그 안에 개를 한 마리씩 넣었고, 개는 창을 통해 밖을 볼 수 있었다. 창밖으로 고양이 한 마리, 무서운 개, 낯선 사람, 주인이 차례로 지나갔다. 개가 상자의 창문 앞에 있을 때, 상자 위에 있는 비디오카메라로 개의 꼬리가 흔들리는 모양을 녹화했다.

발로티가라의 동료 마르첼로 시니스칼치는 1만 8000장의 사진을 하나하나 살피며 흔들리는 꼬리의 정확한 위치를 파악했다. 고달프고 자잘한 일들이 며칠 동안 이어졌다. 그 자료를 토대로 통계적 분석을 한 결과, 발로티가라의 추측이 옳았음이 드러났다. 개가 주인을 보았을 때 꼬리를 오른쪽으로 치우치게 흔들었다. 평균적으로 보면 우측으로 80도, 좌측으로는 65도만 움직였다. 낯선 사람과 고양이를 보았을 때도 꼬리를 오른쪽으로 흔드는 경향이 있었다. 물론 주인을 보았을 때보다 꼬리를 확실히 약하게 흔들었다. 이와 반대로 자신보다 더 강한 개가 앞에 나타났을 때는 꼬리가 왼쪽으로 강하게 흔들렸다.

고양이를 포함하여 개가 흥미를 느끼는 자극들 앞에선 꼬리를 오른쪽으로 흔들었던 반면, 도망갈 대비를 할 때는 꼬리를 왼쪽으로 흔들었다.

이탈리아 신경과학자 조르조 발로티가라와 그의 동료들은 1만 8000장의 사진에서 흔들리는 개 꼬리의 최대각을 측정했다.

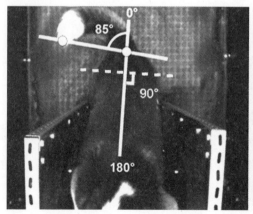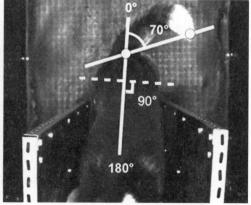

발로티가라는 원래부터 이 결과가 별로 놀랍지 않았다고 스스럼없이 말한다. 그를 놀라게 한 건 언론의 반응이었다. 모스크바에서 도쿄까지 언론들은 개 꼬리에 관한 그의 연구 결과를 알렸다. 『뉴욕 타임스』까지 그 연구 결과를 보도했을 때에 이르러서야 마침내 언론의 열띤 관심이 수그러들었다. "앤디 워홀이 예상했던 대로 제 명성은 15분짜리였습니다"라고 발로티가라는 말한다. 언론은 대뇌 좌우반구의 기능 분화보다 인간과 개 사이의 특별한 관계에 더 많은 관심을 가졌다. "제가 전에 물고기와 새를 대상으로 했던 실험들은 그렇게 많은 관심을 끌지 못했습니다."

도대체 왜 뇌가 비대칭적으로 만들어졌는지에 대한 의문은 남아 있다. 사람들은 반구의 기능 분화가 사람에게만 해당된다고 오래전부터 믿어왔다. 그 증거가 이내 발견되었다. 바로 언어였다. 좌우반구는 가느다란 신경다발, 소위 뇌량(뇌들보)을 통해서만 정보를 교환한다. 하지만 언어를 유창하게 구사하려면 뇌가 데이터를 그만큼 빠르게 처리해야 하기 때문에, 언어 능력이 양 반구에 분산되어 있으면 이 뇌량에 병목현상이 발생한다. 따라서 언어중추는 한쪽 반구(대부분 좌반구)에서만 발달했다. 다른 기능들은 우반구로 밀렸다.

물론 언어가 모든 것을 설명했다고 볼 수 없다. 벌, 닭, 개 등 다른 동물들의 뇌도 분명히 비대칭이기 때문이다. 오늘날 과학자들은 좌우뇌의 기능 분화가 생존에 유리하기 때문에 발전했을 거라고 추측한다. 기능이 분화되면 두 가지를 동시에 할 수 있다. 예를 들어 먹이를 먹을 때 동시에 적이 오는지 망을 볼 수 있다. 또한 내부 장기의 비대칭적 배열, 장기와 뇌의 연결도 양 반구가 비대칭인 원인일 수 있다.

★ Quaranta, A., M. Siniscalchi et al., 「다른 정서적 자극에 대한 개 꼬리의 비대칭적 흔들기 반응 Asymmetric tailwagging responses by dogs to different emotive stimuli」, 『현대생물학 Current Biology』 17(6), 2007, pp.R199-201.

2008
개(3)
: 개가 하품을 따라할까?

일상의 현상들 중에서 하품과 관련된 수수께끼가 가장 많을 것이다. 그 수수께끼들이 「조산아의 하품 및 행동발달 단계」나 「쥐가 하품할 때 분비되는 세로토닌 양의 연령별 변화」와 같은 주목할 만한 연구를 탄생시켰지만, 아직도 무엇을 위해 숨을 깊이 들이쉴 때 반사적으로 입을 크게 열고(종종 알 수 없는 긴 소리를 내며) 다시 다무는지는 알려져 있지 않다. 몇 년마다 새로운 이론이 등장하지만, 아직까지 증명된 건 하나도 없고 반증된 것도 거의 없다. 확실하다고 인정받는 이론은 단 하나, 오랫동안 주장된 바와 달리 하품이 산소 부족으로 촉발되지 않는다는 것이다. 즉, 혈액 내 산소량이 적은 사람이 더 자주 하품하진 않는다. 그밖에 최근 새로운 아이디어도 등장했다. 하품이 뇌의 온도를 낮춰준다!

하품에 대한 몇 가지 신빙성 있는 말 중 하나는 하품이 전염된다는 것이다. 여러 사람이 모인 자리에서 한 사람이 하품을 하기 시작하면, 곧 모든 사람이 하품한다. 이로 인해 몇몇 학자는 하품에 사회적 기능이 있다고 믿었다. 과거에 하품이 수렵채집인들의 수면-각성 리듬을 조율했을까? 아니면 하품이 집단 전체의 집중력을 높여주었을까? 사람의 하품이 늑대의 하울링과 같은 것일까? 예를 들어 사냥 전 준비 같은 것일까? 혹시 이 모든 이야기가 터무니없는 억측처럼 들리는가? 왜 그렇게 받아들이는가? 사실 억측이라서 그렇다.

이 억측들 중 하나를 런던 대학의 심리학자 아쓰시 센쥬는 특별히 흥미롭게 보았고, 사람은 남의 입장에 서는 능력을 갖고 있기 때문에 하품이 전염될 수 있다고 생각했다. 반대로 말하면, 다른 사람이 자신과 같은 기대, 의견, 감정, 의도를 가진 존재라는 사실을 직감적으로 확신하지 않는 사람은 전염성 있는 하품에 아무 영향을 받지 않아야 한다. 자폐증이 있는 사람에게는 그런 확신이 결여되어 있다. 그들이 다른 사람들과 어울리는 데 큰 어려움을 겪는 이유는 바로 타인의 감정을 눈치채지 못하기 때문이라고 추측된다.

그래서 센쥬는 49명의 아이들에게(그중 24명은 자폐아였다) 6명의 하품하는 얼굴이 나오는 비디오 영상을 보여주고 아이들을 관찰했다. 그러자 실제로 자폐아들은 다른 아이들에 비해 하품을 세 번 적게 했다.

센쥬가 그 연구 결과를 2007년에 발표하고 난 후, 이상한 편지를 많이 받았다. 수많은 개 주인들이 자신의 개가 사람의 하품에 전염된다고 알려왔다. 그 말에 센쥬는 깜짝 놀랐다. 개는 다른 사람의 입장에 설 수 있다는 전제를 충족시키지 못하기 때문이다. 일반적으로 알려진 이론에 따르면, 거기에다 복잡한 사고력과 자기인식 능력까지 있어야 한다. 이 두 가지 모두 개는 보여주지 못한다. 센쥬는 이 문제를 연구해보기로 결정하고 개 29마리를 모집했다.

개에게 비디오 영상을 보여주는 첫번째 실험은 참담한 실패로 끝났다. 하품하는 얼굴이 나오는 영상을 보여주자 개들이 보여준 합리적인 행동은 하나였다. 시선을 돌렸다. 이전에 첫번째 실험에 참여했던 자폐아들은 개처럼 외면하지 않았다. 그 이유는 센쥬가 아이들에게 영상에 나오는 남자와 여자의 수를 세라고 했기 때문이었다. 개에게는 그런 것이 통하지 않기 때문에 센쥬의 동료 라미로 M. 졸리-마세로니가 나섰다. 그는 상당히 기이한 과제를 했다. 각각의 개 앞에 앉아 개가 자신을 볼 때까지 기다렸다가 5분 동안 10번에서 20번 하품을 했다. 그러자 예상대로 29마리 중 21마리가 하품하기 시작했다. 개가 졸리-마세로니의 하품을 본 후 하품을 하기까지 평균 1분 39초가 걸렸다.

개가 그냥 입을 벌리는 걸 흉내내는 것이 아님을 확인하기 위해 뒤이어 졸리-마세로니는 개 앞에 앉아서 입을 여러 차례 벌렸다가 다물었다. 하품은 아니었다. 그러자 개들이 아무 반응을 보이지 않았다.

개가 사람의 하품에 전염되면 하품하
기 시작한다(거울에 보이는 학자가 하
품하자 개도 하품한다).

이 결과는 두 배로 놀라웠다. 한편으로는 사람 하품의 전염성이 종간 장벽을 넘어 개에게까지 이어졌기 때문이고, 다른 한편으론 하품하는 개의 비율이 매우 높았기 때문이다. 29마리 중 21마리면 72퍼센트다. 사람(45~50퍼센트)이나 침팬지(33퍼센트)보다 높다! 이 수치가 정말로 개의 공감 능력을 의미한다면, 사람이 사람을 이해하는 것보다 개가 사람을 더 잘 이해한다는 뜻이 된다. 하지만 개가 사람보다 낫다는 건 개 주인들이야 벌써부터 알고 있던 사실이 아니던가!

▶
verrueckte-experimente.de

★ Joly-Mascheroni, R. M., A. Senju et al., 「개가 인간의 하품을 따라한다Dogs catch human yawns」, 『생물학 회보 Biology Letters』 4(5), 2008, pp.446-448.

AcKnow
lEdg
meNts
감사의 말

책을 쓴다는 건 어떤 면에선 갓난아이를 돌보는 것과 비슷하다. 이 일은 많은 기쁨을 가져다주지만 시작하기 전에는 얼마나 많은 업무에 시달리게 될지 상상조차 못한다(이미 책을 여러 권 써본 사람도 마찬가지다). 글길이 막히고, 몇 날을 밤새워 일하고, 사소한 것들이 점점 커다란 문제가 되어버리는 경우가 허다하다. 이런 고통에 허덕이며 수많은 사람의 도움에 의지한다.

이 책의 중심인물들이 살아 있다면, 그들을 쫓아다니며 세세한 것들에서 나오는 귀찮은 질문을 하며 괴롭혀주고 싶다. 많은 분들 덕분에 아주 오래되고 세상에 알려지지 않은 소재나 이미 사라졌다고 생각되는 사진들도 마법처럼 나타났다.

『노이에 취르허 차이퉁』의『폴리오NZZ-Folio』소속 동료들에게도 감사의 인사를 전한다. 이 책에 나온 꼭지들 중 상당수가 폴리오에 게재된 바 있다. 폴리오 직원들은 내가 일하는 편집실이 매우 쾌적하고 많은 영감을 불어넣어주는 장소가 되도록 매일 많이 신경써주었다.

나는 에이전트 페터 프리츠와 함께 숱한 논의를 하며 많은 아이디어를 만들어냈다(실험에 관한 이야기만 한 건 아니다).

토머스 호이슬러는 이 원고를 읽고 내용과 문장에서 잘못된 점들을 매의 눈으로 많이 집어내주었다. 광고회사 파트너앤드파트너의 카트린 호프만은 폴리오에 게재할 사진 검색을 도와주었다. 졸리코퍼 주식회사의 아르민 울리히는 아주 오래된 그림 원본을 스캔하여 최대한 복원해냈다.

베르텔스만 출판사에서는 끈기가 대단한 디트린데 오렌디가 사진 150장의 저작권을 확보했다. 요하네스 야콥은 넓은 아량으로 원고 마감 기한을 늦춰주었다. 막스 비드마이어는 레이아웃을 살펴봐주었고, 편집자 디터 뢰버트는 내가 아무리 오랫동안 고민해도 적당한 표현을 찾지 못하고 포기한 끝에 써놓은 엉뚱한 표현을 기발하게 교정해주었다.

　아내 레굴라 폰 펠텐은 그냥 책을 읽어주기만 하지 않았다. 네 장의 카드 문제나 십자가에 매달리는 실험에 관한 장황한 설명을 참고 들어주었다. 마지막으로 팀에게도 전할 말이 있다. 이 책에 나온 생생한 동물실험을 네가 재미있게 느꼈으면 좋겠다. 낙타가 나오는 재미있는 실험은 아직 더 찾고 있는 중이란다.

subJecT iNdex
용어 찾아보기

naMe iNdex
인명 찾아보기

14: Otto von Guericke Gesellschaft, Magdeburg

16(위): Bundesministerium der Finanzen, Berlin/Entwurf Gerhard Stauf

16(가운데): Bundesministerium der Finanzen, Berlin/Entwurf Prof. Christof-Gassner

16(아래): Bundesministerium der Finanzen, Berlin

17(위): Bundesministerium der Finanzen, Berlin

17(아래): Bundesministerium der Finanzen, Berlin

18(위): Stadt Magdeburg

18(아래): Picture Alliance, Frankfurt (Gambarini/Maurizio)

19(아래): Abtshof Magdeburg GmbH / http://www.abtshof.de

20: Corbis Images, Dusseldorf (Bettman/Corbis)

24: James Lind Library, Oxford/UK

25: Corbis Images, Dusseldorf

26(위): IMPS, Belgien

26(아래): Eric Ferrante (*Bolt of Lightning* by Isamu Noguchi)

27(위): Smithsonian National Postal Museum, Washington

27(가운데): Nationales Postamt Sierra Leone

27(아래): Off The Mark Cartoons, Melrose/MA

29: Museum of London

30: 미국물리협회(AIP), 멜빌/NY, USA (출처: 피직스 투데이/2006년 1월호, S. 41, 〈그림 5〉)

34: 웰컴 도서관, 런던

36: 베른 대학교, 의학사연구소, 테오도르 코허의 유물

37: 출처: 총상처치법, 테오도르 코허, Fischer & Co, 1895

38: 위키피디아

39: 출처: 감각생리학 개론 1978, Springer, 튀빙겐 대학교의 허락을 받음

41: 위키피디아

42(위): 위키피디아

42(아래): 시카고 대학교

44: 위키피디아

45: 헤일 천문대

49: 위키피디아

51: Library of Congress, Prints and Photographs Division, Washington

52: ETH Bibliothek/Sammlung Alte Drucke, Zurich (Aus: Brown, H. P. 1888. Death-Current Experiments at the Edison Laboratory. Electrical World 12, 393-394)

54: 위키피디아

55: Interfoto, Munchen/Mary Evans

57: 뮌헨 바이에른 주립도서관 (Med.for. 1pd-20, S. 627, 629, 630)

58: 뮌헨 바이에른 주립도서관 (Med.for. 1pd-20, S. 627, 629, 630)

59: 뮌헨 바이에른 주립도서관 (Med.for. 1pd-20, S. 627, 629, 630)

60: Artemis Images, Centennial/Co/USA

61: 기사 스크랩

63: 미국의사협회, Chicago/Ill (Aus: Davis, C. M. (1928). Self-selection of diet by newly weaned infants: an experimental study. American journal of diseases of children 28, 651-679)

64: American Medical Association, Chicago/Ill (Aus: Davis, C. M. (1928). Self-selection of diet by newly weaned infants: an experimental study. American journal of diseases of children 28, 651-679)

66: The University of Queensland, Australia (Prof. J. S. Mainstone)

67: The University of Queensland, Australia (Karen Kindt)

68: The University of Queensland, Australia (Prof. J. S. Mainstone)

71: Interfoto, Munchen

72(위): Aus: *Daily Mail*

72(아래): Aus: *The Morning Herald*

76(위): Mitzi Wertheim (Aus: McGraw, M. (1935). Growth: A Study of Johnny and Jimmy. New York, D. Appleton-Century Company)

76(아래): Mitzi Wertheim (Aus: McGraw, M. (1935). Growth: A Study of Johnny and Jimmy. New York, D. Appleton-Century Company)

77: Mitzi Wertheim (Aus: McGraw, M. (1935). Growth: A Study of Johnny and Jimmy. New York, D. Appleton-Century Company)

78(위): Aus: Stevens Point/Daily Journal, March 15, 1934

78(아래): Aus: *Daily Journal Gazette*, 14.12.1946

80: Aus: *The Sheboygan Press*

84: Aus: Les Cing Plaies du Christ von Pierre Barbet 1937, Seiten 60/63

86: Aus: Les Cing Plaies du Christ von Pierre Barbet 1937, Seiten 60/63

89: Corbis Images, Dusseldorf (Laura Dwight)

91: Piaget Archiv, Geneve

99: Piaget Archiv, Geneve (Aus: The essential Piaget, Jason Aronson, Northvale, New Jersey)

101: Zeitungsausschnitt

107: William Vandivert

110: Edwards Air Force Base/History Office/AFB/CA/USA

111: Getty Images, Munchen

112: Edwards Air Force Base/History Office/AFB/CA/USA

113: David Hill Collection

116: Muzafer Sherif (Aus: The Robbers Cave Experiment. Intergroup Conflict and Co-operation, Wesleyan University Press, 1988)

117: (Aus: The Robbers Cave Experiment. Intergroup Conflict and Co-operation, Wesleyan University Press, 1988)

118: (Aus: The Robbers Cave Experiment. Intergroup Conflict and Cooperation, Wesleyan University Press, 1988)

119: (Aus: The Robbers Cave Experiment. Intergroup Conflict and Cooperation, Wesleyan University Press, 1988)

123: Scott Adams, Inc,Dist,by UFS Inc.

127: Ann Linton (Aus: Introduction to Psychology 10thedition by Atkinson/HBJ, 1989)

132: Sol Mednick, Philadelphia (Aus: The Tell Tale Eye, Eckhard H. Hess, Van Nostrand 1975

133: Aus: The Tell Tale Eye, Eckhard H. Hess, Van Nostrand 1975

135: Aus: Science and Mechanics, October 1961, p.110

136: Aus: Science and Mechanics, October 1961, p.110

137: Getty Images, Munchen (Fritz Gore/Time Life)

140: Aus: Lowe, K. C. (2006). Blood substitutes: from chemistry to clinic. J. Mater. Chem 16, 4189-4196

142: Cinetext, Frankfurt

144: Corbis Images, Dusseldorf (Museum of Flight)

147: AFP Agence France Press GmbH, Berlin

148: AFP Agence France Press GmbH, Berlin

150: Aus: *The New York Times*

156: Warner Bros/The Kobal Collection

159: Getty Images, Munchen (Don Gravens/Time Life Pictures)

162: The Schutz Archive at Waseda University 1999-2007

167: Harvard Edu:/Prof. E.O.Wilson

168: Harvard Edu:/Prof. E.O.Wilson

173: The University of Maryland/Prof. Harold Sigall

177: Columbia University/Psychology Department

179: Columbia University/Psychology Department

182: Karl Blessing Verlag, Munchen

185: Corbis Images, Dusseldorf (Nancy Brown)

189: Museum of Comparative Zoology, Cambridge/USA (Aus: Essapian F S 1955 Speed-induced skin folds in the bottle-nosed porpoise Tursiops. truncatus. Breviora Mus. Comp. Zool. 43, S. 1-4)

190: Corbis Images, Dusseldorf (Stephen Fink)

192: Aus: Weiskrantz, L., J. Elliott, et al. (1971). Preliminary observations on tickling oneself. Nature 230(5296), 598-9

194: Robert Scoble

197: Getty Images, Munchen (Jeff Randall)

202: Norman Heglund

203: Norman Heglund

208: Corbis Images, Dusseldorf (Lynn Goldsmith)

210: Ph.d. Frederick T. Zugibe, New York

213: The University of Chicago/Martha McClintock

219: Getty Images, Munchen

221: Corbis Images, Dusseldorf (Reuters)

223: Corbis Images, Dusseldorf (Hulton-Deutsch Collection)

224: AP Images, Frankfurt

225: Aus: Artikel von Susan Sugarman, unterstutzt vom Max Planck-Institut, © American Psychological Society

226: Aus: Artikel von Susan Sugarman, unterstutzt vom Max Planck-Institut, © American Psychological Society

229: AP Images, Frankfurt

232: Corbis Images, Dusseldorf (Roger Ressmeyer)

233: Corbis Images, Dusseldorf (Roger Ressmeyer),

236(왼쪽), (오른쪽): Melissa Hines/Elsevier/Copyright Clearence Center/Boston/MA (Aus: Alexander & Hines (2002) *Evolution and Human Behavior* 23: 467-479.)

238: The University of Hawaii/Craig R. Smith

240: The University of Hawaii/Craig R. Smith

241: Nature, London (Stephen Dalton)

243(위): Jim Glasheen

243(아래): Nature Publishing Group, London (Aus: : Glasheen, J. W. and McMahon, T. A. (1996a). A hydrodynamic model of locomotion in the basilisk lizard. Nature 380, 340-342)

249: Getty Images, Munchen (AFP)

253: Jon Jefferson/Jefferson Bass.com

255: Hoffmann & Campe Verlag, Hamburg, 2005

259: The University of San Diego/Chris Harris

262: Scientific American/Michael McCloskey (Aus: : Michael McCloskey, Intuitive Physics, Scientific American, 248 #4, 1983, Seiten 114-122)

263: Scientific American/Michael McCloskey (Aus: : Michael McCloskey, Intuitive Physics, Scientific American, 248 #4, 1983, Seiten 114-122

265: Scientific American/Michael McCloskey (Aus: : Michael McCloskey, Intuitive Physics, Scientific American, 248 #4, 1983, Seiten 114-122)

268: Lea Delson, Berkeley/CA/USA

271: Lea Delson, Berkeley/CA/USA

272(오른쪽), (왼쪽): Spine Magazin (Aus: Wilke, H. J., P. Neef, et al. (1999). New in vivo measurements of pressures in the intervertebral disc in daily life. Spine 24(8), 755-62

273: Clinical Biomechanics: (Aus: Wilke H., Neef P., Hinz B., Seidel H., Claes L. Intradiscal pressure together with anthropometric data-a data set for the validation of models. 2001 Clinical Biomechanics 16, Suppl 1, pp S111-26, with permission of Elsevier, Oxford)

274: Clinical Biomechanics (Aus: Wilke H., Neef P., Hinz B., Seidel H., Claes L. Intradiscal pressure together with anthropometric data-a data set for the validation of models. 2001 Clinical Biomechanics 16, Suppl 1, pp S111-26, with permission of Elsevier, Oxford)

275: Corbis Images, Dusseldorf (Shun Suke Yamamoto/amanaimages)

277: Corbis Images, Dusseldorf (Hammamond/photocuisine)

282: Getty Images, Munchen (Adrian Dennis/AFP)

287: The New Scientist Magazine, London

290: Dan Ariely

294(왼쪽), (오른쪽): Dr. Charlie Frowd/School of Psychology/University of Central Lancashire, Preston, UK. (Aus: Sinha, Pawan. (2002). Recognizing Complex Patterns. Nature Neuroscience (suppl). Vol. 5, 1093-1097

296: Dr. Charlie Frowd/School of Psychology/University of Central Lancashire, Preston, UK. (Aus: Sinha, Pawan. (2002). Recognizing Complex Patterns. Nature Neuroscience (suppl). Vol. 5, 1093-1097

297(가운데): Dr. Charlie Frowd/School of Psychology/University of Central Lancashire, Preston, UK. (Aus: Sinha, Pawan. (2002). Recognizing Complex Patterns. Nature Neuroscience (suppl). Vol. 5, 1093-1097

295(왼쪽): Corbis Images, Dusseldorf (Stephane Cardinal)

295(오른쪽): Corbis Images, Dusseldorf (Frank Trapper)

299: Getty Images, Munchen (Anderson Ross)

301: The University of Minnesota/Josh McDermott

303: The University of Minnesota/New Service

304: The University of Minnesota/New Service

307: Keez Keizer

309: Keez Keizer

310: Keez Keizer

314: Krista MacPherson

315: Krista MacPherson

317: Courtesy Noam Sobel lab, UC Berkeley (Aus: UC Berkeley News/ Two nostrils better than one, researchers show By Robert Sanders, Media Relations 18. December 2006)

320: Courtesy Noam Sobel lab, UC Berkeley (Aus: UC Berkeley News/ Two nostrils better than one, researchers show by Robert Sanders, Media Relations, 18 December 2006)

320(왼쪽), (오른쪽): Current Biology (Aus: Asymmetric tailwagging responses by dogs to different emotive stimuli A. Quaranta, M. Siniscalchi and G. Vallortigara) with courtesy of G. Vallortigara

324: Ramiro M. Joly-Mascheroni

153쪽과 261쪽 그림은 저작권자들을 찾으려고 편집 마감일까지 백방으로 노력했지만 찾을 수가 없었다. 출판사에서는 사용한 그림에 적절한 값을 지불해야 하므로 이 그림의 저작권을 갖고 있는 사람이나 기관은 출판사에 연락하여주길 바란다.

매드 매드 사이언스 북
더 엉뚱하고 더 기발한 과학실험 91

2020년 5월 7일 초판 1쇄 찍음
2020년 5월 15일 초판 1쇄 펴냄

지은이 레토 슈나이더
옮긴이 고은주

펴낸이 정종주
편집주간 박윤선
편집 강민우 김재영
마케팅 김창덕

펴낸곳 도서출판 뿌리와이파리
등록번호 제10-2201호(2001년 8월 21일)
주소 서울시 마포구 월드컵로 128-4 2층
전화 02)324-2142~3
전송 02)324-2150
전자우편 puripari@hanmail.net

디자인 가필드
종이 화인페이퍼
인쇄 및 제본 영신사
라미네이팅 금성산업

값 15,000원
ISBN 978-89-6462-138-7 (04400)
       978-89-6462-092-2 (SET)

이 도서의 국립중앙도서관 출판예정도서목록(CIP)은 서지정보유통지원시스템 홈페이지
(http://seoji.nl.go.kr)와 국가자료종합목록(http://www.nl.go.kr/kolisnet)에서 이용
하실 수 있습니다(CIP 제어번호: CIP2020017879).